职业教育艺术设计类专业
一体化教材

U1011249

Illustrator
数字图形
创意设计
与制作

Illustrator
Digital Graphic
Creative Design
and Production

戴红梅
刘雨轩◎主编
戴佳童

沈　媛
郑闵谦◎参编
陶鸿宇
李振铭

中国轻工业出版社

图书在版编目（CIP）数据

Illustrator数字图形创意设计与制作 / 戴红梅，刘雨轩，戴佳童主编．-- 北京：中国轻工业出版社，2025. 9. -- ISBN 978-7-5184-5285-9

Ⅰ. TP391.412

中国国家版本馆CIP数据核字第2025HF3091号

责任编辑：张　晗　　责任终审：李建华　　设计制作：锋尚设计
策划编辑：史祖福　张　晗　　责任校对：朱　慧　朱燕春　　责任监印：张京华

出版发行：中国轻工业出版社（北京鲁谷东街5号，邮编：100040）
印　　刷：艺堂印刷（天津）有限公司
经　　销：各地新华书店
版　　次：2025年9月第1版第1次印刷
开　　本：889 × 1194　1/16　印张：12.5
字　　数：280千字
书　　号：ISBN 978-7-5184-5285-9　定价：58.00元
邮购电话：010-85119873
发行电话：010-85119832　010-85119912
网　　址：http://www.chlip.com.cn
Email：club@chlip.com.cn

241886J1X101ZBW

前　言

随着数字技术的突飞猛进，我们正处在一个由人工智能、社交网络等前沿技术驱动的数字化时代。这些技术和服务不仅改变了我们的生活方式，也极大地影响了艺术设计领域的工作模式和创作思维。数字图形设计作为艺术设计领域的一个重要分支，正面临着前所未有的挑战和机遇。

Illustrator软件适用于从初学者到专业设计师等各种用户，它集图形、图像编辑处理、网页动画制作等功能于一体，能够满足在广告设计、包装设计、标志设计、艺术插画和互联网页面设计等多领域中的数字图形设计需要。本书旨在通过借助Illustrator这款功能强大且灵活的数字图形处理与设计软件，实现设计师的各类创意想法。

本书进行Illustrator数字图形设计的教授，帮助学生实现软件的有效学习。通过插画设计、广告设计、包装设计、UI设计4个模块、10个项目的实训任务指导读者进行实践操作，将每个实训任务分解为任务描述、任务目标、知识准备、设计实施、任务拓展5个部分，将不同的知识点融入其中，帮助读者掌握相关理论知识与工具使用技巧。

本书编写特色：

（1）注重设计过程：与传统学科式教材不同，本教材更注重帮助学生学会如何工作、如何设计，而不仅仅是软件操作。

（2）以实践为导向：本书以实际应用为出发点，按照企业设计师的数字图形作品设计过程和岗位能力标准，整理出贴近生产实际的典型工作任务与工作流程，实训内容具有基础性、先进性，并突出可操作性和实用性。

（3）数字资源丰富：本书配有丰富的数字资源，包括视频、素材、PPT课件，支持学生随时随地学习和交流。

本书由上海中侨职业技术大学艺术学院戴红梅、刘雨轩、戴佳童老师担任主编，此外沈媛、郑闳谦、陶鸿宇、李振铭老师也参与了编写工作。尽管我们在编写过程中力求准确、完善，但书中难免有疏漏和不足之处，敬请广大读者批评指正。

编者

课时安排

本书的参考课时为64学时，各项目和实训任务的参考学时请参见下面的课时分配表。

课时分配表

模块	项目	学习内容	实训任务	课时分配
模块1 插画设计	项目1 表情包设计	Illustrator的界面； Illustrator基本图形绘制功能； 表情包设计知识与技能	1.1 动物表情包设计	2
			1.2 人物表情包设计	2
	项目2 几何图形插画设计	Illustrator图形编辑功能； 几何图形插画设计知识与技能	2.1 几何植物图形设计	2
			2.2 线条型动物图形设计	2
			2.3 传统纹样图形设计	4
	项目3 风景、人物插画设计	路径绘制与路径编辑方法； 复杂插画设计知识与技能	3.1 风景插画设计	4
			3.2 人物插画设计	2
模块2 广告设计	项目4 标志设计	实时上色与形状编辑； 标志设计标准制图与创意设计方法	4.1 中国农业银行标志临摹制作	2
			4.2 科技类公司品牌标志临摹制作	4
	项目5 海报设计	符号绘制、图形变换与文字设计； 海报设计知识和创意设计方法	5.1 音乐节文字海报设计	2
			5.2 公益海报设计	2
	项目6 宣传物料设计	宣传单页、宣传折页设计原则； 版式设计技巧和创意设计方法	6.1 商场促销宣传单设计	4
			6.2 企业宣传折页设计	4
模块3 包装设计	项目7 包装设计	3D工具与贴图功能； 产品包装设计思路与方法	7.1 红酒包装设计	2
			7.2 水果包装设计	4
	项目8 书籍、杂志设计	风格化功能； 书籍、杂志的封面与内页设计方法	8.1 文化类书籍封面设计	2
			8.2 家居类杂志内页设计	4
模块4 UI设计	项目9 图标设计	图标风格； 图标设计原则； 导航栏设计与方法	9.1 扁平化图标设计	2
			9.2 2.5D图标设计	4
			9.3 底部导航栏设计	2
	项目10 App界面设计	效果功能应用； App界面设计技巧和创意设计方法	10.1 购物App登录界面设计	4
			10.2 音乐App首页设计	4
学时总计				64

源文件

目　录

模块1 插画设计

模块2 广告设计

模块3 包装设计

模块4 UI设计

模块1
插画设计

项目1

表情包设计

表情包设计指的是创建一系列具有表达性的图像，这些图像通常用于传达情感、态度或反应，内容包括各种面部表情、动作或其他符号，同时被赋予幽默、讽刺等特征。表情包在社交媒体、即时通信应用中极为流行，其设计可以基于特定主题、事件或流行文化元素，旨在使通信更加生动和个性化，帮助用户以轻松的方式表达复杂的情感和反应，是现代数字沟通中不可或缺的一部分。在设计过程中，设计师不仅需要考虑表情包的视觉吸引力，还需要考虑其文化特征和传达的情感范围。本项目将通过动物表情包设计和人物表情包设计两个任务，带领同学们制作简单的数字图形，帮助大家对数字图形的创意设计有一个初步的认识，并为后续知识点的展开打下基础。

实训任务1.1　动物表情包设计

1.1.1　任务描述

利用Illustrator软件中的“选择工具”、“矩形工具”组、“直接选择工具”、“填色和描边”工具等，绘制一个狮子形象的动物表情包。

1.1.2　任务目标

（1）掌握Illustrator软件图形设计的基础知识。

（2）能使用Illustrator软件的基本功能绘制数字图形。

①能熟练运用“选择工具”进行图像移动、缩放、旋转操作；

②能熟练运用“矩形工具”组对图形的各部分进行绘制操作；

③能熟练运用“直接选择工具”对绘制的基本图形进行形状调整；

④能熟练运用“填色和描边”工具对图形的色相、亮度、描边等进行调整。

（3）能设计出符合当代审美价值观、具有创意的动物表情包。

1.1.3　知识准备

1. 认识Illustrator常见界面

Illustrator软件的整个界面分别由菜单栏、工具栏、属性栏、工作区、面板区等组成，图1-1-1所示的是其常见的完整界面。

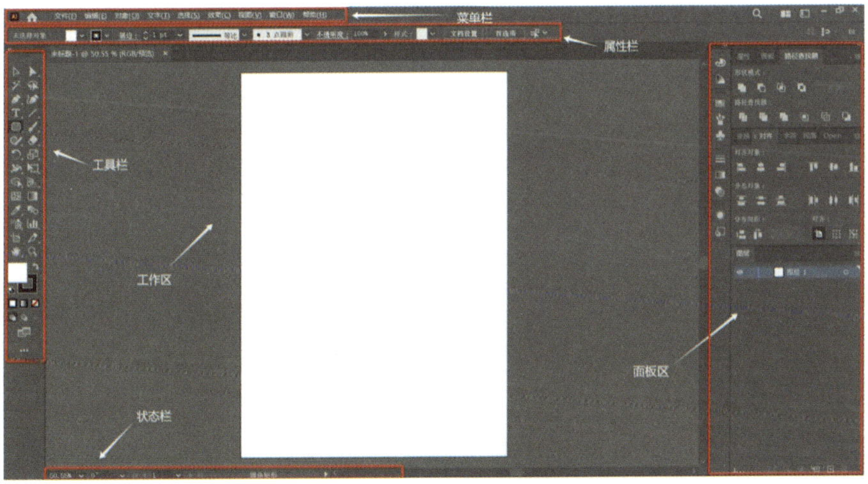

图1-1-1　Illustrator常见界面

• **菜单栏：**位于界面顶部，包含“文件”“编辑”“对象”等多个菜单项，用户可以通过这些菜单项访问Illustrator的大部分功能。

• **工具栏：**默认位于界面左侧，包含用于绘制、编辑图形的各种工具，如“选择工具”“画笔工具”等。点击工具栏下方的···按钮会出现所有工具，可灵活进行工具栏个性化设置。

• **属性栏：**通常位于界面顶部、菜单栏下方，它根据当前选中的对象或工具动态显示相关的设置选项，使用户能够快速调整对象属性。

• **工作区：**位于屏幕的中心区域，用户可以在此进行图形的绘制和编辑。

• **面板区：**通常位于界面右侧，包括“图层”面板、“颜色”面板等，用于更细致地管理和修改图形。

2. 新建和保存Illustrator文件

（1）新建文件。

学会新建文件是每个项目开始的第一步，通过正确设置新文件的参数，如尺寸、颜色模式和分辨率等，可以确保设计工作从一开始就按照正确的技术要求进行，这对于项目的最终质量和实用性至关重要，特别是在商业印刷和数字媒体发布中，如图1-1-2所示。

启动Illustrator后，选择菜单栏中的“文件”→“新建”，或者使用快捷键Ctrl+N（Windows）/Command+N（Mac）打开“新建文档”对话框。在对话框中，可以预设新建文档的详细信息。

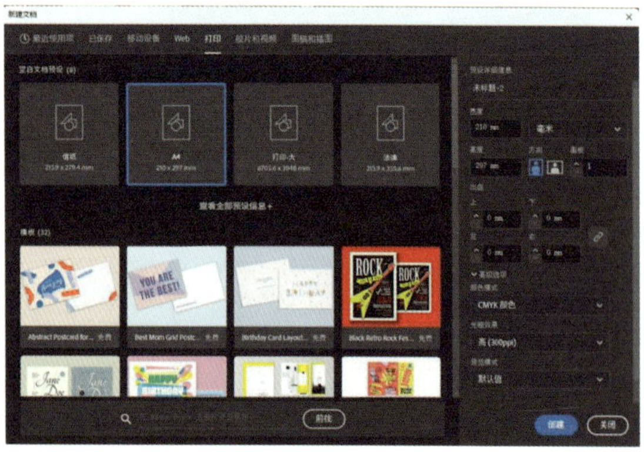

图1-1-2 Illustrator“新建文档”界面

• **文件名：**为文件指定一个名称。

• **宽度和高度：**设置工作区的尺寸，可以选择单位，如像素、厘米、英寸等。

• **方向：**选择画板的方向，有横向或者纵向两种。

• **画板数量：**设置文件中包含的画板数量。

• **出血：**印刷术语，它指的是设计文档中超出成品尺寸的部分。主要作用是确保在印刷和裁切过程中，图像或设计元素能够延伸到纸张的边缘，避免因裁切不准确而出现白边或未覆盖的区域。

• **颜色模式：**选择RGB颜色（适用于屏幕显示）或CMYK颜色（适用于印刷）。

• **光栅效果：**设置文件的分辨率，通常会影响输出文件的质量。

• **空白文档预设：**新建文档界面左侧提供多种预设好的画板尺寸，需要时可以直接使用，适用于不同类型的设计项目，如印刷文件、网页设计等。

• **确认和创建：**设置完所有选项后，点击“创建”按钮，新文件即被创建。

（2）存储和导出文件。

掌握如何导出高质量的成品文件对于专业设计师来说是基本技能，这项技能会影响到最终作品的应用和展示，对于维护设计师的专业形象和客户满意度至关重要。一般根据打印或数字显示的需要，选择符合要求的分辨率、颜色模式和文件类型，可以确保设计在最终输出时保持预期的视觉效果，如图1-1-3所示。

• **存储：**在进行一些编辑后，通过选择“文件”→“存储”，或使用快捷键Ctrl+S（Windows）/Command+S（Mac）保存当前工作。首次保存时，会打开“存储为”对话框，要求用户选择保存位置、输入文件名并选择保存类型。

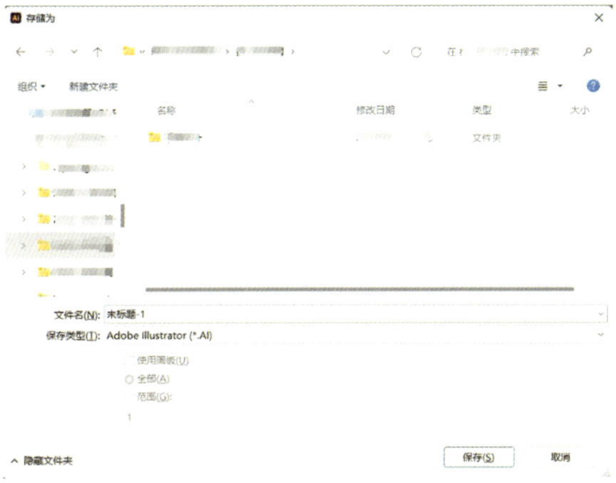

图1-1-3　Illustrator储存文件界面

- **存储为：**通过“文件”→“存储为”，可为当前文件另外保存一个副本，副本文件可以选择不同的位置或设置文件名，使用“存储为”功能创建备份版本，可以为项目提供额外的安全保障。同时也可将文件存储为AI、PDF等格式。
- **导出：**为了与其他非Illustrator应用程序兼容或在网页使用，可通过“文件”→“导出”→“导出为”选择导出格式，如JPEG、PNG、SVG等。此外，在相应格式导出后还会弹出一个设置面板，点击“确定”即可。

（3）常用的文件保存类型。

- **AI格式：**AI格式是Illustrator的原生文件格式，也是其默认的文件保存格。它保存着所有的编辑层、路径、文本和效果信息，适用于需要后续编辑的项目，是进行进一步编辑的最佳选择，但文件通常较大，且仅在Adobe软件中兼容性最好。
- **PDF格式：**PDF格式用于呈现包含文本、图像和矢量图形的文档，广泛用于最终呈现、打印以及在线分发，其优点在于能在多种设备和操作系统上保持一致的显示效果，支持多层结构和透明度，是最常用的保存类型之一。
- **JPEG格式：**JPEG是一种广泛使用的压缩光栅图像格式，主要用于照片和网页图像，非常适用于需要大量图像且文件较小的项目，如网页设计等。优点是压缩率高，兼容性强，但其压缩是有损压缩，可能会降低图像质量，并且不支持透明度。
- **PNG格式：**PNG是一种无损压缩的光栅图像格式，支持保存透明度，适用于需要高质量图像和透明效果的图片使用场景。其文件大小通常大于JPEG格式。

3. 各类选择工具

（1）选择工具。

“选择工具”（快捷键为V）主要用于选择整个对象，可选择、移动、复制、缩放、旋转对象。在选择对象的时候，将光标指向各种形状而不单击，当光标移动到对象的节点上时，光标右下角出现白色节点，这个时候单击并拖动到其他对象上，可对齐节点。使用“选择工具”时，按住Shift键单击可增加或减少选择对象，并且可以等比例或非等比例缩放，按住Alt键拖动对象可复制对象。图1-1-4表示选择整个对象。

（2）直接选择工具。

“直接选择工具”（快捷键为A）主要用于选择一个对象里面的一个子对象，或者在编辑路径时，选择路径及节点。使用时按住Shift键单击对象，可以增加或减少选择锚点。图1-1-5表示选中了最右边的锚点。

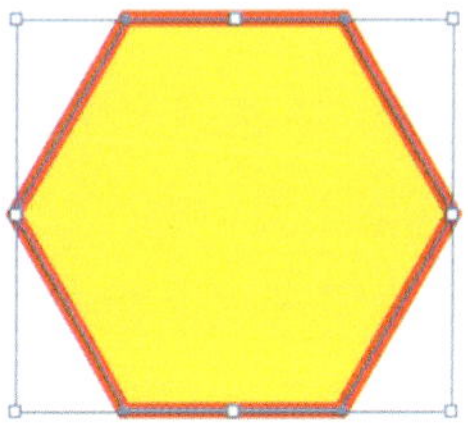

图1-1-4　选择整个对象

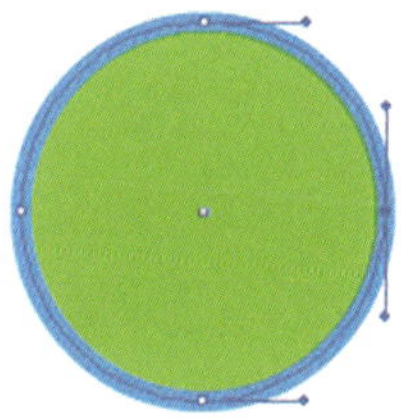

图1-1-5　选中最右边的锚点

4. “属性”面板

“属性”面板是一个综合性的控制中心，默认位于右侧面板区域，它为用户提供了对当前选中对象或工具的快速访问和设置功能（图1-1-6。）“属性”面板旨在提高工作效率，让用户能够在同一个面板中完成多种操作，而无须频繁切换到其他面板或菜单。无论是调整图形的外观、修改文本格式，还是设置工具的参数，“属性”面板都能提供直观且便捷的操作方式，因此，选中的对象与工具不同，“属性”面板中呈现的内容也会有所不同。

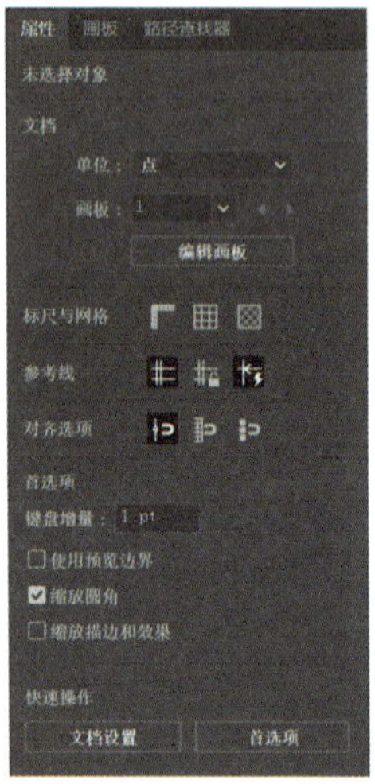

图1-1-6 “属性”面板常规界面

5. “直线段工具”组

“直线段工具”组中包含“直线段工具”“弧形工具”“螺旋线工具”“矩形网格工具”“极坐标网格工具”五种工具，如果想要绘制相应的路径，点击相应的工具即可绘制，如图1-1-7所示。

6. 曲率工具

“曲率工具”可以帮助我们快速创建和编辑平滑的曲线。与传统的“钢笔工具”相比，“曲率工具”更加直观，能够帮助用户快速绘制出流畅的曲线和形状，而无需复杂的锚点操作。从工具栏中选择“曲率工具”，在画布上点击一次，定义曲线的起点，再点击一个锚点后，路径上会开始显示一个蓝色的曲线，表示再次落点后曲线将会形成的弧度。如果需要调整曲线的形状，可以将鼠标移动到锚点或曲线上，点击并拖动即可调整曲线的弯曲程度。

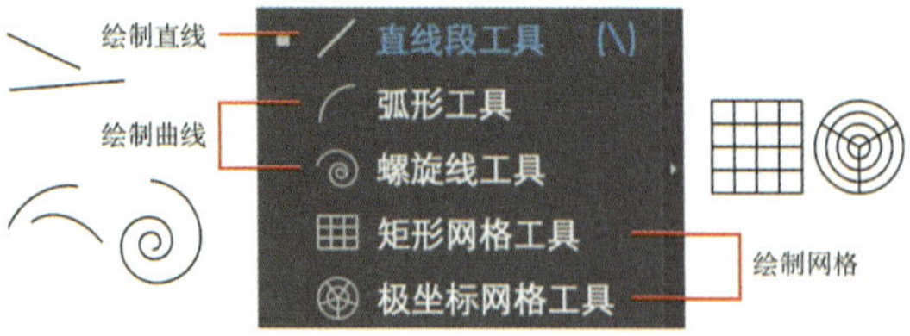

图1-1-7 “直线段工具”组

7. “矩形工具”组

“矩形工具”组在Illustrator中主要用于生成简单矢量图形。这些图形工具是进行数字图形创意设计的基础，包括矩形、圆角矩形、椭圆、多边形、星形和光晕等，这些形状可以单独使用，也可以通过组合和修改来创建更复杂的设计元素。在工具栏中点击并长按“矩形工具”图标，会展开组内所有工具，如图1-1-8所示。

（1）矩形工具。

选择“矩形工具”，在画板上点击并拖动，以绘制矩形，或点击画面任意空白处，可弹出矩形高度与宽度数值设置属性面板。按住Shift键，点击画面并拖拽可绘制正方形，按住Alt键（或Option键），可从中心向外绘制。“矩形工具”多用于创建背景、按钮或其他需要规则形状的设计元素。

（2）圆角矩形工具。

选择“圆角矩形工具”，在画板上点击并拖动，可绘制圆角矩形，或点击画面任意空白处，可弹出圆角矩形高度、宽度与圆角半径数值设置

图1-1-8 “矩形工具”组

属性面板。默认情况下，所有角都会呈现圆角。绘制时可以实时调整圆角的大小，具体方法是拖动鼠标的同时使用上、下方向键增、减圆角半径，或在“属性”面板中直接输入具体数值。绘制完毕后，通过形状上的控制点可以继续调整每个角的圆角大小。这些控制点位于圆角矩形的每个角上，通过拖动这些控制点，可以非常直观地调整圆角。

（3）椭圆工具。

选择“椭圆工具”，在画板上点击并拖动，以绘制椭圆，或点击画面任意空白处，可弹出椭圆高度与宽度数值设置属性面板。按住Shift键可绘制正圆，按住Alt键（或Option键）可从中心向外绘制。“椭圆工具”常用于创建圆形标志、图标、徽标及其他装饰性元素。

（4）多边形工具。

选择“多边形工具”，在画板上点击并拖动，拖动时旋转鼠标滚轮或按键盘上的上、下方向键可改变图形边数。或点击画面任意空白处，可弹出多边形半径与边数数值设置属性面板，以创建各种边数的规则多边形。“多边形工具”常用于较为复杂的图形设计。

（5）星形工具。

选择“星形工具”，在画板上点击并拖动，可以直接绘制星形。鼠标初始落点处可确定星形的中心，拖动可确定外圈半径。在拖动绘制星形的过程中，使用键盘上的上、下方向键可以直接增、减星形的角点数，或点击画面任意空白处，可弹出星形半径1、半径2与角点数数值设置面板。绘制完成后，通过“直接选择工具”点击边角上的控制点，拖动控制点，可以实时调整星形各角的锐利度和整体形状。

（6）光晕工具。

“光晕工具”的核心功能是通过参数化控制模拟自然光效，包括镜头光斑、日光发散、霓虹灯晕等视觉效果。该工具突破传统绘图需逐层叠加的局限，通过单次操作即可生成复杂光效，适用于背景装饰、产品渲染、图标设计等场景。

8.“填色和描边”工具

在Illustrator中，“填色和描边”工具是用来定义对象内部（填色）和外部轮廓（描边）的颜色、图案或渐变的基本工具，对于为图形增添视觉效果和区分不同元素至关重要。“填色和描边”工具通常在工具栏的底部，显示为一个前景色的方块（代表填色）和一个背景色的方框（代表描边），如图1-1-9所示。

双击填色或描边的图标，出现“拾色器”面板，有“颜色模型”和“颜色色板”两种模式。可以直接输入颜色编号，也可以点击左侧区域选择颜色；还可以从“颜色色板”中选择颜色，如图1-1-10所示。

如果不希望图形有填色或描边，可以选择无色选项，通常为一个带有红色斜线的白色方框，或使用快捷键/，如图1-1-11所示。

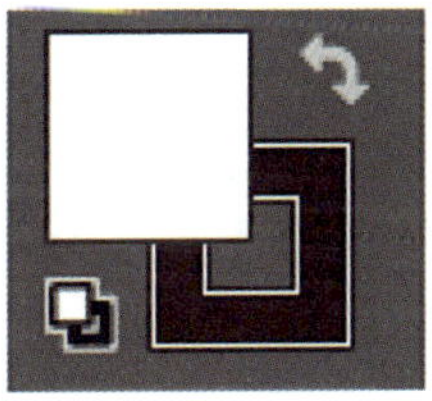

图1-1-9 “填色和描边”工具

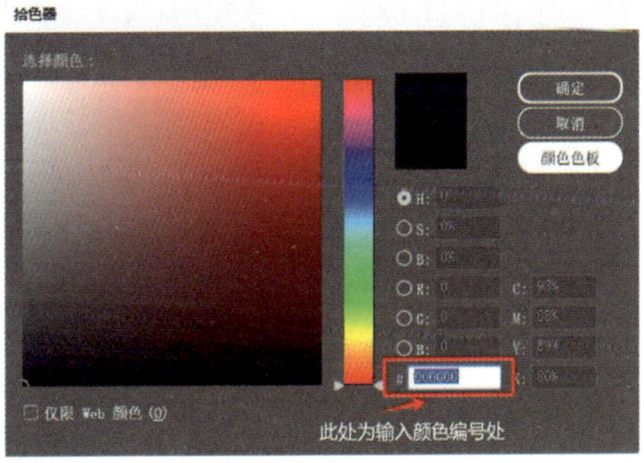

图1-1-10 “拾色器”面板

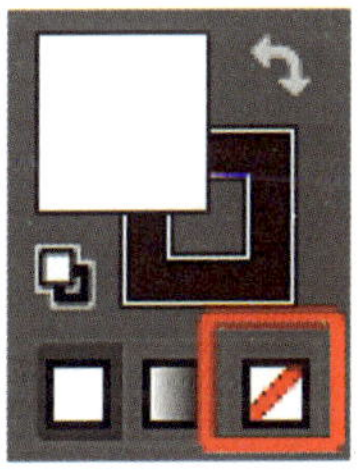

图1-1-11 取消填色或描边

9. 动物表情包创意设计知识

动物表情包一般具有趣味性，它们以动物为主题，通过动物的表情和动作来传达情感和信息。

（1）动物选择：设计动物表情包时需要选择适合的动物。常见的包括猫、狗、熊、狐狸、兔子等，这些动物通常有着丰富的表情和可爱的外貌，能够吸引人们的注意力。

（2）表情和动作设计：动物表情包的设计重点在于捕捉动物的表情和动作，以表达不同的情感和情境。设计师需要观察动物的日常行为，例如嬉戏、打哈欠、睡觉、生气等，然后将其转化为表情包的设计元素。

（3）个性化设计：每种动物都有其特征和个性，设计师可以根据动物的特点进行个性化设计。例如，猫可能具有傲慢的表情，狗可能具有忠诚的表情，设计师可以通过强调这些特点来增加表情包的趣味性。

（4）GIF动画制作：动物表情包可以是静态的图片，也可以是动态的GIF动画。设计师可以利用动画制作软件或在线工具，将动物表情和动作转化为生动的动画，增加表情包的趣味性和表现力。

（5）背景和配图设计：除了动物本身的表情和动作外，背景和配图也是动物表情包设计的重要组成部分。设计师可以根据表情包的主题和情境，选择适合的背景和配图，以增强表情包的视觉效果和表达能力。

（6）适应不同平台和尺寸：在设计动物表情包时，需要考虑不同平台和尺寸的要求。

1.1.4 设计实施

1. 文件设置

选择菜单栏中的“文件”→“新建”命令，或者按快捷键Ctrl+N，新建一个文档。在“新建文档”对话框中，设置文档的宽度和高度均为300px，颜色模式为RGB，光栅效果为300ppi，并设置文档名称为“狮子形象表情包”，单击“创建”按钮。

实训任务1.1
操作视频

2. 绘制狮子毛绒边

（1）选择“圆角矩形工具”，绘制一个宽度为260px、高度为230px的圆角矩形，圆角半径为100px，如图1-1-12所示。设置填充色为橘黄色（#DE8D24），描边色为无色，效果如图1-1-13所示。

（2）选择“直线段工具”，按住Shift键，在圆角矩形上绘制一条水平直线，如图1-1-14所示，在“属性”面板中选择“外观”，点击“描边”，设置直线的描边颜色为#C56918、粗细为4pt，端点为圆头端点，直线绘制效果如图1-1-15所示。以此类推，绘制其余9条直线，绘制效果如图1-1-16所示。

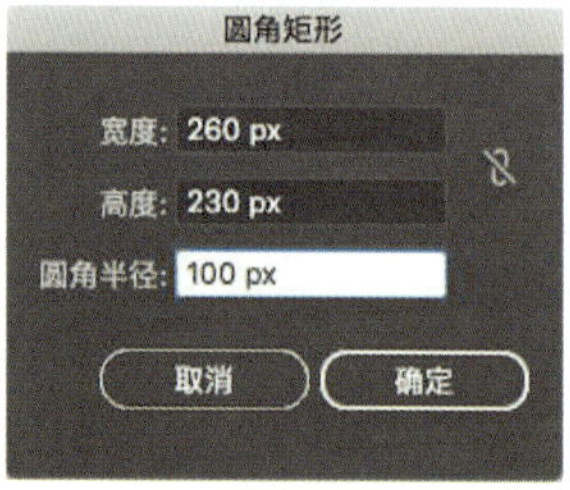

图1-1-12 设置圆角矩形属性

图1-1-13 圆角矩形

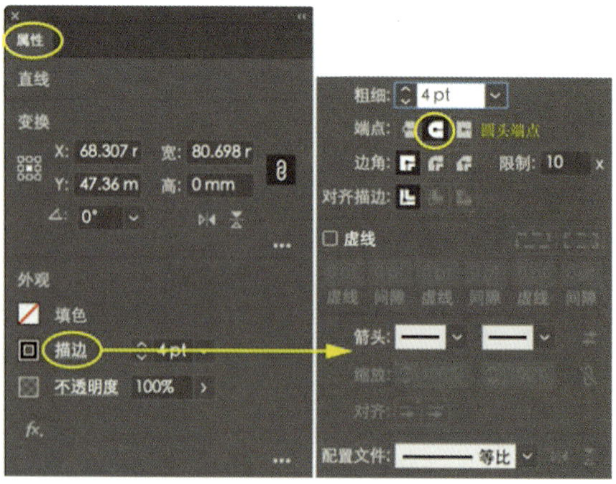

图1-1-14 设置直线属性

3. 绘制狮子脸部图形

（1）选择“椭圆工具”，绘制一个宽度为170px、高度为150px的椭圆，如图1-1-17所示。设置填充色为浅橘黄色（# F5C449），填充图形，并设置描边色为无色。将绘制的椭圆形放置到狮子毛绒边上层，注意居中对齐，效果如图1-1-18所示。

（2）选择“多边形工具”，绘制一个三角形，设置半径为30px，边数为3，如图1-1-19所示。设置填充色为黑色（# 000000），如图1-1-20所示。选中三角形，单击右键，选择“变换”→“旋转”→“设置180°”，压扁三角形，用鼠标将三角形角上的圆点向内拖动，为三角形设置合适大小的圆角半径，作为鼻头，效果如图1-1-21所示。

（3）选择“多边形工具”，用同样方法绘制三角形作为鼻子根部，为三角形设置与鼻头大小相适应的高度、宽度、圆角，如图1-1-22所示，并设置填充色为橘黄色（# F2AB21）。选择黑色三角形，单击右键，选择“排列”→“置于顶层”，可将橘色三角形设置在黑色三角形下层，效果如图1-1-23所示。

（4）选择“椭圆工具”，绘制一个宽度为12px、高度为24px的椭圆，如图1-1-24所示。设置填充色为黑色（# 000000），描边色为无色。将椭圆形放置到鼻子左边，如图1-1-25所示。用同样方法绘制第二个椭圆形，放置到鼻子右边，作为狮子眼睛，效果如图1-1-26所示。

（5）选择“椭圆工具”，绘制一个宽度为30px、高度为20px的椭圆，如图1-1-27所示。设置填充色为粉色（# F29B74），描边色

图1-1-15 直线效果

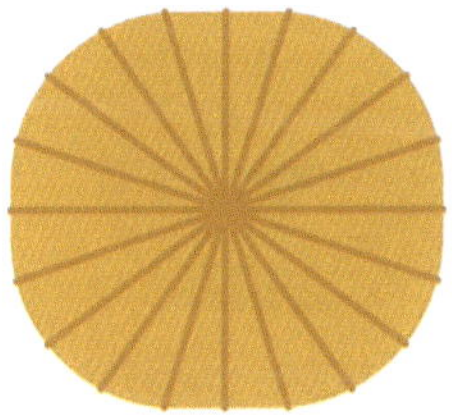

图1-1-16 狮子毛绒边整体效果

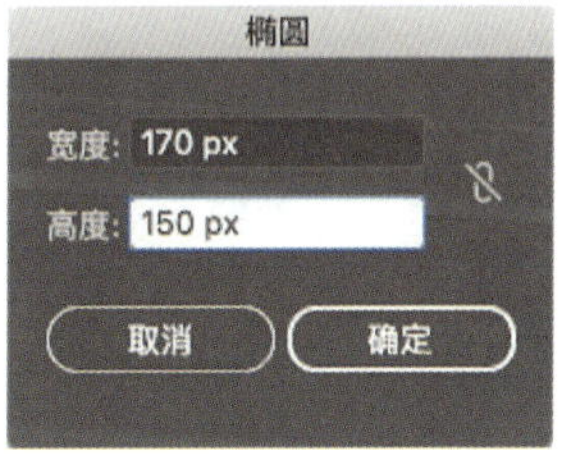

图1-1-17 设置椭圆属性

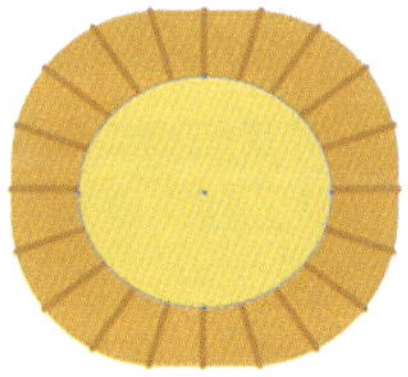

图1-1-18 设置椭圆与毛绒边位置

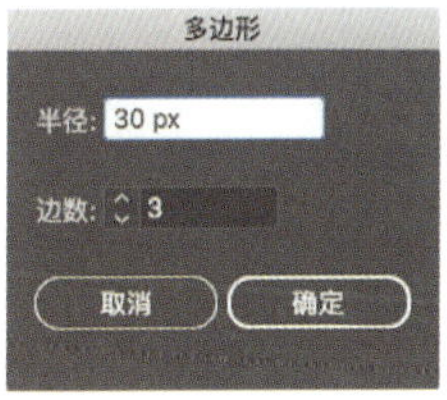

图1-1-19 设置多边形属性

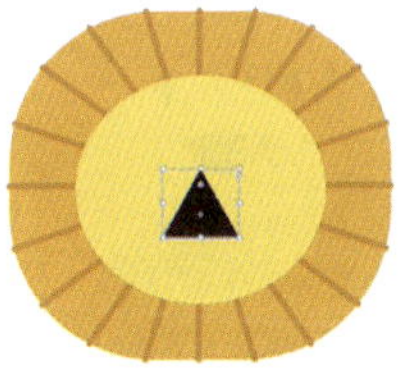

图1-1-20 绘制黑色三角形

图1-1-21 设置三角形圆角

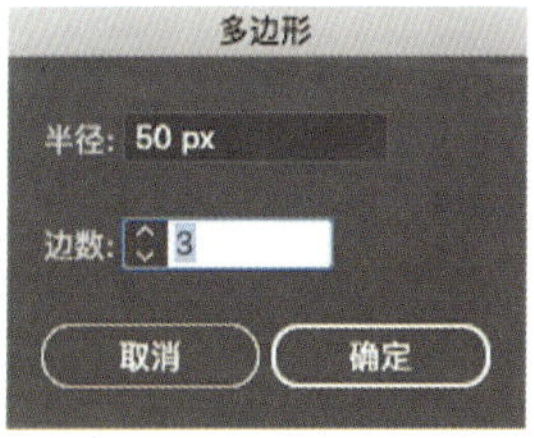

图1-1-22 设置多边形属性

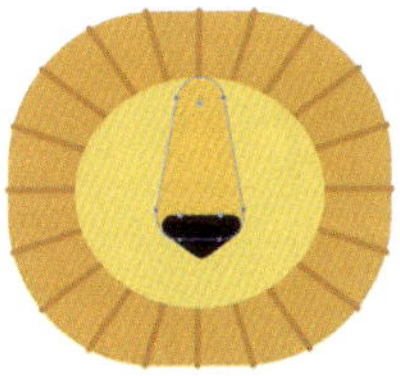

图1-1-23 设置椭圆与毛绒边位置

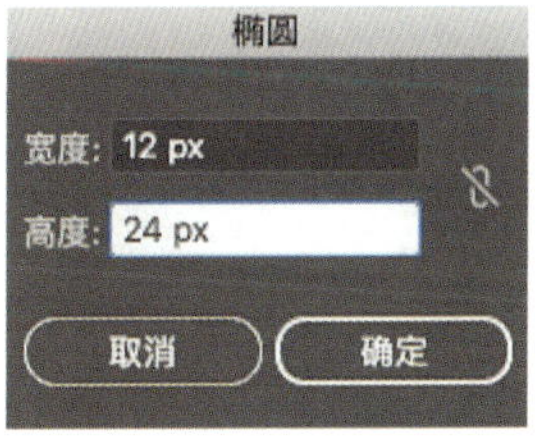

图1-1-24 设置椭圆属性

图1-1-25 绘制黑色椭圆

图1-1-26 眼睛效果

为无色。将椭圆形放置到鼻子左边，如图1-1-28所示。用同样方法绘制第二个椭圆，放置到鼻子右边，表现出狮子脸颊，效果如图1-1-29所示。

（6）选择“椭圆工具”，绘制一个宽度为30px、高度为45px的椭圆，如图1-1-30所示。设置填充色为浅橘黄色（# F5C449），描边色为无色，如图1-1-31所示。再绘制一个宽度为15px、高度为25px的椭圆，如图1-1-32所示。设置填充色为粉色（# F29B74），描边色为无色。将粉色椭圆放置于浅橘黄色椭圆上方，效果如图1-1-33所示。

（7）同时选中两个椭圆，单击右键，选择“变换”→“旋转”，设置角度为“30°”，将其逆时针旋转30°后放置在狮子脸部左上方，如图1-1-34、图1-1-35所示。选中两个椭圆，按快捷键Ctrl+C复制图形，再按快捷键Ctrl+F粘贴图形。将复制出来的图形移动至狮子脸部右上方，选中后单击右键，选择“变换”→“旋转”，设置角度为“-60°”，将其顺时针旋转60°，效果如图1-1-36所示。

（8）选择“直线段工具”，如图1-1-37所示，在鼻子下方绘制一条竖直线段，在“属性”面板中选择“外观”，点击“描边”，设置描边颜色为黑色（#000000）、粗细为4pt，端点为圆头端点，如图1-1-38所示。最终直线绘制效果如图1-1-39所示。

（9）选择“曲率工具”，在竖直线段下方绘制一条曲线，作为嘴巴部分，鼠标左键单击嘴巴第一个、第二个点，如图1-1-40所示。再

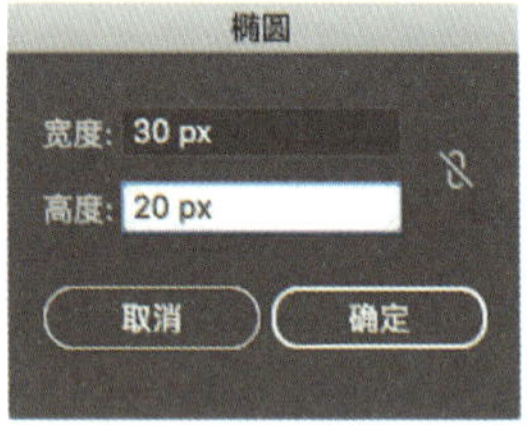

图1-1-27　设置椭圆属性

图1-1-28　粉色椭圆

图1-1-29　脸颊效果

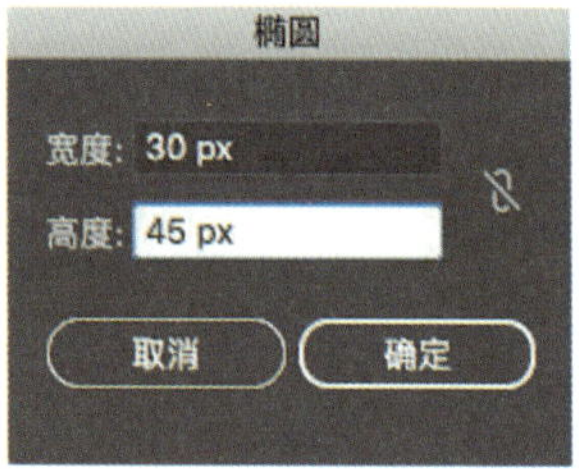

图1-1-30　设置椭圆属性

图1-1-31　浅橘黄色椭圆

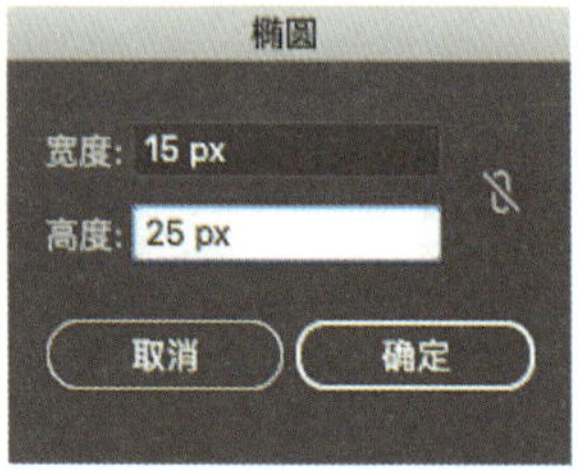

图1-1-32　设置椭圆属性

图1-1-33　粉色椭圆

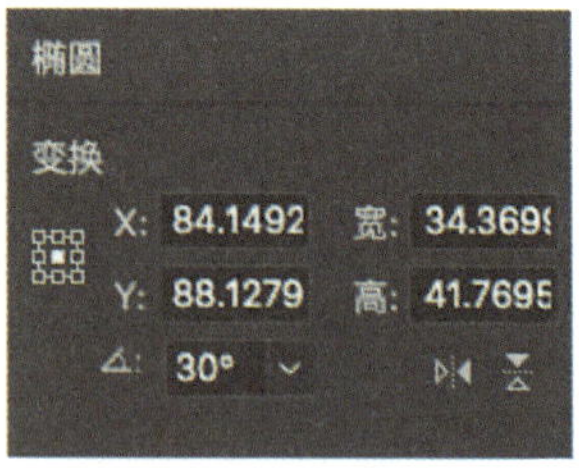

图1-1-34　将椭圆旋转30°

图1-1-35　第一只耳朵

图1-1-36　耳朵效果

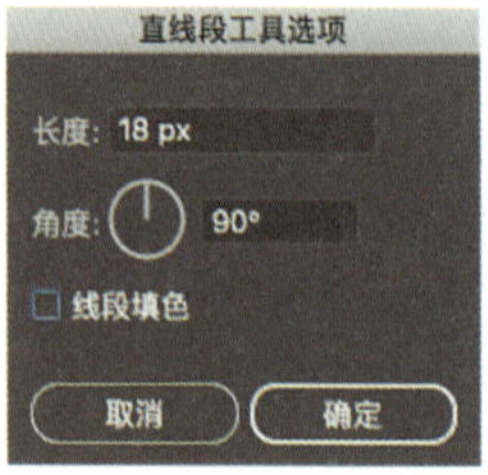

图1-1-37　设置直线段工具选项

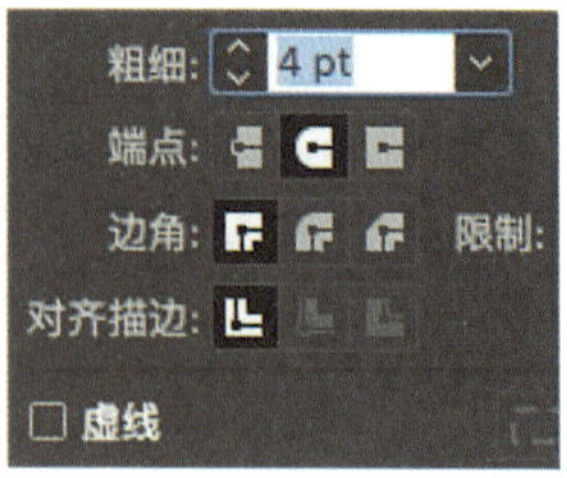

图1-1-38　设置直线段属性

图1-1-39 直线效果

图1-1-40 使用“曲率工具”

在合适位置点击嘴巴线条最后一个点，“曲率工具”会自动生成一根曲线，按键盘上的Esc键即可结束曲线绘制。在“属性”面板中设置描边颜色为黑色（#000000）、粗细为4pt，端点为圆头端点，最终绘制效果如图1-1-41所示。

（10）选择“矩形工具”，绘制一个宽度、高度均为300px的正方形，如图1-1-42所示。设置填充色为浅橘黄色（# FFEDCC），描边色为无色，选中正方形，右键单击“排列”→“置于底层”，作为狮子图形的底色。

（11）保存文件。选择菜单栏中的“文件”→“存储”，或者按Ctrl+S快捷键保存文件，选择文件保存类型为AI格式，可保存源文件。选择菜单栏中的“文件”→“导出”→“导出为”，可导出图像。选择保存类型为JPEG或PNG，最终输出效果如图1-1-43所示。

图1-1-41 嘴巴效果

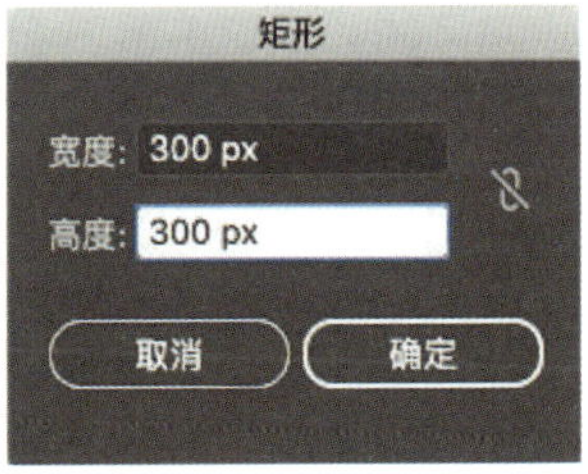

图1-1-42 设置矩形属性

图1-1-43 最终效果图

1.1.5 任务拓展

任务一 使用所学工具临摹长颈鹿动物表情包。

（1）任务效果图（图1-1-44）：

图1-1-44 长颈鹿动物表情包作业练习效果图

（2）绘制关键步骤：

- 新建一个宽度和高度均为300px，颜色模式为RGB，光栅效果为300ppi的文档；
- 分别使用“椭圆工具”“多边形工具”绘制图案；
- 选择相应图形，使用“填色和描边”工具进行填色和描边设置。

任务二 个性化矢量表情包创作。

选择一个你喜欢的动物形象，并为其设定好与日常情感表达相关的主题，如快乐、悲伤、惊讶等，进行表情包创作。

- 利用“矩形工具”组填色和描边等形状工具绘制必要的几何形状，如眼睛、嘴巴等；
- 选择适当的颜色方案，以增强视觉效果；
- 确保动物表情看起来既活泼又生动。

人物表情包设计

1.2.1 任务描述

利用Illustrator软件中的“钢笔工具”“直接选择工具”“吸管工具”“色板”等，绘制一个小女孩形象的人物表情包。

1.2.2 任务目标

（1）掌握Illustrator软件图形设计的基础知识。

（2）能使用Illustrator软件的绘图功能绘制数字图形。

①能熟练运用“钢笔工具”绘制各种线段；

②能熟练运用“直接选择工具”对绘制的基本图形进行形状调整；

③能熟练运用“吸管工具”“色板”对绘制的基本图形进行颜色调整。

（3）能设计出符合当代审美价值观、具有创意的人物表情包。

1.2.3 知识准备

1. 钢笔工具

“钢笔工具”属于Illustrator的矢量绘图工具，既可以勾画出直线、曲线和任意开放或闭合的形状、路径，也可以对图形进行精确的绘制与编辑，按住Shift键并单击，可画出平行线、垂直线和45°角。“钢笔工具”是制作精确图形和复杂艺术作品的理想工具，它可以帮助我们创建几乎任何形状和线条样式，并且保持高质量的矢量输出。一般创建路径的“钢笔工具”会与创建路径、锚点的工具在同一个组中，点击并长按“钢笔工具”图标，可展开其他相关锚点编辑工具，如图1-2-1所示。

（1）创建路径和形状。

我们可以点击“钢笔工具”来创建锚点，并通过调整曲线来连接这些锚点，从而创建直线、曲线和任意形状等的复杂路径。

（2）编辑路径。

使用“直接选择工具”，我们可以直接选择和移动已创建的锚点，或者通过调整曲线的控制手柄来修改路径的形状和曲率。

（3）配合其他工具使用。

“钢笔工具”通常与其他路径编辑工具结合使用，如使用“添加锚点工具”添加路径上的锚点、使用“删除锚点工具”删除路径上的锚点、使用“锚点工具”将路径上的尖锐锚点变圆润或将圆润

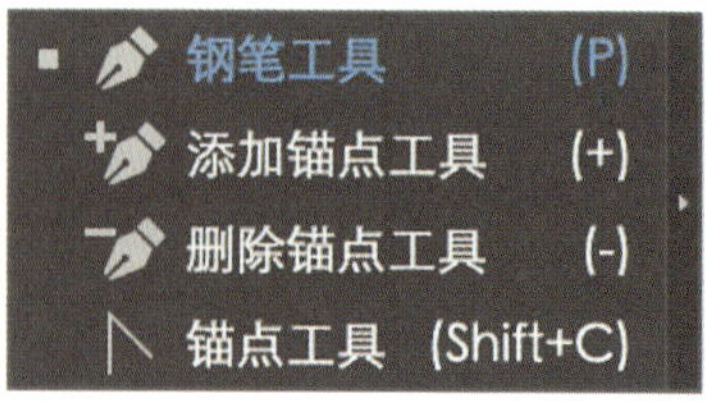

图1-2-1 “钢笔工具”组

锚点变尖锐等，可以更灵活地进行路径的创建和编辑。

2. 图形颜色设置方法

（1）利用“拾色器”直接选择颜色。

在实训任务1.1中，我们描述过“填色和描边”工具的使用方法，即可以直接在“拾色器”中选择颜色，有“颜色模型”和“颜色色板”两种模式可供选择，如图1-2-2所示。

（2）利用“色板”设置标准色。

利用色板，可预定义对象的颜色、色调、渐变和图案，可以将其应用于任何给定的形状。点击菜单栏中的“窗口”→“色板”，可以打开“色板”面板，如图1-2-3所示。

一般打开的“色板”面板，默认视图为缩览图，显示“色板”面板中所有可用的色板类型（颜色、渐变、图案、组），也是设计中最常见的视图形式。点击缩览图左边的小按钮，就可以切换另一种视图形式——列表视图。当我们这样做时，面板将进行调整，为我们提供有关颜色类型（专色/印刷色），包括RGB值、CMYK值等详细信息。

而如果要查找高级色板库，则可以点击位于“色板”面板左下角的“色板库”菜单，随后会显示一个下拉菜单，可在其中找到21个类别的集合，其中一些有子类别。如图1-2-4所示，只要单击其中一个色板库，软件就会弹出一个新窗口（色板库面板），可以在其中找到可用的颜色和渐变、图案。如图1-2-5所示，选择“PANTONE+CMYK Coated”色标簿，则会出现PANTONE色卡标准色色板。

（3）吸管工具。

除了使用“拾色器”“色板”选择颜色外，

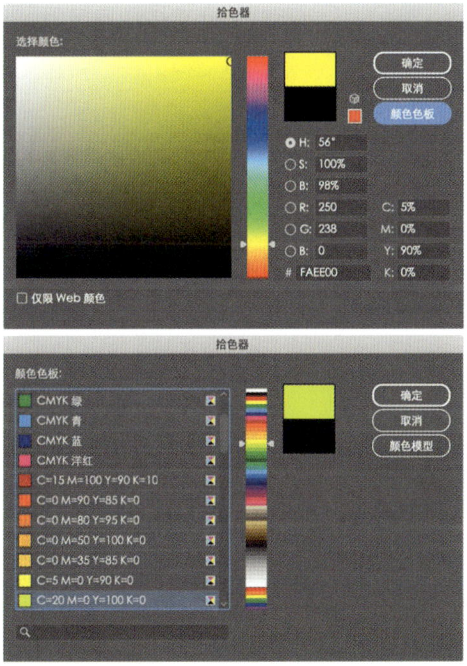

图1-2-2 使用“拾色器”选择颜色

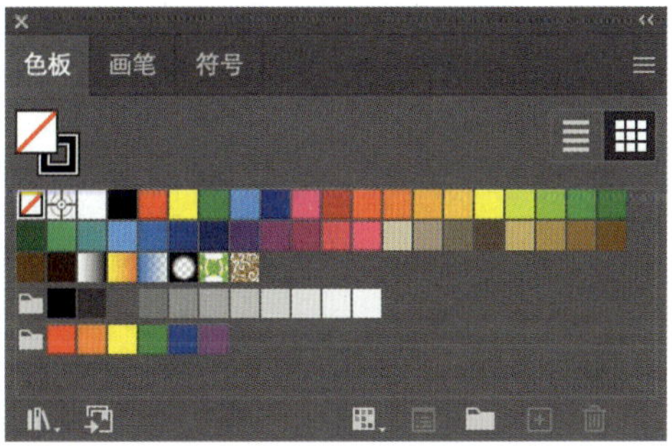

图1-2-3 “色板”面板

图1-2-4 高级色板库

图1-2-5 PANTONE色卡标准色色板

还可以使用“吸管工具”设置图形颜色。“吸管工具”可对对象的颜色直接采样，包括形状、文字、描边等可编辑的对象，并将这些颜色应用到其他对象上，这使得我们可以快速匹配和复制现有对象的颜色。“吸管工具”还可以对属性采样，比如透明度、描边样式等，这使得我们可以完整地复制对象的视觉效果。在应用颜色之前，我们可以通过按住特定键盘修饰键（如Alt键），来针对性地采样并应用颜色的不同部分，比如仅复制填充或者仅复制描边。“吸管工具”在Illustrator中是非常实用的，特别是在进行配色、匹配现有设计元素的颜色或效果时，它大大简化了调色和颜色一致性的处理过程，使得设计工作更加高效和精确。

3. 人物表情包创意设计知识

人物表情包设计是一种流行的视觉表达方式，通常通过简化的人物形象和丰富的表情来传达情感和情绪，是一个结合了艺术创造性和传达效果的设计领域。

（1）简洁和清晰的表达：人物表情包设计通常基于简化的人物形象，特征明确，形象简洁，使得表情能够一目了然地传达出来。使用大眼睛、夸张的嘴型和姿势，能够帮助增强表情包的识别性和表达力。

（2）情感和情绪的传达：人物表情包设计的核心是通过不同的表情来传达情感和情绪，比如开心、悲伤、愤怒、惊讶等。每个表情的细微差别和特点都应该能够清晰地反映出对应的情感状态，让观看者能够迅速理解和感受。

（3）符号化和文化识别：一些人物表情包设计可能会运用符号化的元素或者特定文化的符号，来增强表情的文化识别性和幽默感。了解不同文化对于表情和情绪的影响作用，能够帮助我们创作出更具有普遍吸引力的表情包。

（4）创意和差异化：成功的人物表情包设计通常具有独特的创意，能够脱颖而出，吸引用户的注意力并获得喜爱。可以通过探索不同的绘画风格、配色方案以及设计风格来创作多样化和有趣的表情包。

（5）应用和传播：人物表情包的形式不仅限于静态图片，还可以扩展到动画表情、虚拟贴纸等，增加用户互动的趣味性和实用性。有效地应用在通信应用、社交媒体平台等流行的传播渠道上，能够扩大表情包的传播力和影响力。

1.2.4 设计实施

1. 新建文件

实训任务1.2
操作视频

选择菜单栏中的“文件”→“新建”，或者按快捷键Ctrl+N，新建一个文档。在“新建文档”对话框中，设置文档的宽度为210mm、高度为297mm，颜色模式为RGB，光栅效果为300ppi，并设置文档名称为“人物表情包”，单击“创建”按钮，如图1-2-6所示。

2. 绘制草稿

在绘制完整的人物表情包前，可以在纸张或Illustrator软件中绘制人物表情、动作草稿，草稿可以不绘制头发、衣物等细节，只需把握表情包的整体造型即可，如图1-2-7所示。

图1-2-6 “新建文档”设置

图1-2-7 手绘或软件绘制草稿

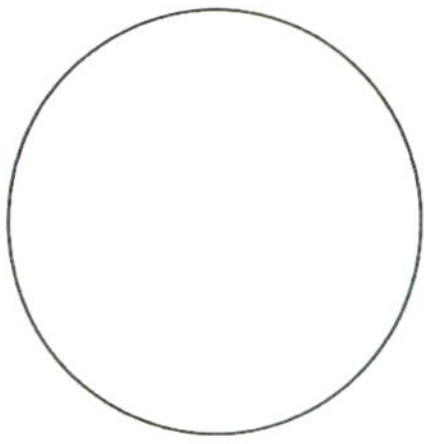

图1-2-8 绘制正圆形

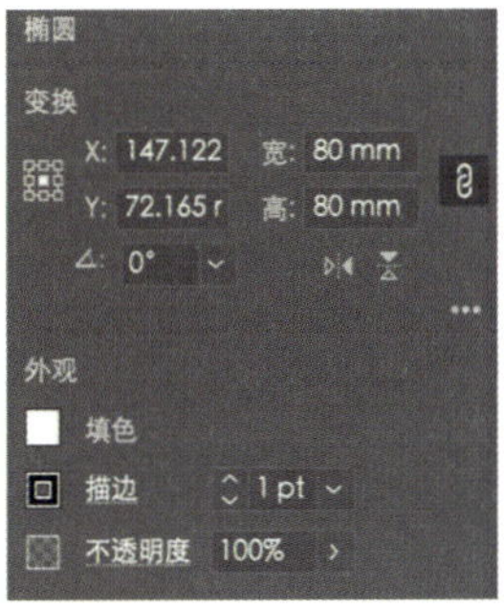

图1-2-9 圆形及线稿属性设置

3. 绘制线稿

（1）根据草稿，我们可以利用Illustrator软件绘制人物表情包细节线稿。首先，将人物的表情进行精细化的调整。选择“椭圆工具”，绘制一个宽度和高度均为80mm的正圆形作为人物头部形状，如图1-2-8所示。设置填充色为白色，描边色为黑色，描边粗细为1pt，如图1-2-9所示，以下线稿形状均按此属性设置。

（2）选择“钢笔工具”，绘制脸部表情（眉毛、眼睛、嘴巴）线稿，如图1-2-10所示。绘制表情时，需注意眼睛、嘴巴的走向，必要时通过“直接选择工具”调整路径。此外，还可以在“属性”面板中通过单击“描边”、选择“配置文件”来设置描边的粗细变化，里面显示了不同宽度的线条设置，如图1-2-11所示。

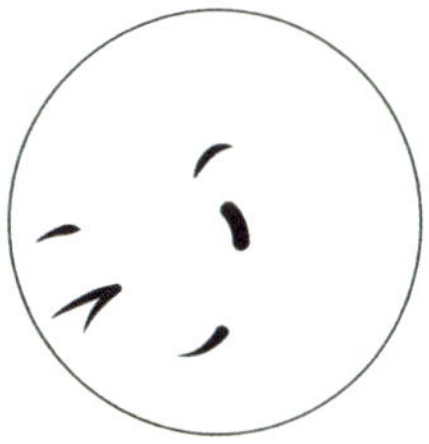

图1-2-10 绘制人物表情

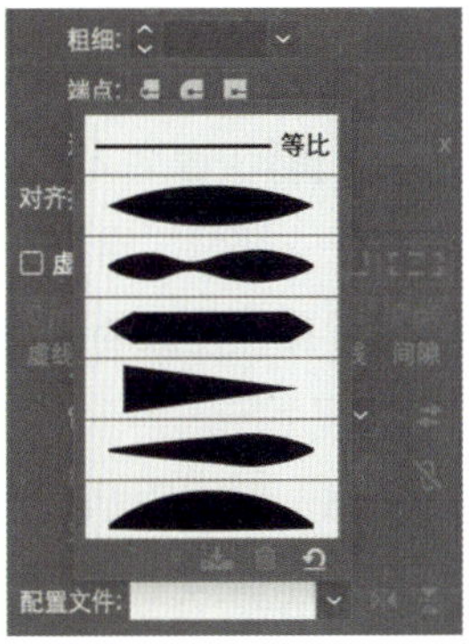

图1-2-11 描边宽度配置文件

（3）选择“椭圆工具”，绘制两个椭圆形作为人物脸颊红晕，并旋转适当角度，如图1-2-12所示。选择“钢笔工具”，绘制头发线稿，必要时通过“直接选择工具”调整路径锚点位置与手柄方向，使头发走向适应头部形状与表情，如图1-2-13所示。

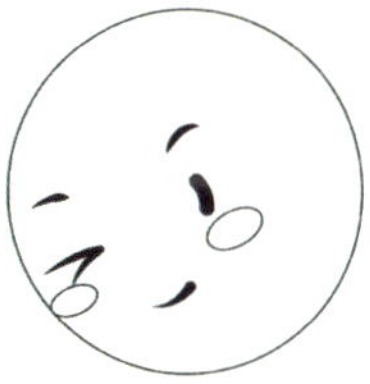

图1-2-12 绘制人物脸颊红晕

图1-2-13 绘制人物头发

（4）选择“钢笔工具”，绘制人物衣物及手臂，必要时通过“直接选择工具”调整路径锚点位置与手柄方向，使上半身大小、动作适应头部形状与表情，如图1-2-14所示。

图1-2-14 绘制人物衣物及手臂

（5）选择“椭圆工具”，绘制两个正圆形作为衣服扣子，并放置在合适的位置。选择

“星形工具” ，绘制一个星形，放置在眼睛旁边，作为表情包的点缀。这样便完成了人物表情包线稿的绘制，如图1-2-15所示。

图1-2-15 人物表情包线稿

4. 设置表情包各部位颜色

（1）为方便每个部位的色彩设置，可以为每个部分设置一些标准色，图1-2-16是本案例为皮肤颜色、头发颜色、衣物配饰颜色设置的标准色，共8种颜色，也可以根据自己的想法为表情包设置其他标准色。可以在画板上绘制几个矩形，并将颜色设置在矩形上，以便后续用“吸管工具”快速为人物表情包上色。

图1-2-16 本案例使用颜色

（2）设置好各部位的颜色后，使用“吸管工具” 快速为人物表情包上色。首先选择需要上色的部位，再点击“吸管工具”，接着点击前面设置的矩形标准色，即可快速上色，如图1-2-17所示。

图1-2-17 利用“吸管工具”为人物表情包上色

（3）设置眼睛旁边的五角星属性。设置填充色为浅黄色（#FCEFD1），描边色为橘黄色（# ECC959），描边粗细为5pt，以适应表情包整体色调与风格，如图1-2-18所示。

图1-2-18 五角星属性设置

（4）最后调整各部位的形状、线条粗细，完成人物表情包的绘制。选择菜单栏中的“文件”→“存储”，或者按Ctrl+S快捷键保存文件。选择文件格式为AI格式，保存源文件。选择菜单栏中的“文件”→“导出”→“导出为”，导出图像，选择文件格式为JPEG或PNG，最终输出效果如图1-2-19所示。

图1-2-19 人物表情包最终效果图

1.2.5 任务拓展

（1）任务内容：使用Illustrator进行个性化矢量人物表情包创作。

（2）任务要求：设计一个人物形象，并设定好与日常情感表达相关的主题，如快乐、悲伤、惊讶等，进行表情包创作。

• 利用各类形状工具添加必要的几何形状细节，如眼睛、嘴巴等；

• 为表情选择适当的颜色方案，以增强视觉效果；

• 确保表情看起来既简洁又生动。

可参考图1-2-20的表情包动作、表情进行创意设计。

（3）绘制关键步骤：

• 新建一个A4大小，颜色模式为RGB，光栅效果为300ppi的文档；
• 使用“钢笔工具”、“矩形工具”组、“直线段工具”、“吸管工具”等绘制图案；
• 绘制线稿、上色稿，把握好人物表情包的整体形象与风格。

图1-2-20 人物表情包动作参考

项目2

几何图形插画设计

几何图形插画设计是一种利用基本的几何形状（如圆形、三角形、矩形等）来创作插画的设计形式。其追求形式上的简洁、抽象和现代感，通过明确的结构和排列方式，几何形状具有整体上的平衡感和视觉吸引力，使得作品的主题和内容更加直接和易于理解。几何图形插画设计通常采用明快的色彩，能够有效地衬托几何形状的结构和设计意图，同时几何形状的大小变化、重叠和排列方式，能产生视觉上的层次感。目前，几何图形插画设计广泛应用于品牌标识、海报、包装等多个设计领域，尤其适合需要简单而又有效的视觉表达场合。

成功的几何图形插画设计通常具有独特的创意元素，能够吸引观众的注意力并给人留下深刻印象。本项目将通过几何植物图形设计、线条型动物图形设计、传统纹样图形设计三个任务，带领同学们认识Illustrator的几何图形设计功能，同时探索不同的几何形状组合、排列、构图以及主题表达方式，从而掌握创意图形的设计技能。

实训任务2.1 几何植物图形设计

2.1.1 任务描述

利用Illustrator软件中的“渐变工具”“路径查找器”等，绘制一套几何植物图形插画。

2.1.2 任务目标

（1）掌握Illustrator软件中绘制几何植物图形的基础知识。

（2）能利用Illustrator软件的图形编辑功能绘制几何图形。

①能熟练运用“渐变工具”对图形的渐变颜色进行设置、调整；

②能熟练运用“路径查找器”对两个及以上的图形进行组合设置。

（3）能设计出一套符合当代审美价值观、具有创意的几何植物图形。

2.1.3 知识准备

1. 编组选择工具

在Illustrator中，编组是一种将多个对象组合成一个整体的方法，目的是便于对它们进行统一的操作。我们可以利用“选择工具”同时选中多个图形对象，利用快捷键Ctrl+G将其编组。而使用“编组选择工具”时，可直接选取某组中的一个对象，按住Shift键并单击，可以增加或减少所选编组中的对象。

2. 渐变工具

渐变是两种或多种颜色之间或同一颜色的不同色调之间的逐渐混合。我们可以利用“渐变工具”来形成颜色混合，产生增大矢量对象体积，以及为图像添加光亮或阴影的效果。

利用“渐变工具”，我们可以创建线性渐变、径向渐变、任意形状渐变三种类型的渐变。线性渐变可使颜色从一点到另一点进行直线形混合；径向渐变可使颜色从一点到另一点进行环形混合；任意形状渐变可在某个形状内使色标形成逐渐过渡的混合，可以是有序混合，也可以是随意混合。无论是哪种渐变类型，都可以使颜色的混合看起来平滑、自然，如图2-1-1所示。

双击工具栏中的“渐变工具”，画布上将显示“渐变”面板，在“渐变”面板上分别选择“线性渐变”“径向渐变”“任意形状渐变”，就会出现不同的设置选项（图2-1-2、图2-1-3）。渐变工具和“渐变”面板有很多通用的选项。使用“渐变工具”和“渐变”面板，可以指定多个色标，并指定其位置和扩展。双击色标还可以指定颜色的显示角度、椭圆形渐变的长宽比以及每种颜色的不透明度。

3. 路径查找器

在Illustrator中，“路径查找器”是一个强大的工具，它允许我们对形状进行各种操作，如联集、减去顶层、交集、差集等，一般用于创建复杂的图形，帮助设计师快速、有效地创建设计元素。“路径查找器”一般通过“窗口”菜单访问（快捷键Shift+Ctrl+F9），其面板如图2-1-4所示。

使用“路径查找器”上的按钮可合并对象以创建形状，有“形状模式”与“路径查找器”两类按钮。

• **联集：**形状相加。单击“路径查找器”面板上的“联集”按钮，可以将重叠交叉的图形变成一个图形，合并后轮廓线及其重叠的部分融合在一起，最顶层的对象颜色决定了合并后的对象的颜色。如图2-1-5所示，两个矩形联集后的图形颜色受顶层图形颜色控制。

• **减去顶层：**减去顶层形状中共同部分。单击“路径查找器”面板上的“减去顶层”按钮，可以将顶层图形和与顶层图形重叠交叉的部分删除，只保留两个图形没有交叉的部分，效果如图2-1-6所示。

• **交集：**保留重叠部分。单击“路径查找器”面板上的“交集”按钮，图形之间重叠的部分将会被留下，其他部分被自动删除，重叠部分显示为最前面图形的填充和描边，效果如图2-1-7所示。

• **差集：**保留形状不重叠部分。单击“路径查找器”面板上的“差集”按钮，图形与图形没有重叠的部分会被保留，重叠部分被挖空，最终的图形显示为最前面图形的填充和描边，效果如图2-1-8所示。

• **分割：**形状全部分裂。单击“路径查找器”面板上的“分割”按钮，图形之间有叠加关系的部分会全部被分割成单独的图形。在图形上右击，在弹出的菜单中执行“取消编组”命令，

图2-1-1 线性渐变、径向渐变和任意形状渐变示例

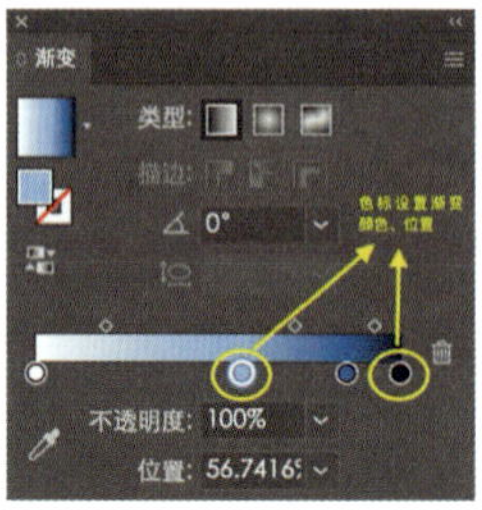

图2-1-2 适用于线性渐变的“渐变”面板

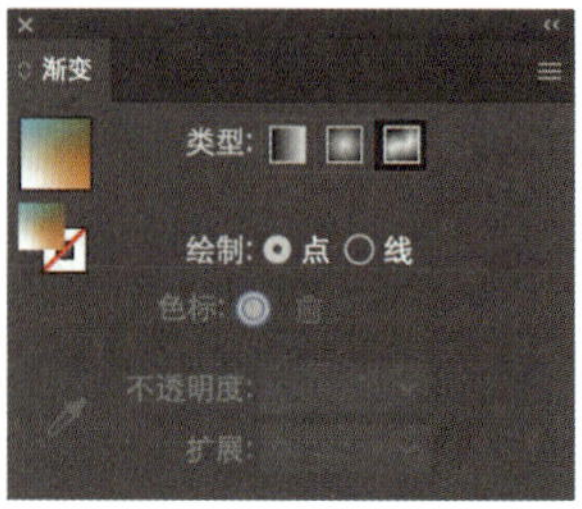

图2-1-3 适用于任意形状渐变的“渐变”面板

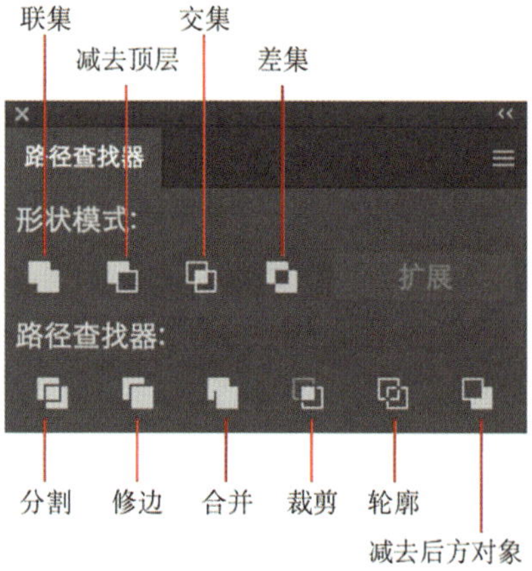

图2-1-4 “路径查找器”面板

图2-1-5 图形联集效果

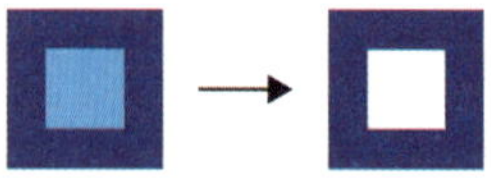

图2-1-6 图形减去顶层效果

图2-1-7 图形交集效果

分割完的图形就可以使用“选择工具”移动和拆分。它们的颜色仍是原来图形的颜色，效果如图2-1-9所示。

• **修边：**利用上层图形修剪下层图形。单击“路径查找器”面板上的“修边”按钮，可以删除两个或多个图形重叠的部分，最前面的图形仍保留原有形状。有描边的图形执行此操作后，描边会消失。使用“修边”效果后，在图形上右击，在弹出的菜单中执行“取消编组”命令，就可以使用“选择工具”移动修边后的图形了，效果如图2-1-10所示。

• **合并：**“合并”的操作与“修边”类似，不同的是，“合并”不仅能删除选定图形的重叠部分，还能将选定图形中所有颜色相同的区域组合在一起，效果如图2-1-11所示。

• **裁剪：**“裁剪”的效果与“剪切蒙版”相似，但“裁剪”是把被裁剪以外的图形删除而不是隐藏。首先把想用作裁剪器的对象放到前面，然后把想要裁剪的对象和裁剪器选中，最后再在“路径查找器”面板中单击“裁剪”按钮，效果如图2-1-12所示。

• **轮廓：**使用“选择工具”选中图形，在“路径查找器”面板中单击“轮廓”按钮，得到的效果只能保留图形轮廓，轮廓的颜色为它自身的填充色。对没有相交的图形使用“轮廓”效果，图形将会全部转化为轮廓线，轮廓线颜色为原来图形的颜色；对有重叠的图形使用“轮廓”效果，图形将会被分割并转化为外部轮廓线，效果如图2-1-13所示。

• **减去后方对象：**“减去后方对象”与“减去顶层”效果相反。“减去顶层”是删除两个交叉重叠图形中最顶层的对象，“减去后方对象”是将两个交叉重叠的图形中最底层的对象删除，效果如图2-1-14所示。它的具体操作方法与“减去顶层”一样，只是得到的效果不同。

需要注意的是，与面板中的“路径查找器”一样，“形状模式”也可创建路径，还可用于创建复合形状。选定了多个形状时，如果按住Alt键并单击“形状模式”中的某个按钮，将创建复合形状而不是路径。组合复合形状的原始底层对象被保留，因此可选择复合形状中的每个对象。

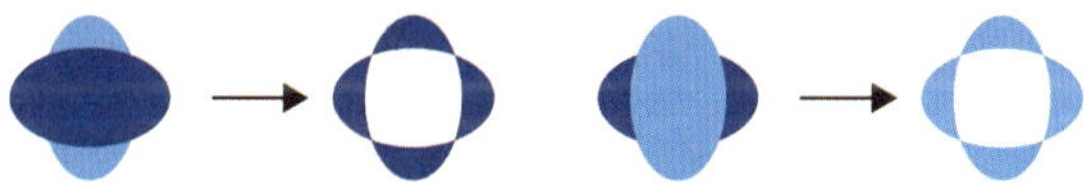

图2-1-8　图形差集效果

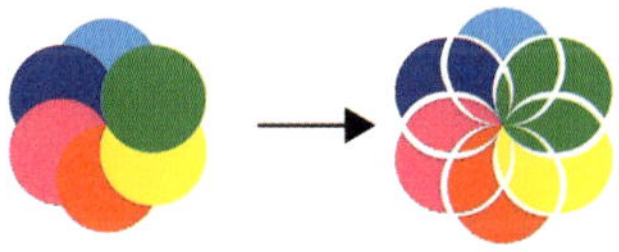

图2-1-9　图形分割效果

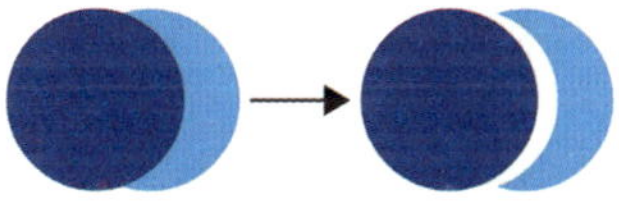

图2-1-10　图形修边效果

图2-1-11　图形合并效果

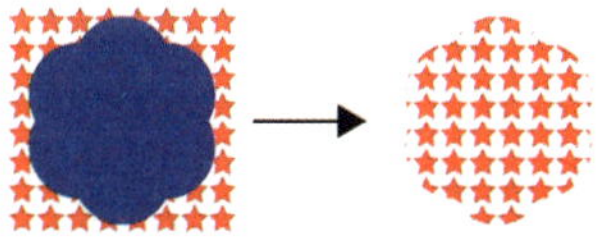

图2-1-12　图形裁剪效果

图2-1-13　图形“轮廓”效果

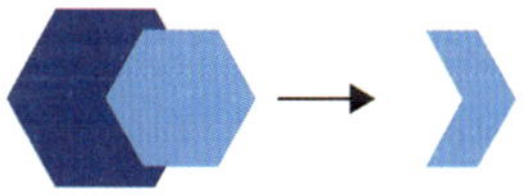

图2-1-14　图形减去后方对象效果

4. 几何植物图形设计知识

（1）几何植物图形的简化和抽象化：几何植物图形设计通过简化植物的形态和结构，使用基本的几何形状（如圆形、三角形、矩形等）来表现植物叶子、花朵、果实等部分的外观和特征，通过不同的组合和排列来构成整体的植物形象，清晰地表达植物的结构和轮廓，同时保持视觉上的和谐和美感。

（2）色彩和配色方案：在色彩设计上，通常采用简洁、明快的色彩，使得几何植物图形更具现代感，同时突出几何形状的结构。

（3）观察生活中的植物：如图2-1-15所示，我们身边有许多植物，其自身会呈现出各种各样的几何形状，创意图形的表达可以从生活中的积累开始。

2.1.4 设计实施

1. 文件设置

实训任务2.1
操作视频

选择菜单栏中的“文件”→“新建”，或者按快捷键Ctrl+N，新建一个文档。在“新建文档”对话框中，设置文档的宽度为470px、高度为850px，颜色模式为RGB，光栅效果为300ppi，并设置文档名称为“几何植物图形”，单击“创建”按钮，如图2-1-16所示。

2. 绘制第一个几何植物图形

（1）选择“椭圆工具”，绘制一个宽度、高度均为200px的正圆，如图2-1-17所示。选择“直线段工具”，按住Shift键，绘制一条水平直线，如图2-1-18所示。选择直线，按住Alt键向下拖动，复制出一条直线，并按Ctrl+D重复复制这一步骤，绘制多条直线，如图2-1-19所示。

（2）选中正圆和所有直线，在“路径查找器”面板中点击“分割”按钮，将圆形分割成多条小块，如图2-1-20所示。

（3）选中分割后的图形，鼠标右击，选择“取消编组”。为分割后的图形填充不同颜色，这

图2-1-15 大自然植物的几何图形（左为多叶芦荟、右为方塔）

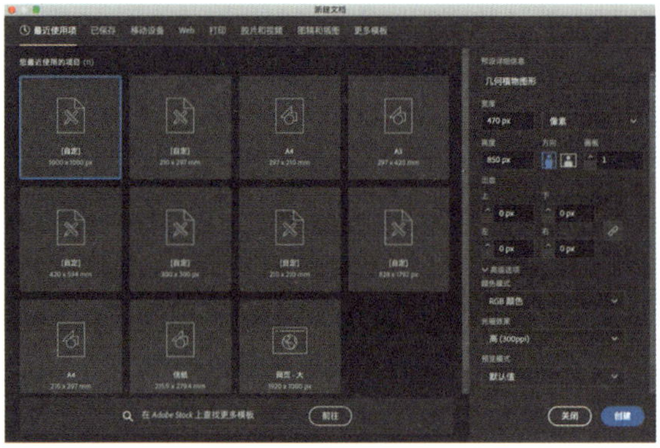

图2-1-16 “新建文档”设置

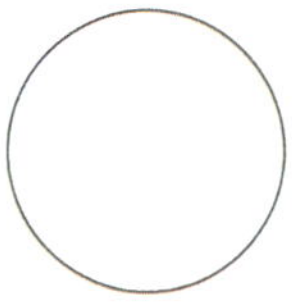

图2-1-17 绘制正圆

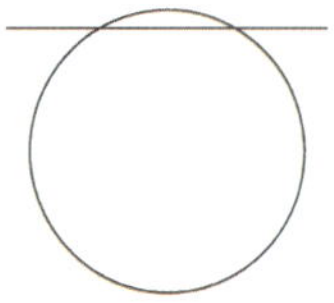

图2-1-18 绘制水平直线

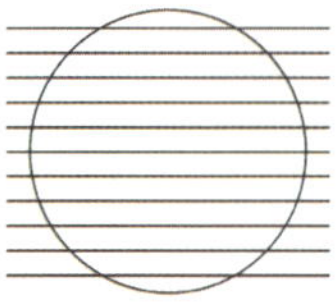

图2-1-19 复制水平直线

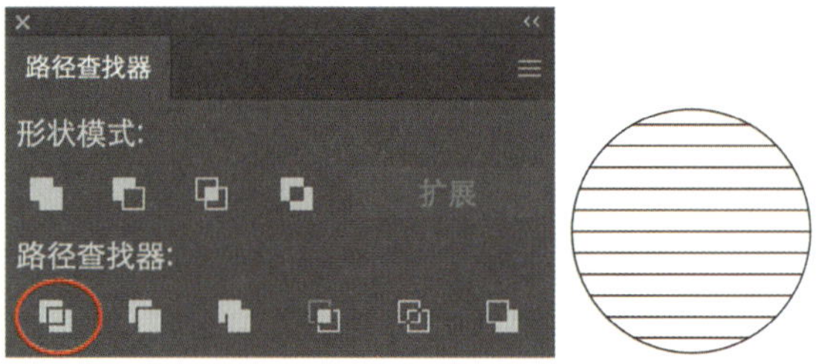

图2-1-20 利用直线分割正圆

里我们选择#F9F9D2、#A4AD41、#04241E三种绿色交替填充，使图形更具有节奏感，如图2-1-21所示。颜色填充完成后，将所有图形选中，用快捷键Ctrl+G进行编组。

（4）选择“矩形工具”，绘制一个宽度、高度均为60px的正方形，设置填充色为浅绿色（#A4AD41），并设置描边色为无色。使用“选择工具”，将正方形右上角和左下角的操控点向中间拖动，使之成为叶子形状。设置完成后在“路径查找器”面板中点击“联集”按钮，使形状改变属性。效果如图2-1-22所示。

（5）选择“矩形工具”，绘制一个宽120px、高340px以及一个宽10px、高250px的矩形，将两个矩形的填充色设置为深绿色（#04241E），并设置描边色为无色。将其作为植物茎秆和花盆，与植物主体合理放置在一起，效果如图2-1-23所示。

（6）最后将叶子放置到植物茎秆处，可复制多片叶子并旋转方向，作为装饰，效果如图2-1-24所示。

图2-1-21 设置图形填充颜色

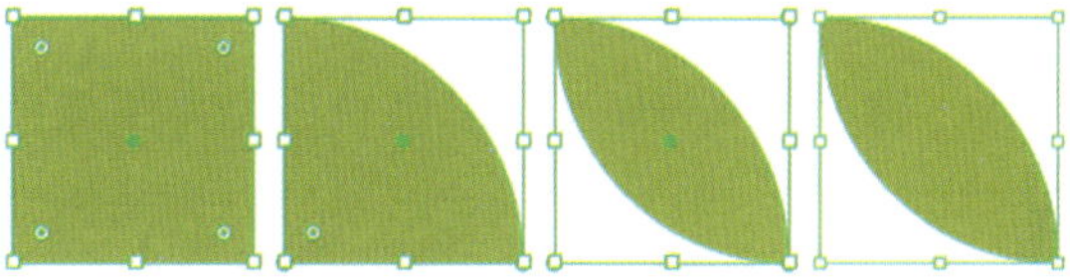

图2-1-22 利用矩形绘制叶子形状

图2-1-23 设置盆栽位置

图2-1-24 设置叶子位置

3. 绘制第二个几何植物图形

（1）选择“椭圆工具”，绘制一个宽度、高度均为200px的正圆，设置填充色为深绿色线性渐变（# A4AD41～#04241E），并设置描边色为无色，效果如图2-1-25所示。

（2）参照上一个几何植物叶子的绘制方法绘制叶片，设置填充色为浅绿色（#F9F9D2）。复制多片叶子，调整叶片大小、角度和位置，使植物图形美观、简洁，效果如图2-1-26所示。

（3）选择“矩形工具”，绘制一个宽为50px、高为28px的矩形。选择“多边形工具”，绘制一个宽190px、高215px的三角形。将两个图形居中对齐。选中矩形和三角形，在“路径查找器”面板中点击“联集”按钮，将其合为一个图形，作为花盆，如图2-1-27所示。

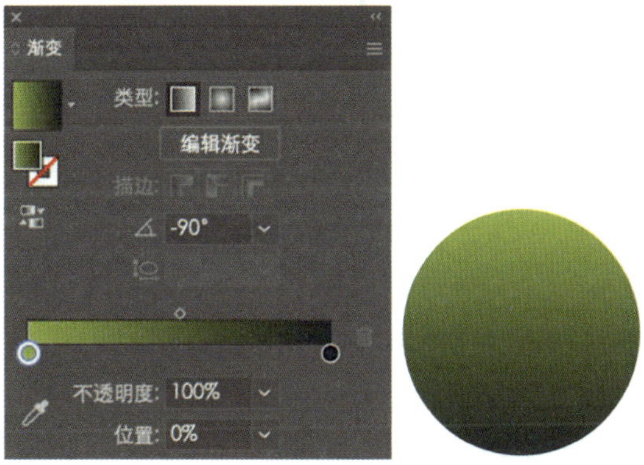

图2-1-25 绘制深绿色渐变正圆形

图2-1-26 绘制叶片

（4）选择“直线段工具”，绘制两条直线。选中花盆和所有直线，在“路径查找器”面板中点击“分割”按钮，将花盆形状分割为三块。将分割后的三块图形取消编组，并分别设置填充色（#A4AD41、#04241E、#CCAD81），效果如图2-1-28所示。

（5）选择“矩形工具”，绘制一个宽10px、高150px的矩形，设置填充色为深绿色（#04241E），描边色为无色。将其作为植物茎秆，与植物主体、花盆合理放置在一起，效果如图2-1-29所示。

（6）将第一个植物与第二个植物设置在画布合理位置。选择“矩形工具”，绘制一个宽470px、高850px的矩形，并设置填充色（#F5F4F2），作为画面底色。选择菜单栏中的“文件”→“存储”，或者按Ctrl+S快捷键保存文件，选择文件格式为AI格式，保存源文件。选择菜单栏中的“文件”→“导出”→“导出为”，导出图像，选择文件格式为JPEG或PNG，最终输出效果如图2-1-30所示。

2.1.5 任务拓展

任务一 使用所学的Illustrator软件工具临摹一张几何植物图形。

（1）任务效果图（图2-1-31）：

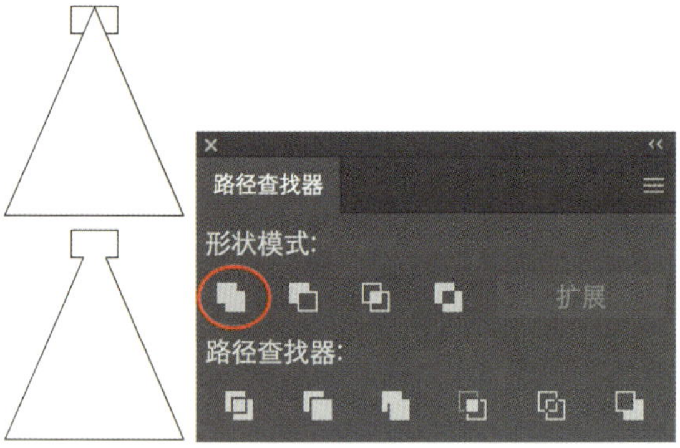

图2-1-27 绘制花盆外形

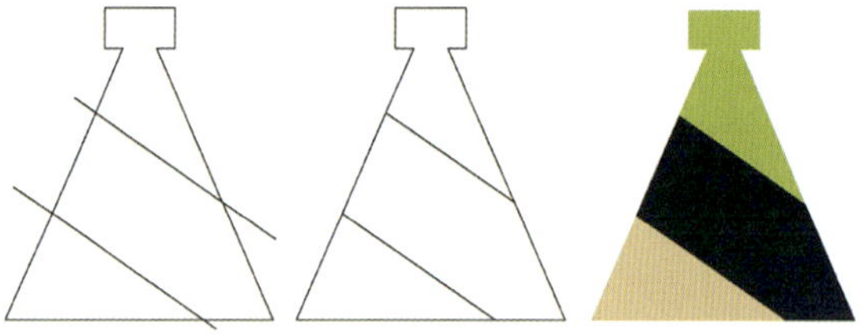
图2-1-28 分割花盆形状并上色

图2-1-29 绘制植物茎秆

图2-1-30 几何植物图形最终效果图

图2-1-31 几何植物图形作业练习效果图

（2）绘制关键步骤：

- 使用“矩形工具”组、“渐变工具”绘制图案；
- 使用“路径查找器”等组合图形、修改图形形状；
- 调整图形大小、位置、色彩，使图形简洁、独特。

任务二 个性化几何植物图形创作。

选择一个或几个你喜欢的植物形象进行个性化几何植物图形创作。

- 使用多种几何图形，组合出各种各样的不规则图形，增加创意性；
- 为植物选择适当的渐变颜色方案，以增强视觉效果；
- 确保图形看起来既简洁，又能辨识出是植物。

实训任务2.2　线条型动物图形设计

2.2.1　任务描述

利用Illustrator软件中的各种路径绘制工具与路径编辑方法（连接、剪切、平滑等），绘制一组线条型动物图形。

2.2.2　任务目标

（1）掌握Illustrator软件编辑线条型图形路径的知识。

（2）能使用Illustrator软件的路径编辑功能绘制复杂的线条。

①能熟练运用“矩形工具”组、“直线段工具”“Shaper工具”等绘制路径；

②能熟练运用“平滑工具”“橡皮擦工具”“连接工具”等对图形的路径局部进行连接、修饰、调整；

③能熟练运用“路径橡皮擦工具”“剪刀工具”“美工刀”对路径局部进行裁剪。

（3）能设计制作出一组符合当代审美价值观、具有创意的线条型动物图形。

2.2.3　知识准备

1. 绘制图形路径的各种方法

（1）绘制规则路径。

• **“矩形工具”组：** 参见实训任务1.1中“矩形工具”组绘制矩形、椭圆等规则路径的方法。

• **“直线段工具”组：** 在实训任务1.1中，我们已经讲解了“直线段工具”组可以用来绘制规则路径，这里不再赘述。

• **“Shaper工具”：** 除了以上工具，还可以使用“Shaper工具”绘制规则路径，该工具是一个AI智能工具，比如画出一个不规则的圆时，它会自动变成一个规则的圆，如图2-2-1所示。

（2）绘制不规则路径。

• **“铅笔工具”、“画笔工具”与“斑点画笔工具”：** “铅笔工具”可以创建更多自由形式的路径，类似于用铅笔在纸上绘图，画出来的路径默认没有描边和填充，需要自行添加。“画笔工具”与铅笔工具类似，用于创建更多自由形式的路径，它的优点在于可以选择一个画笔样式，如书法或纹理，应用于绘制的路径。“斑点画笔工具”可创建填充的复合路径，使用“斑点画笔工具”绘制的新形状将与具有相同外观设置的现有形状合并。图2-2-2为“铅笔工具”“画笔工具”与“斑点画笔工具”画出的路径。

• **“钢笔工具”“曲率工具”：** 在前面实训任务1.2中，我们主要讲述了“钢笔工具”“曲率工具”绘制直线、曲线等不规则路径的方法。“钢笔工具”是Illustrator中最强大的绘图工具，

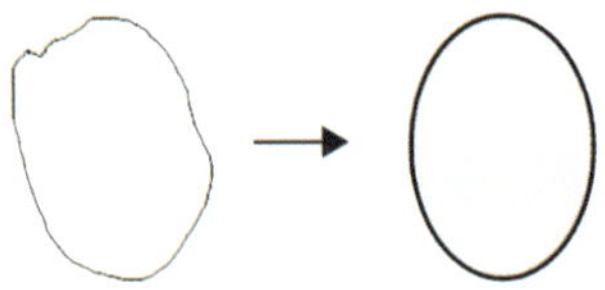

图2-2-1　“Shaper工具”智能绘图

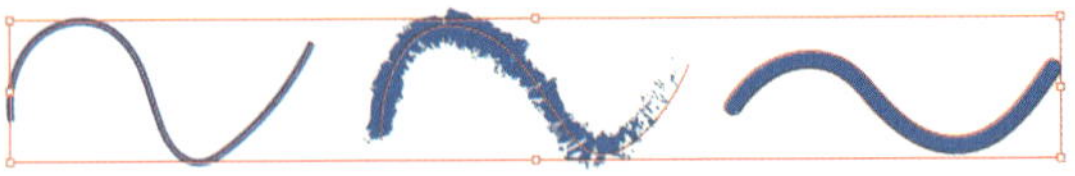

图2-2-2　“铅笔工具”“画笔工具”与“斑点画笔工具”画出的路径

可以创建和精确编辑锚点以制作路径。“曲率工具”是一种更加直观的绘图工具，可以在不使用切换工具的情况下，极其精确地创建路径，着力于添加、编辑和删除锚点，以控制路径的外观。

2. 修改图形路径的各种方法

（1）使路径变圆润。

- **“平滑工具”**：可调整路径上的尖锐处，使路径边缘和曲线更加平滑，如图2-2-3所示。此外，也可以使用“锚点工具”修改路径上的尖锐锚点，使其成为较为圆润的锚点。

（2）分割路径。

- **“路径橡皮擦工具”**：使用该工具，沿着路径拖动，即可擦除一些路径，可以将一条开放路径变成两条相互独立的路径，也可以将一条闭合路径变成开放的路径，如图2-2-4所示。
- **“剪刀工具”**：使用“剪刀工具”点击路径的某个位置，可以将路径剪断，使其变成单独的路径，如图2-2-5所示。
- **“美工刀”**：使用“美工刀”可以切割闭合路径，并且切开的路径也为闭合路径，彼此独立，如图2-2-6所示。

（3）连接路径。

- **“连接工具”**：该工具的使用效果与“路径橡皮擦工具”相反，它可以将两条独立的路径连接起来。单击“连接工具”，在要连接的两条路径端点间拖动，即可连接路径，效果如图2-2-7所示。
- **菜单栏路径连接**：除了利用“连接工具”进行路径连接，也可以在菜单栏中执行路径调整操作。选中两个不闭合路径，在菜单栏中执行“对象”→“路径”→“连接”命令，或按快捷键Ctrl+J，可完成连接，连接效果如图2-2-8所示。

（4）其他修改路径的方法。

- **“橡皮擦工具”**：“橡皮擦工具”可以擦除选中的色块或路径。在擦除后，剩下的色块或路径将会变成独立的。在椭圆路径上使用“橡皮擦工具”的效果如图2-2-9所示。
- **偏移路径**：偏移路径适用于创建同心图形或制作保持固定间距的多个对象。如图2-2-10所示，选择一条路径，在菜单栏中执行“对象”→“路径”→“偏移路径”命令，在弹出的

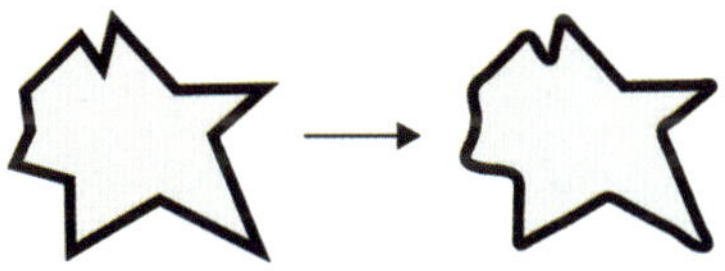

图2-2-3 “平滑工具”调整尖锐点

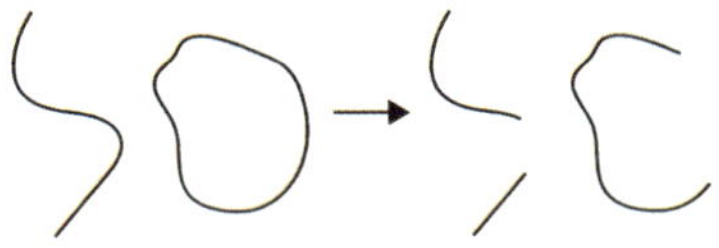

图2-2-4 “路径橡皮擦工具”擦除路径

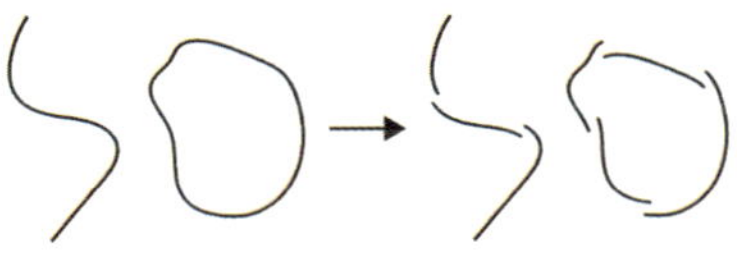

图2-2-5 “剪刀工具”剪断路径

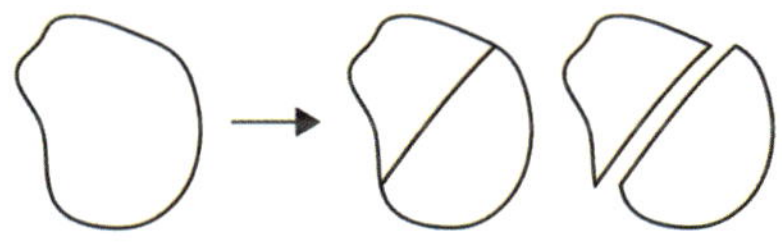

图2-2-6 “美工刀工具”切割闭合路径

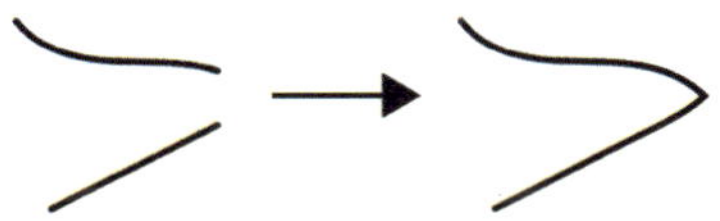

图2-2-7 “连接工具”连接路径

图2-2-8 菜单栏路径连接功能

“偏移路径”对话框中设置相关参数，可基于原路径偏移出一条新的路径。在“位移”选项输入框中输入数值时，输入正数会在原路径的外部生成偏移的路径，输入负数则相反，会在原路径的内部生成偏移的路径（新生成路径为图中红色路径所示）。

• **轮廓化描边：**轮廓化描边可以将路径转换为填充的图形。在菜单栏中执行“对象”→“路径”→“轮廓化描边”命令，转换的图形宽度以原路径描边粗细为准，如图2-2-11所示。

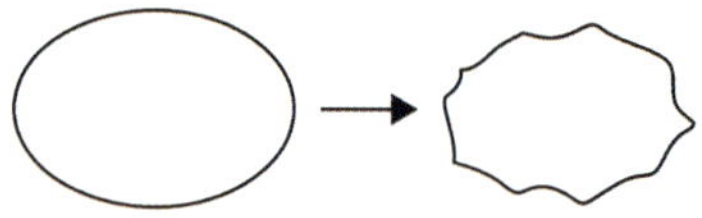

图2-2-9 “橡皮擦工具”调整路径

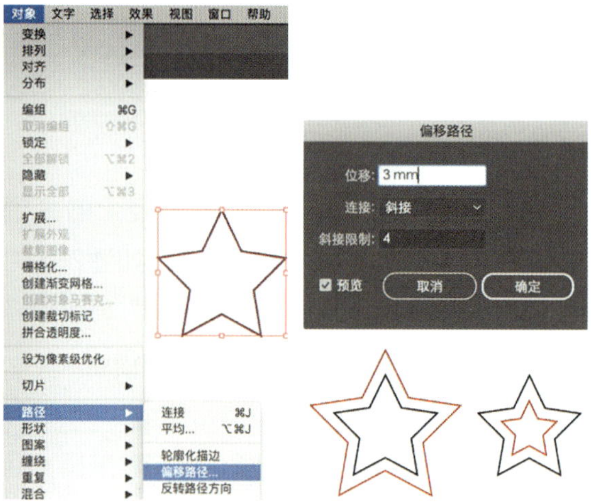

图2-2-10 偏移路径

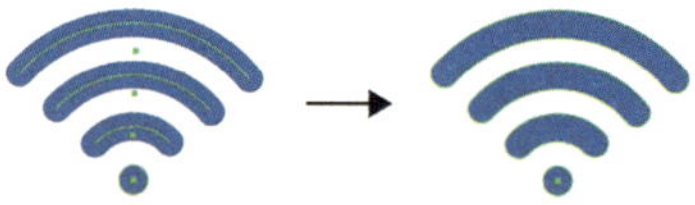

图2-2-11 轮廓化描边

3. 线条型动物图形的设计知识

（1）设计风格：线条型动物图形的设计强调形式上的简洁和抽象化，通过简单的线条勾勒出动物的轮廓和特征。在设计时通常会剔除细节，专注于捕捉动物形态的基本特征，力求现代感和艺术感。

（2）线条的运用：设计线条型动物图形时可以使用各种不同长度、粗细和曲率的线条来表现动物的轮廓、肌肉和特征部位，合理运用线条的粗细和曲度可以增强图像的动态感和生动性，使得设计更具有艺术感和表现力。此外，线条的布局和排列方式是否精准，决定了是否能准确表达出动物形象的轮廓和结构，以及整体感和视觉效果的呈现。

（3）色彩的选择：在设计时，可以选择单色或少量色彩来强化动物图形的视觉效果，使得整体设计更具有视觉冲击力。

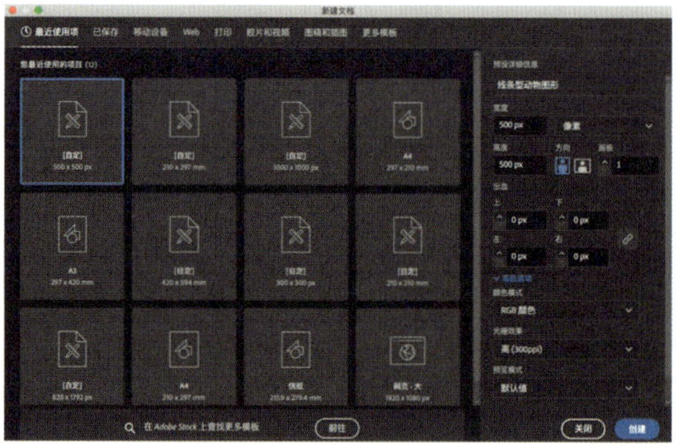

图2-2-12 “新建文档”设置

2.2.4 设计实施

1. 文件设置

点击菜单栏中的“文件”→“新建”，或者按Ctrl+N快捷键，新建一个文档。在“新建文档”对话框中，设置文档的宽度、高度均为500px，颜色模式为RGB，光栅效果为300ppi，并设置文档名称为“线条型动物图形”，单击“创建”按钮，如图2-2-12所示。

实训任务2.2
操作视频

2. 绘制动物轮廓

在绘制具体的动物线条之前，我们可以以动

物照片或画像为基础，使用基本图形或线条绘制出大致的轮廓，作为后续精确线条绘制的草稿。如图2-2-13所示，我们利用一张公鸡的照片，用简单的线条表达其主要部位（头、身体、尾巴等）。

3. 调整线条

（1）从公鸡的头部开始，利用“矩形工具”组、“连接工具”等绘制精细的线条，所有路径的描边粗细均设置为10pt。选择“弧形工具”，绘制一条宽度、高度均为20px的弧线（弧线1），以及两条宽度、高度均为30px的弧线（弧线2、弧线3）。选择“直线段工具”，按住Shift键，绘制一条长度为35px的水平直线（直线1）。将三条弧线与一条直线头尾相连，排列成如图2-2-14所示的图形。

（2）接下来把所有线条选中，在菜单栏中执行“对象”→“路径”→“连接”命令或按快捷键Ctrl+J来连接所有路径，完成效果如图2-2-15所示。

（3）用同样的方式绘制公鸡的背部。选择“弧形工具”，绘制两条宽度、高度均为50px的弧线。选择“直线段工具”，按住Shift键，绘制一条长度为65px的竖直直线，以及一条足够长的水平直线。将所有弧线与直线头尾相连，排列成如图2-2-16所示的图形。将所有线条选中，在菜单栏中执行“对象”→“路径”→“连接”命令或按快捷键Ctrl+J来连接所有路径，完成效果如图2-2-17所示。

（4）绘制公鸡的腹部。选择“椭圆工具”，绘制一个宽度、高度均为185px的正圆，设置填充色为无色，描边为黑色、10pt。选择圆形，在菜单栏中执行“对象”→“路径”→“偏移路径”命令，在弹出的“偏移路径”对话框中设置位移为30px，绘制出一个同心的、大一些的正圆形，如图2-2-18所示。

图2-2-13　利用基本图形绘制公鸡轮廓

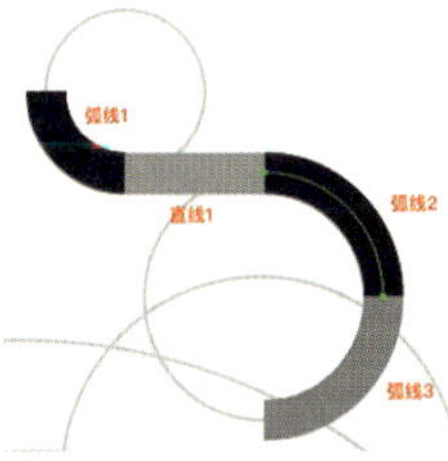

图2-2-14　绘制头部弧线与曲线

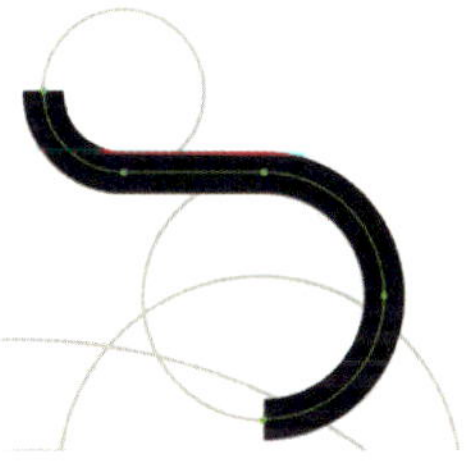

图2-2-15　连接路径

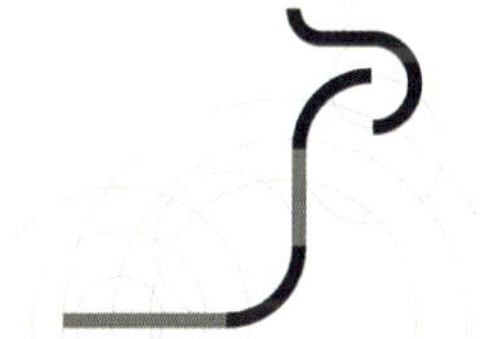

图2-2-16　绘制背部弧线与曲线

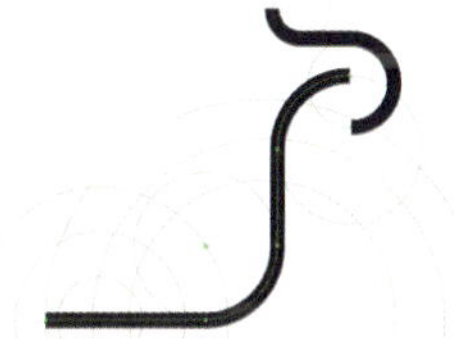

图2-2-17　连接路径

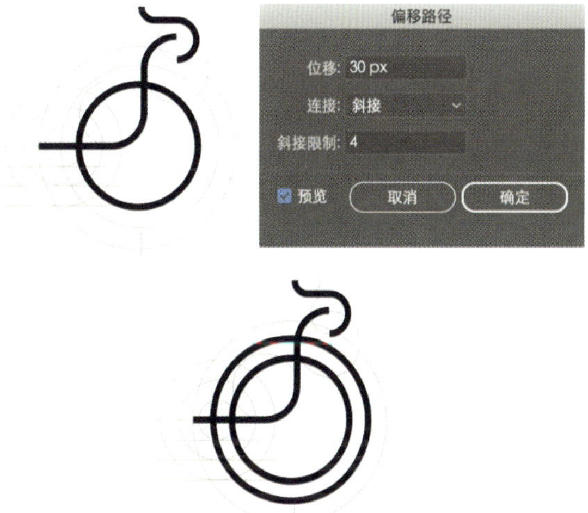

图2-2-18　绘制两个同心圆

（5）选择“剪刀工具”，剪断正圆形，留下需要的路径，如图2-2-19所示。使用同样方法，用偏移路径的方法绘制正圆形后剪断路径，绘制公鸡下巴，如图2-2-20所示。

（6）选择“椭圆工具”，绘制一个宽度、高度均为60px的正圆，设置填充色为无色，描边为黑色、10pt。再使用偏移路径的方法，绘制一个宽度、高度均为120px的正圆和一个宽度、高度均为180px的正圆，如图2-2-21所示。

（7）选择“剪刀工具”，从中间剪断所有正圆形，分为上、下两个部分，删除下半部分半圆形。将最外面的上半圆剪断，留下四分之一，修饰公鸡尾巴形状，如图2-2-22所示。

（8）选择“直线段工具”，按住Shift键，绘制三条足够长的水平直线，注意三条水平直线与尾巴处三条下半圆弧线最下端对齐（即间距相同），如图2-2-23所示。将公鸡腹部内侧弧线与最下方直线选中，按快捷键Ctrl+J连接路径，效果如图2-2-24所示。

（9）选中公鸡臀部涉及直线的所有路径，选择“剪刀工具”，如图2-2-25所示，在合适位置剪断直线，删除不需要的部分，修饰公鸡

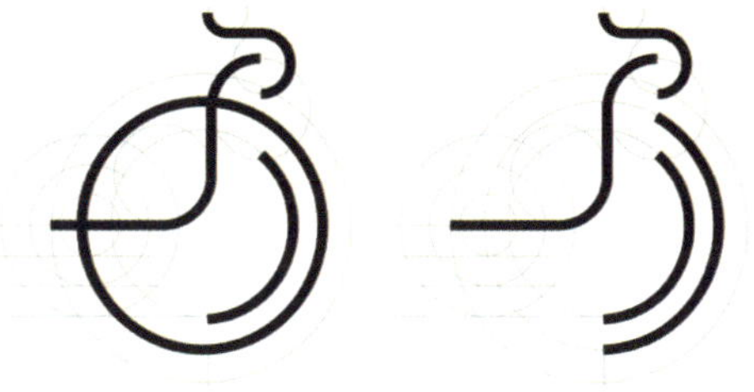

图2-2-19　绘制公鸡腹部

图2-2-20　绘制公鸡下巴

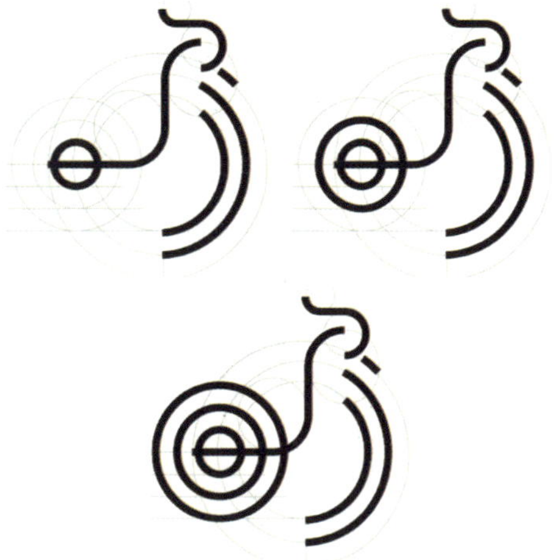

图2-2-21　绘制三个同心圆

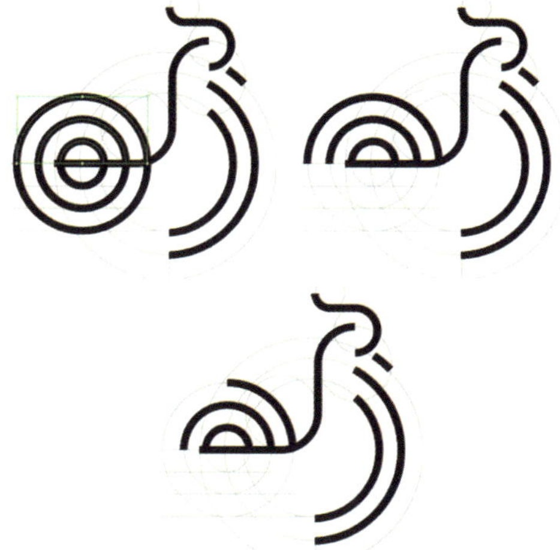

图2-2-22　剪断、调整尾巴路径

图2-2-23　绘制三条直线

图2-2-24　连接直线与腹部弧线

图2-2-25　修饰公鸡臀部形状

臀部形状。

（10）选择“直线段工具”，按住Shift键，在公鸡腹部下方绘制一条长度为90px的竖直线作为公鸡足部，按快捷键Ctrl+J，连接竖直线和与它相接的弧形路径，效果如图2-2-26所示。

4. 修饰路径

（1）选中所有路径，在“属性”面板中设置路径的描边属性，端点为圆头端点、边角为圆角连接，修饰所有路径的外形，完成线条型公鸡图形的绘制，如图2-2-27所示。

（2）为所有路径设置颜色，这里可以设置纯色，也可以设置渐变色。如果设置纯色，可以直接将描边设置为想要的颜色。如果设置渐变色，需要先将路径进行轮廓化描边，即选中对象，在菜单栏中选择“对象”→“路径”→“轮廓化描边”，再对图形进行统一的渐变色设置。本案例中设置#D2637A～#E4AB54的粉黄线性渐变，效果如图2-2-28所示。

（3）可以尝试纯色、渐变、反白多种配色方案，最后保存文件，导出图片。选择菜单栏中的“文件”→“存储”，或者按Ctrl+S快捷键保存文件，选择文件格式为AI格式，保存源文件。同时选择菜单栏中的“文件”→“导出”→“导出为”，导出图像，选择文件格式为JPEG或PNG，最终输出效果如图2-2-29所示。

图2-2-26 绘制公鸡足部

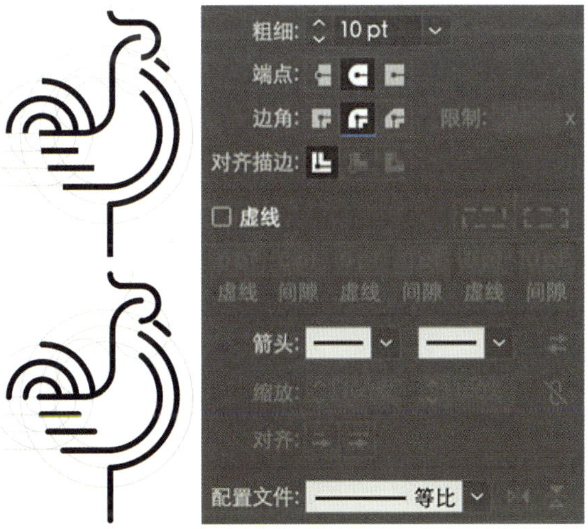

图2-2-27 设置路径描边端点与边角

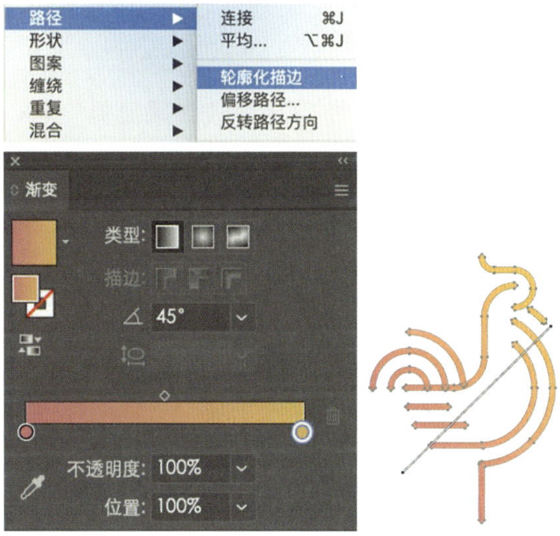

图2-2-28 设置图形渐变色

图2-2-29 线条型公鸡图形最终效果图

2.2.5 任务拓展

任务一 使用所学Illustrator软件工具临摹线条型动物图形。

（1）任务效果图（图2-2-30）：

图2-2-30 线条型动物图形作业练习效果图

（2）绘制关键步骤：

- 使用“矩形工具”组、“直线段工具”等绘制路径；
- 使用“连接工具”“剪刀工具”“偏移路径”“轮廓化描边”等修改路径；
- 调整路径大小、位置、色彩，使图形简洁、独特。

任务二 个性化线条型动物图形创作。

选择一个或几个你喜欢的动物形象进行个性化线条型图形创作。

- 通过简单的线条勾勒出动物的轮廓和特征，保证图形简洁、清晰；
- 使用各种图形和各种不同长度、粗细和曲率的线条，增加动物形象的生动性和艺术性；
- 选择单色或少量色彩强化动物图形的视觉冲击力。

实训任务2.3　传统纹样图形设计

2.3.1　任务描述

利用Illustrator软件中的各类图形变换、变形工具和图案设计工具，绘制一套中国传统吉祥纹样。

2.3.2　任务目标

（1）掌握Illustrator软件图形变换、图案设计的知识。

（2）能使用Illustrator软件中的图形变换、变形工具对图形进行编辑。

①能熟练运用“旋转工具”“镜像工具”对图形的方向进行变换；

②能熟练运用“比例缩放工具”“倾斜工具”对图形的大小、形状进行变换；

③能熟练运用“宽度工具”“自由变换工具”等对图形进行变换。

（3）能使用Illustrator软件中的图案设计工具绘制纹样。

（4）能设计出一套符合当代审美价值观、古典与创意并存的中国传统纹样。

2.3.3　知识准备

1. 图形变换工具

这里的变换工具包括“旋转工具”“镜像工具”“比例缩放工具”“倾斜工具”，使用这些工具编辑图形非常便捷。

（1）“旋转工具”。

“旋转工具”可使对象围绕指定的固定点翻转，默认的参考点是对象的中心点。选择“旋转工具”后，若要使对象围绕其中心点旋转，可选中图形，双击“旋转工具”，出现如图2-3-1所示的“旋转”面板，在面板中设置某一角度，点击“确定”可旋转原图形，点击“复制”可在保留原图形的情况下生成一个旋转后的新图形，如图2-3-2所示（图中绿色填充图形为原图形，黑色描边图形为旋转后的图形）。若要使对象围绕其他点旋转，单击“旋转工具”后，按住Alt键单击文档窗口中的任意一点可重新定位旋转参考点，图2-3-3所示为参考点为图形底端的旋转效果。

（2）“镜像工具”。

“镜像工具”可以指定特定的轴来翻转对象。除了翻转原对象外，还可以运用“镜像工具”执行镜像操作来复制对象，可创建对象的镜像并保留原始对象。同旋转一样，执行镜像操作时，既可按住Alt键指定参考点，也可使用默认的对象中心点。另外，在“镜像”面板中可以设置水平、垂直方向的镜像，还可通过修改角度来调整镜像的朝向，如图2-3-4所示。图2-3-5、图2-3-6所示为执行水平、垂直与指定轴镜像三种镜像方式后呈现的图形效果，三张图中的绿色填充图形为原图形，黑色描边图形为执行镜像操作后的图形。

（3）“比例缩放工具”。

“比例缩放工具”能够使对象相对于指定的参考点沿水平方向（X轴）和垂直方向（Y轴）按照特定的比例进行扩大或缩小。如果没有指定参考点，对象将相对于其中心点进行缩放。选中对象，双击“比例缩放工具”，我们可以在弹出的面板中选择等比缩放或不等比缩放。图2-3-7所示为等比放大为原图形的150%后呈现的效果，图2-3-8所示为水平放大为原图形的180%、垂直放大为原图形的120%后呈现的效果。两张图中的绿色填充图形为原图形，黑色描边图形为按照比例放大后的图形。

（4）“倾斜工具”。

“倾斜工具”是沿着指定的轴倾斜对象的某些边，同时保持对边平行，但使对象不对称的工具。用“矩形工具”绘制矩形，单击“倾斜工具”，按住Alt键，单击矩形底部，设置原点，在弹出的对话框中的“倾斜角度”选项中输入“30°”，单击“确定”按钮，可得到如图2-3-9所示效果。

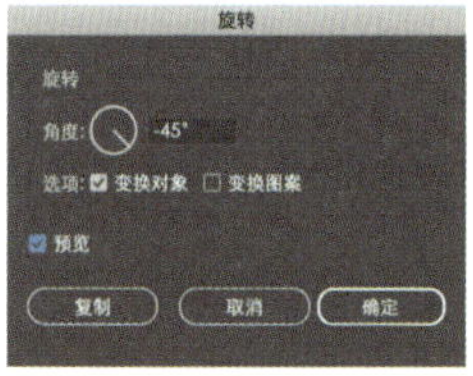

图2-3-1 “旋转”面板

图2-3-2 绕图形中心旋转

图2-3-3 绕图形底端旋转

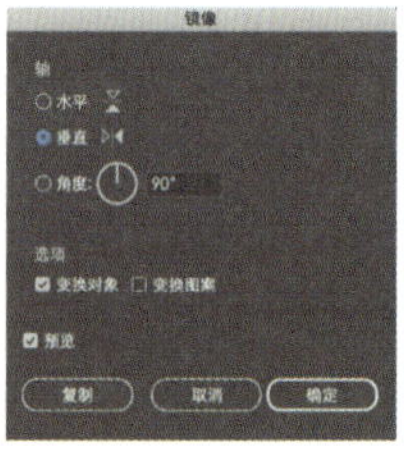

图2-3-4 “镜像”面板

图2-3-5 水平与垂直镜像

图2-3-6 按指定轴镜像

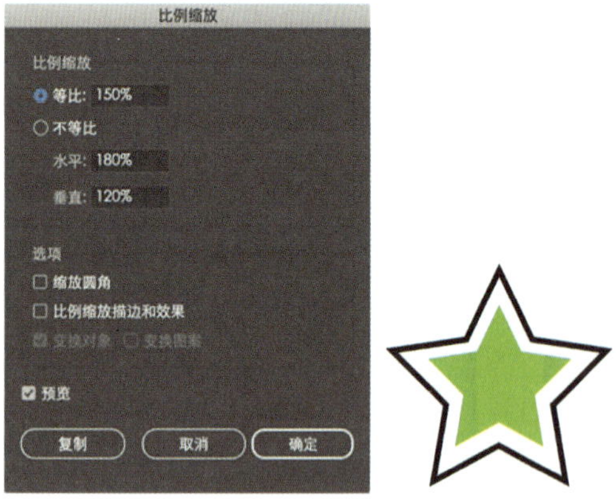

图2-3-7 等比放大

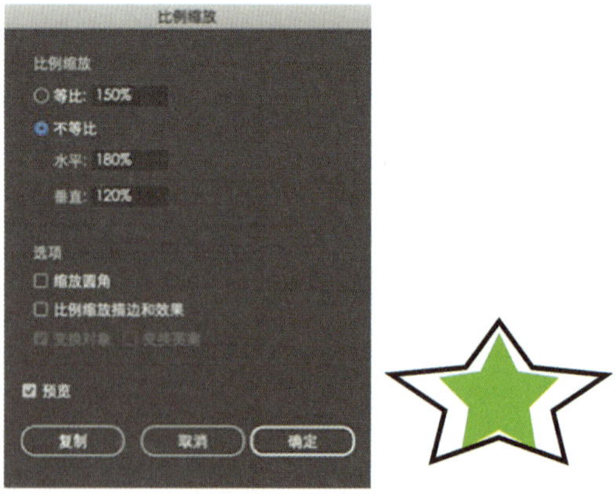

图2-3-8 不等比放大

2. 图形变形工具

（1）“自由变换工具”。

利用“自由变换工具”，除了可以实现旋转、缩放、倾斜的命令，还可以扭曲对象。选择一个对象，单击“自由变换工具”后，将显示一个包含工具选项的构件，我们可以选择自由变换、透视扭曲、自由扭曲三种模式。图2-3-10所示为矩形透视扭曲、自由扭曲后的效果。

（2）“宽度工具”。

“宽度工具”可帮助我们创建可变化宽度的描边，以及创建描边配置文件，以便设计出风格多样的路径。使用方法是拖动锚点以扩展或收缩描边，图2-3-11所示为设置描边末端的点的宽度后的效果。

（3）其他变形工具。

此外，变形工具组中还有很多可以帮助图形变形的工具，如“变形工具”“旋转扭曲工具”“缩拢工具”“膨胀工具”“扇贝工具”“晶格化工具”“皱褶工具”等，使用这些工具，可以在对象上创建扭曲、膨胀、收缩等夸张的变形效果，并且这些工具可以在对象不被选择的状态下执行操作，如果选择了对象，则变形将仅用于所选对象，不会影响其他对象。图2-3-12所示为使用各类变形工具后的效果展示，绿色填充图形为原图形，黑色描边图形为变形的图形。

3. 图案设计工具

Illustrator软件中附带提供了很多图案，可以在“色板”面板中访问这些图案。单击“色板”面板左下角的“色板库菜单”图标，执行“图案”→“自然”→“自然_叶子”命令，得到相应的图案库，如图2-3-13所示。此外，也可以自定义现有图案以及使用任何Illustrator工具从头开始设计图案。用于填充对象的图案（填充图案）与通过“画笔”面板应用于路径的图案（画笔图案）在设计和拼贴上都有所不同，要想达到最佳结果，应将填充图案用来填充对象，而画笔图案则用来绘制对象轮廓。以下主要讲解填充图

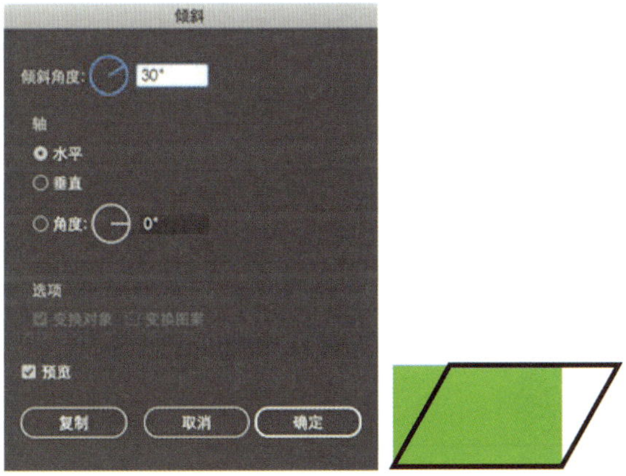

图2-3-9 图形沿底部倾斜

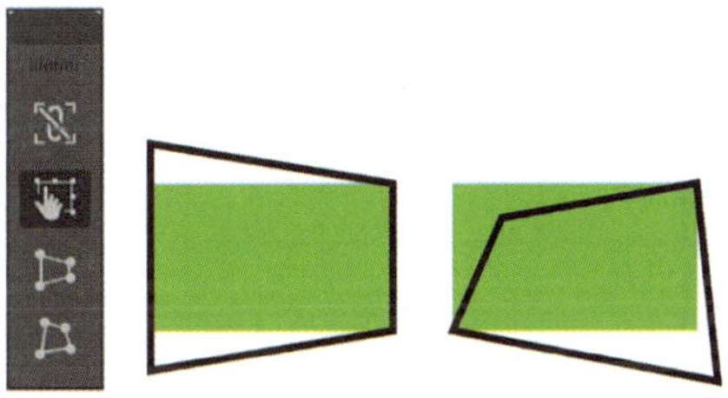

图2-3-10 图形透视扭曲、自由扭曲

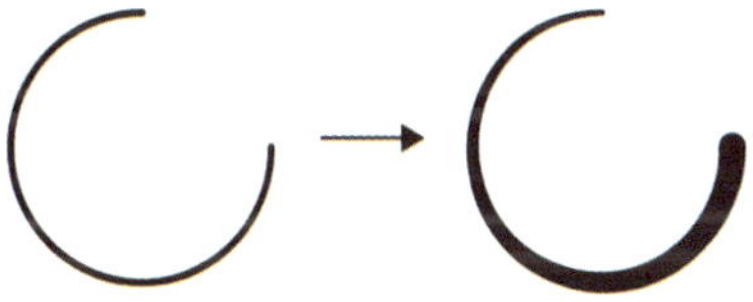

图2-3-11 利用“宽度工具”设置路径描边

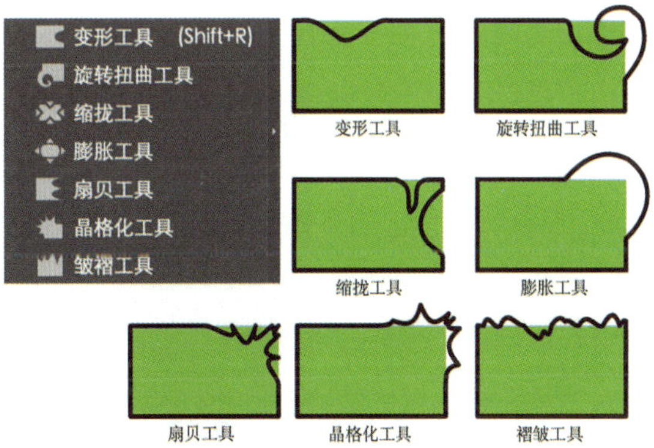

图2-3-12 利用各类变形工具设置图形形状

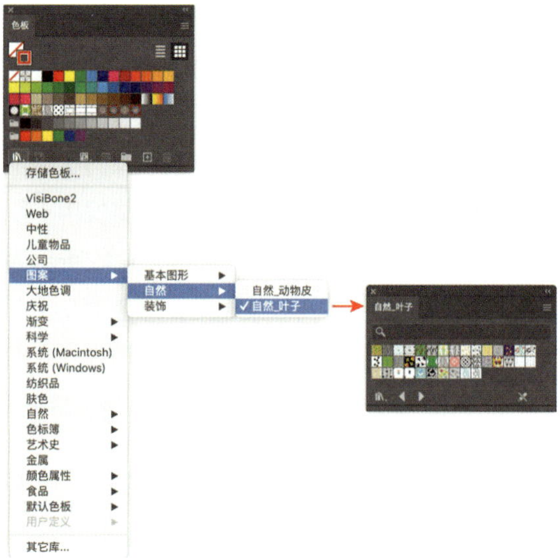

图2-3-13　图案色板

案的设计制作方法。

创建图案之前，需要先绘制一个图稿，然后使用“选择工具”来选择组成图案的图稿，将图稿拖到“色板”面板上即可创建图案，创建完成后，可以点击面板下方的“编辑图案”修改图案属性，此时会出现“图案选项”面板。也可以选中图稿后在菜单栏中依次选择“对象”→“图案”→“建立”，直接编辑图案的属性。在制作填充图案时，有以下几点需要注意：

（1）创建图案拼贴时，一般需要放大显示图稿，从而更准确地对齐组成元素，然后再将图稿缩小显示。

（2）图案越复杂，用于创建图案的选区就应越小；但选区（与其创建的图案拼贴）越小，创建图案所需的副本数量就越多。因此，1平方英寸的拼贴比1/4平方英寸的拼贴效率更高。如果创建简单图案，可以在准备用于创建图案拼贴的选区中纳入该对象的多个副本。

（3）针对一个对象，可以使用网格、砖形（按行或按列）、十六进制（按行或按列）等进行拼贴，拼贴出来的形式也各不相同。图2-3-14所示为一个矩形按照网格和砖形（按行）两种拼贴类型制作出来的图案效果。

（4）如果要创建简单的线条图案，可以绘制几条不同宽度和颜色的描边线条，接着在这些线条后置入一个无填色、无描边的定界框，以创建一个图案拼贴。

4. 中国传统纹样设计知识

中国传统纹样可以追溯到几千年前的青铜器时代。最早的纹样多取材于自然界，如云纹、雷纹、鸟兽纹等，后来逐渐演变为符号和图案，有了不同的象征意义和文化价值。随着历史的变迁，纹样在陶瓷、织物、建筑装饰等领域广泛应用，逐渐形成了各具特色的地方风格和流派。

中国传统纹样可以按照不同的分类方式进行区分：按照图案类别，可以分为几何纹样（如回字纹、云纹）、植物纹样（如莲花纹、梅花纹）、

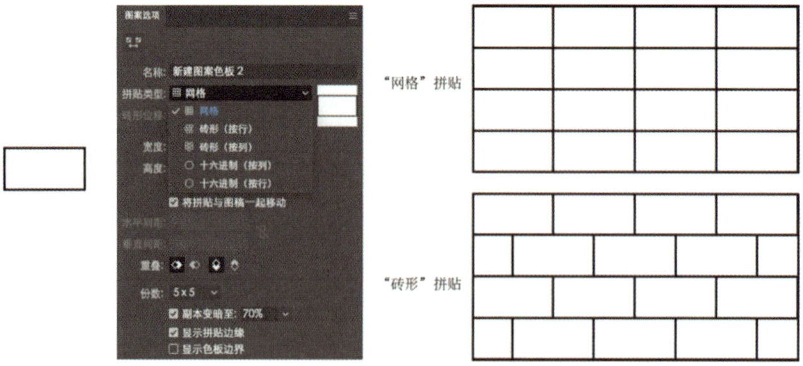

图2-3-14　图案拼贴类型

动物纹样（如龙纹、凤纹）、神话传说中的人物或场景图案（如仙人图、山水图）等（图2-3-15）。按照纹样的应用领域（即用途），可分为服饰纹样、建筑装饰纹样、器物纹样等类别。此外，传统纹样还具有一些民族性特征，各民族，如汉族、藏族、维吾尔族在纹样设计上都有其独特的风格和传统。

在现代社会中，中国传统纹样依然具有重要的文化价值和艺术影响力，未来传统纹样可以在服装设计、家居装饰等领域通过现代设计手法进行创新和应用，融合当代审美和功能需求，并通过国际交流与合作，传播到全世界，在全球文化交流中发挥影响力。

2.3.4 设计实施

1. 文件设置

实训任务2.3
操作视频

选择菜单栏中的“文件”→“新建”，或者按快捷键Ctrl+N，新建一个文档。在“新建文档”对话框中，将文档的宽度、高度均设置为500px，颜色模式为RGB，光栅效果为300ppi，并设置文档名称为“六瓣茶花纹图案”，单击“创建”按钮，如图2-3-16所示。

2. 绘制参考线

（1）由于在纹样设计中，往往会用到许多镜像、旋转操作，因此在绘制图案之前需要先绘制参考线。Illustrator中的参考线一般以图形路径为基础，因此先选择“直线段工具”，按住Shift键绘制一条水平直线。然后双击“旋转工具”，弹出“旋转”面板，设置旋转角度为“30°”，点击“复制”，绘制出第二条直线，如图2-3-17所示。

（2）接下来按快捷键Ctrl+D重复上一步骤，重复四次，绘制出六条相交于同一点的直线。将所有直线选中，设置在画布中央，在菜单栏中执行“视图”→“参考线”→“建立参考线”，即在画布中设置出了参考线，如图2-3-18所示。

3. 绘制井心茶花纹

（1）选择“椭圆工具”，绘制一个宽度、高度均为40px的正圆和一个宽度、高度均为70px的正圆，设置填充色为白色（#000000），描边为5pt，黑色。将两个正圆居中对齐，设置在画面中间，作为花卉的中心，如图2-3-19所示。

图2-3-15 中国传统纹样（云纹、莲花纹、龙纹）

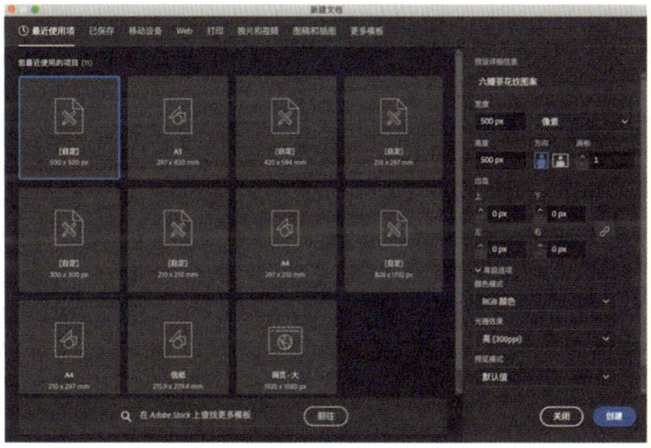

图2-3-16 “新建文档”设置

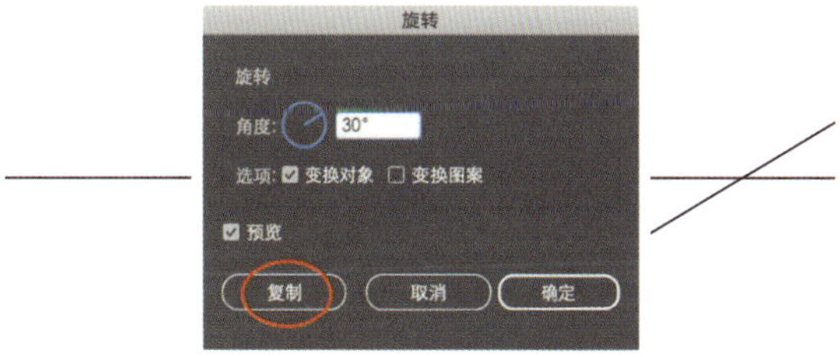

图2-3-17 绘制直线

（2）绘制花瓣。选择“钢笔工具”，沿着30°参考线绘制花瓣直线部分，然后绘制曲线部分，结尾绘制在60°参考线上，如图2-3-20所示。点击“镜像工具”，按住Alt键点击60°参考线，在“镜像”面板中设置角度为“60°”，将60°参考线设置为对称轴，点击“复制”，绘制一条新的镜像曲线。按快捷键Ctrl+J将花瓣两个半边的路径进行连接，并将花瓣设置在花卉中心两个正圆的下方，如图2-3-21所示。

（3）选择绘制的第一片花瓣，单击“旋转工具”，按住Alt键点击参考线交点（即画布中心），弹出“旋转”面板，设置旋转角度为“60°”，点击“复制”，绘制出第二片花瓣。接下来按快捷键Ctrl+D重复上一步骤，重复四次，共绘制出六片花瓣，如图2-3-22所示。

（4）使用相同方法，绘制里面较小的花瓣部分，完成井心茶花纹的绘制，如图2-3-23所示。

4. 绘制桃瓣茶花纹

（1）选择“钢笔工具”，沿着120°参考线绘制花瓣的直线部分，然后绘制曲线部分，

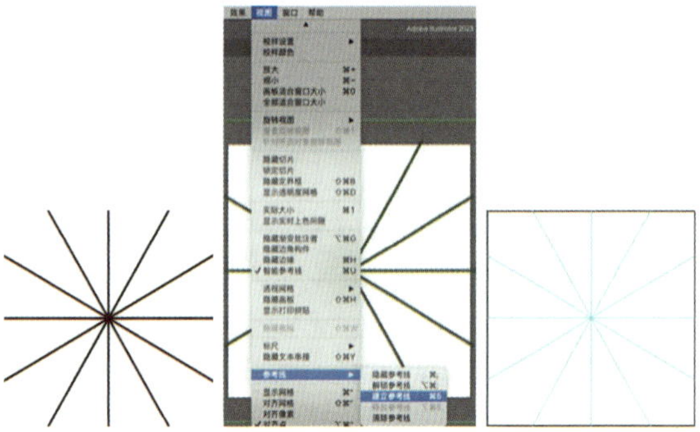

图2-3-18 建立参考线

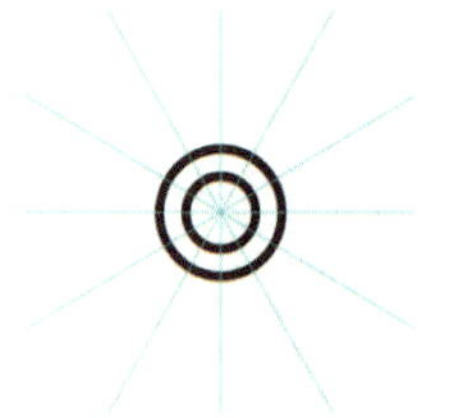

图2-3-19 绘制花卉中心

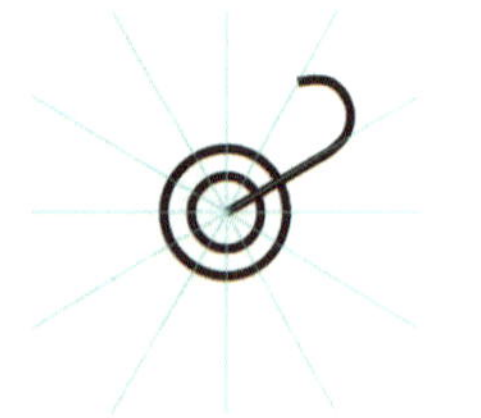

图2-3-20 绘制花瓣曲线

结尾绘制在90°参考线上，如图2-3-24所示。点击“镜像工具”，按住Alt键点击90°参考线，在“镜像”面板中设置轴为“垂直”，点击“复制”，绘制一条新的镜像曲线。按快捷键Ctrl+J，将花瓣两个半边的路径进行连接，并将花瓣设置在井心茶花纹下方，如图2-3-25所示。

（2）选择花瓣路径，在菜单栏中选择“对

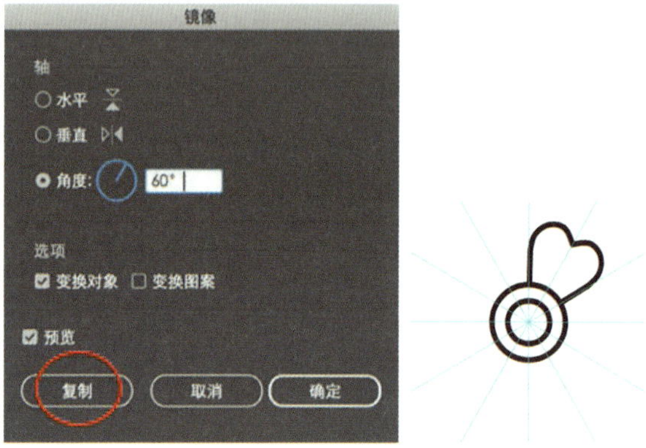

图2-3-21 镜像曲线绘制花瓣

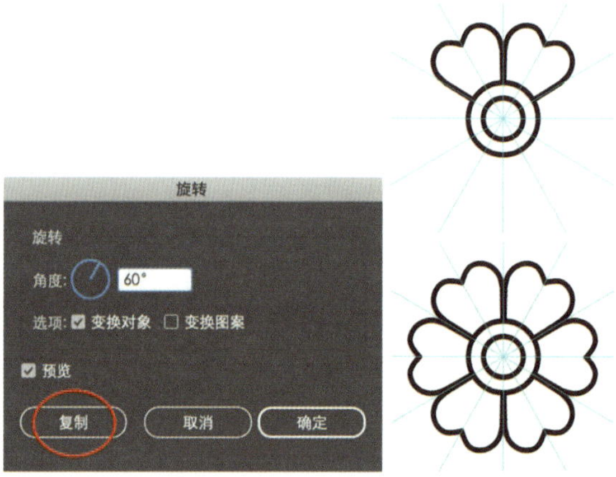

图2-3-22 旋转花瓣

图2-3-23 绘制较小花瓣

象”→“路径”→“偏移路径”，设置偏移位移为“-10px”，绘制出一片较小的花瓣，如图2-3-26所示。

（3）选择两条花瓣路径，单击“旋转工具”，按住Alt键点击参考线交点（即画布中心），弹出“旋转”面板，设置旋转角度为“60°”，点击“复制”，绘制出第二片花瓣。接下来按快捷键Ctrl+D重复上一步骤，重复四次，共绘制出六片花瓣，如图2-3-27所示。

（4）将第一层所有花瓣选中，双击“旋转工具”，在弹出的“旋转”面板中设置旋转角度为“30° ”，点击“复制”，绘制出第二层花瓣，即完成桃瓣茶花纹的绘制，如图2-3-28所示。

5. 绘制六瓣花苞纹

（1）选择“矩形工具”，绘制一个正方形并旋转45° 。将正方形左边和右边的操控点向中间拖动，使之成为叶子形状。设置完成后在“路径查找器”中点击“联集”按钮，使形状改变属性。将叶片放置到图形合适位置，如图2-3-29所示。

图2-3-24 绘制曲线

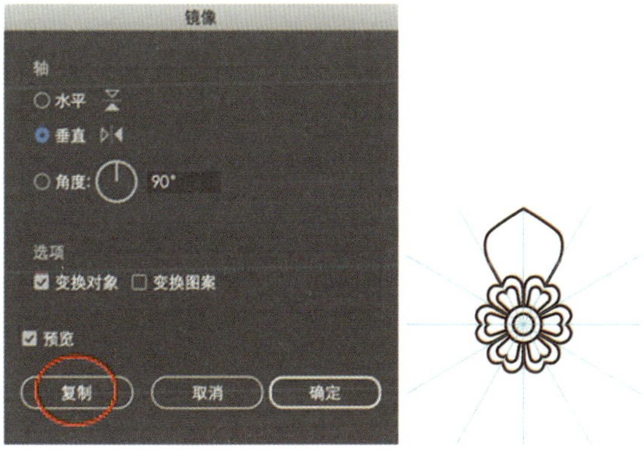

图2-3-25 镜像曲线绘制花瓣

（2）复制几个叶片并旋转一定的角度，将叶片放置到图形合适位置，在“路径查找器”中点击“联集”按钮对其中两个进行合并。按照之前绘制井心茶花纹和桃瓣茶花纹的方法，利用“旋转工具”，沿画布中心旋转复制图形，最后组成如图2-3-30所示的图形，完成六瓣花苞纹的绘制。

6. 绘制四方角花纹

（1）按照之前的方法绘制45°参考线，然后选择“钢笔工具”绘制曲线部分。点击“镜

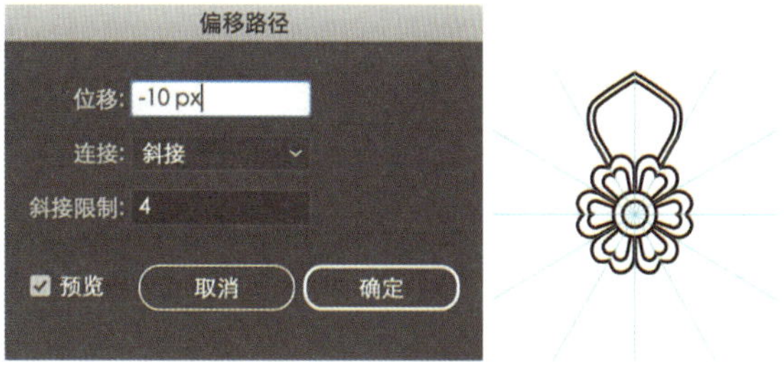

图2-3-26 偏移路径绘制内侧曲线

图2-3-27 旋转花瓣

图2-3-28 绘制第二层花瓣

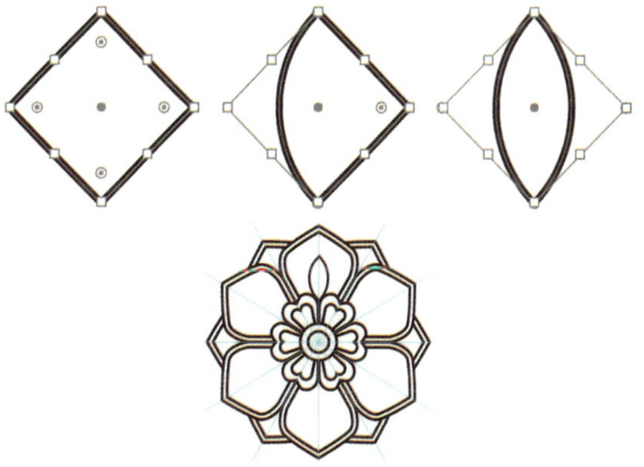

图2-3-29 绘制叶片形状

像工具”，按住Alt键点击45°参考线，在“镜像”面板中设置角度为“45°”，将45°参考线设置为对称轴，点击“复制”，绘制一条新的镜像曲线。按快捷键Ctrl+J，将两个半边曲线的径分别进行连接，如图2-3-31所示。

（2）选中两条曲线，按快捷键Ctrl+C、Ctrl+F，将其复制、粘贴在原形状上方，并按住Shift键对其进行等比例缩小，将缩小后的曲线与画面边角对齐，如图2-3-32所示。

（3）选择一个角所有的曲线路径，单击“旋转工具”，按住Alt键点击参考线交点（即画布中心），弹出“旋转”面板，设置旋转角度为“90°”，点击“复制”，绘制出第二个角的曲线。接下来按快捷键Ctrl+D重复上一步骤，重复两次，完成四方角花纹的绘制，如图2-3-33所示。

7. 制作图案

（1）在制作图案之前，我们需要先为图形上色，本案例我们选择棕色作为图形底色。选择“矩形工具”，绘制一个宽度、高度均为500px的正方形，设置填充色为棕色（#644942），描边色为无色，并将其置于底层。同时将所有花纹图形的填充色设置为棕色（#644942），描边设置为白色、粗细为5px，效果如图2-3-34所示。

（2）将设置好颜色的图形选中，在菜单栏中执行“对象”→“图案”→“建立”，将图案拼贴类型设置为“网格”，宽度、高度均设置为500px。设置好后点击“完成”，即可在“色板”面板中看见设置的图案。绘制其他形状后，在填充时选择色板中设置好的图案即可应用，效果如图2-3-35所示。

（3）最后，也可以选择其他彩色的配色，进行多种形式的创意尝试。选择菜单栏中的“文件”→“存储”，或者按Ctrl+S快捷键保存文件，选择文件格式为AI格式，保存源文件。同时选择菜单栏中的“文件”→“导出”→“导出为”，导出图像，选择文件格式为JPEG或PNG，最终输出效果如图2-3-36所示。

图2-3-30 绘制六瓣花苞纹图形

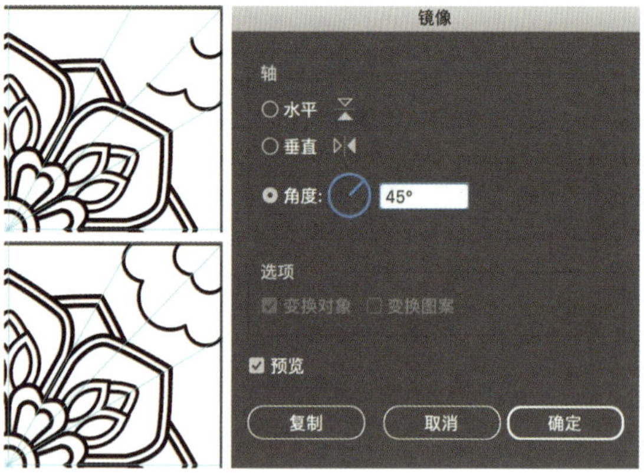

图2-3-31 绘制花纹曲线

图2-3-32 绘制一个角的曲线

图2-3-33 旋转复制出四个角的曲线

图2-3-34 设置图案颜色

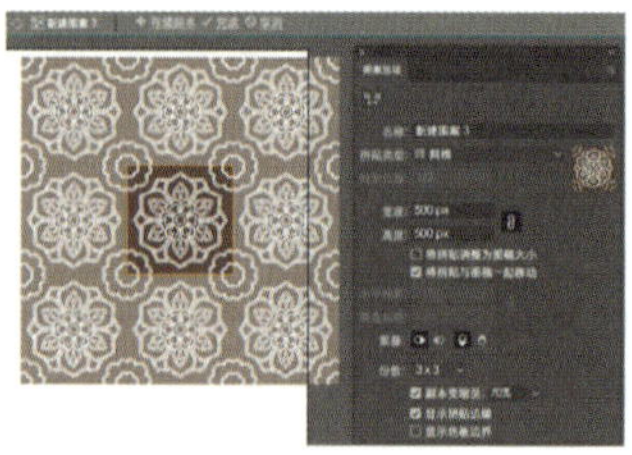

图2-3-35 制作图案

图2-3-36　六瓣茶花纹图案最终效果图

2.3.5　任务拓展

（1）任务内容：使用Illustrator进行中国传统纹样的创新设计。

（2）任务要求：根据中国传统纹样，选择你喜欢或感兴趣的纹样进行图形设计。

- 利用图形变换工具对图形进行旋转、镜像等操作；
- 为图案选择适当的颜色方案，以增强视觉效果；
- 确保图案既符合传统设计中的规范，又能够在现代设计的基础上进行美化、创新。

（3）可以在以下网站上寻找合适的传统纹样及配色，进行参考设计（图2-3-37）：

- 纹藏：堪称中国纹样线上博物馆；
- 懿品博悟：可溯源的传统数字纹样库；
- 中国色：提供各种中国传统色。

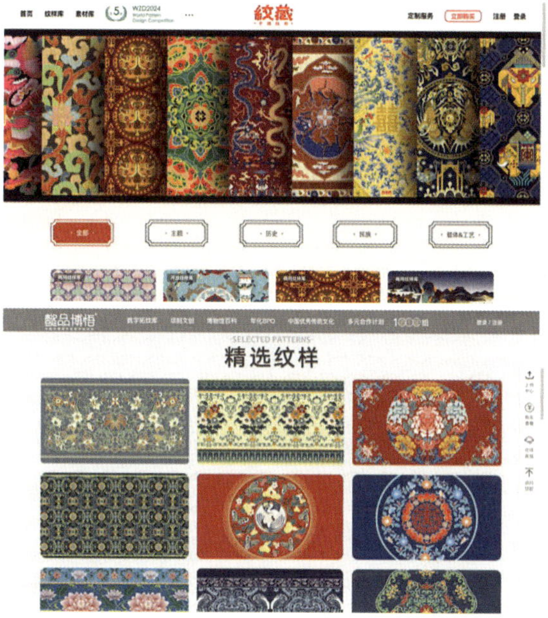

图2-3-37　中国传统纹样网站（纹藏、懿品博悟）

（4）绘制关键步骤：

- 新建一个宽度、高度均为500px，颜色模式为RGB，光栅效果为300ppi的文档；
- 使用“旋转工具”“镜像工具”“比例缩放工具”“自由变换工具”等绘制图形；
- 使用图案设计工具，创建图形填充图案；
- 把握传统纹样的整体形象与风格，并在此基础上进行创新设计。

项目3

风景、人物插画设计

在数字图形创意设计中，风景、人物插画是两个极其重要的组成部分。本项目专注于讲解如何使用Illustrator软件创建生动的风景和人物插画，从基本的绘图技巧开始，逐步过渡到更复杂的场景构建和角色设计。风景插画涉及自然和城市环境的创作，强调空间、色彩和光影的运用，人物插画是描绘个体或群体的艺术形式，关注表情、动作和服装等细节。绘制风景和人物插画不仅能增强视觉设计师的技能，还拥有广泛的应用场景。从商业广告到电影制作，再到游戏设计，良好的插画设计能够极大地提升整个项目的视觉效果和情感深度。此外，这些技能有助于设计师更好地理解视觉叙事，增强其创造力和创新能力。在本项目中学习风景和人物插画设计，能提高将抽象概念转化为具体视觉表达的能力，为设计领域的职业生涯打下坚实的基础。

实训任务3.1 风景插画设计

3.1.1 任务描述

利用Illustrator软件中的“对齐”面板、“图层”面板、“剪切蒙版”功能、“画笔”面板，绘制一幅风景插画。

3.1.2 任务目标

（1）掌握Illustrator软件插画设计的基础知识。

（2）能使用Illustrator软件绘制风景插画。

①能熟练运用“对齐”面板进行设计元素的对齐和均匀分布；

②能熟练运用“图层”面板管理和组织多个图层，确保设计元素可以独立编辑和调整；

③能熟练运用“剪切蒙版”功能将某些图形限制在特定形状内，创造具有层次感的视觉效果；

④能熟练运用“画笔”面板对图像添加纹理，增加插画细节。

（3）能设计出既美观又功能性强的矢量风景插画。

3.1.3 知识准备

1.“对齐”面板

Illustrator中的“对齐”面板具有强大的功能，可允许设计师快速精确地排列图形元素，无论是创建整洁的布局还是确保设计元素之间的均衡对称，其都是不可或缺的。我们通常通过“窗口”菜单下的“对齐”按钮（或快捷键Shift + F7）调出“对齐”面板，如图3-1-1所示。

（1）对齐。

首先，选择想要对齐的对象，可以单击并拖拽以选择多个对象，或使用Shift键逐一单击对象，以添加对象到选择集。其次，在“对齐对象”一栏中可以看到多种对齐方式，包括水平对齐（水平左对齐、水平居中对齐、水平右对齐）和垂直对齐（垂直顶对齐、居中对齐、垂直底对齐），点击相应的对齐按钮，所选对象将根据所选择的对齐方式进行排列，如图3-1-2所示。

（2）间距均匀分布。

如果需要在对象之间设置等间距，可以使用“分布对象”一栏中的垂直分布（垂直顶分布、垂直居中分布、垂直底分布）和水平分布（水平左分布、水平居中分布、水平右分布）功能，如

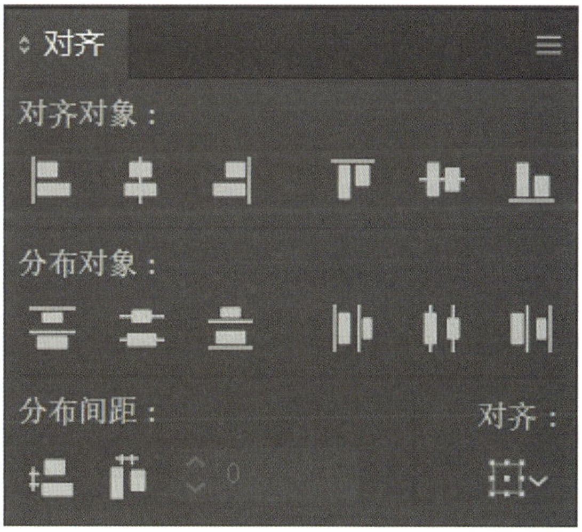

图3-1-1 Illustrator“对齐”面板

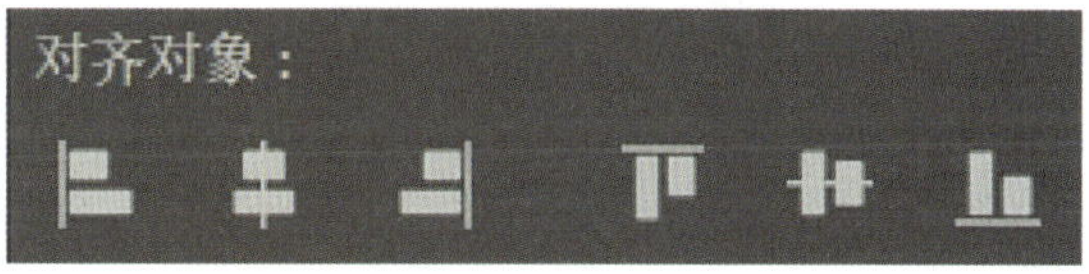

图3-1-2 “对齐”面板中的“对齐对象”栏

图3-1-3所示。首先，选择想要分布的对象，然后点击相应的分布按钮，Illustrator会自动调整对象，使它们之间的间隔均等。例如，如果想要选中的对象水平均匀的分布，可以单击“水平居中分布”按钮。

“对齐”面板中的间距分布功能可在选定对象之间设置精确的等距分布，这个功能特别是在需要对页面元素进行精细调整以达到视觉均衡时十分有用。使用时首先全部选中需要分布的对象，然后通过单击某一选定对象来选择关键对象，其余对象将根据关键对象的位置进行分布，再在输入框中输入指定的间距值。输入间距值后，单击相应的“垂直分布间距”或“水平分布间距”按钮，Illustrator会自动调整对象，使它们之间的间距符合设置，如图3-1-4所示。

（3）对齐画板。

当需要将对象相对于整个画板对齐时，则选择需要对齐的对象，单击“对齐画板”按钮，然后再选择相应的对齐或分布选项，如图3-1-5所示。

（4）对齐所选对象。

当需要将两个或多个选定的对象相互之间进行对齐或分布时，应选择此模式。启用“对齐所选对象”模式后，所有的对齐操作都会以当前所有选中对象的整体边界框作为参考依据，这个模式比较适合在不考虑画板或其他特定参考物的情况下，仅仅调整一组元素内部的相对布局。

（5）对齐关键对象。

使用“对齐关键对象”命令可以对选定的对象群进行精确对齐，而不是依赖于它们的整体边界。首先可以选择一个特定的对象作为对齐的基准，其他对象则会相对于这个“关键对象”进行对齐。这项功能对于确保设计中的某个特定元素位置不变，同时调整其他元素以与之对齐非常有用。

2. “图层”面板

Illustrator中的“图层”面板是管理和组织复杂对象的关键，通过有效使用图层，设计师可以分隔不同的设计元素，使绘制过程更为有序且灵活。打开“图层”面板，可以通过单击顶部菜单栏的“窗口”→“图层”，或使用快捷键F7实现。“图层”面板如图3-1-6所示。

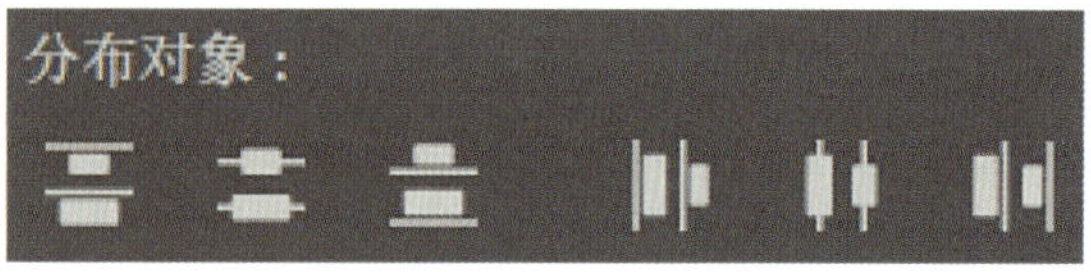

图3-1-3 “对齐”面板中的“分布对象”栏

图3-1-4 “对齐”面板中的“分布间距”栏

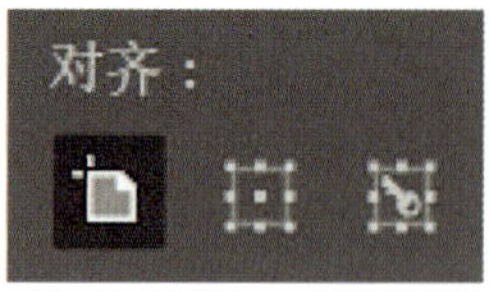

图3-1-5 “对齐”面板中的“对齐画板”按钮

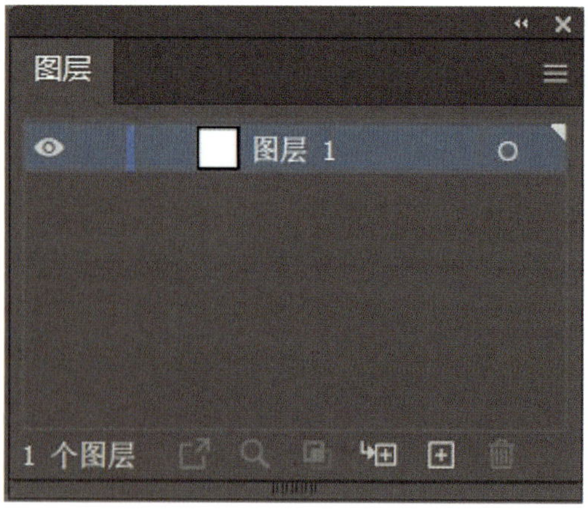

图3-1-6 Illustrator中的“图层”面板

（1）创建、删除图层。

在“图层”面板的底部，单击“创建新图层”按钮，将在图层列表中添加一个新的图层。单击“删除所选图层按钮”，可删除掉已选中的图层。

（2）图层重命名。

双击图层名称，可输入新的名字。为图层重命名可以帮助设计师更好地识别和管理设计的各个部分。

（3）移动图层。

单击拖动图层，将其上移或下移以改变堆叠顺序，在想要放置的位置悬停，出现蓝线后松开鼠标即可，如图3-1-7所示，图层在面板中的位置决定了元素在画布上的可视层次。

（4）隐藏和锁定图层。

单击左侧的眼睛图标可以隐藏图层，帮助设计师专注于编辑其他图层；单击小锁图标可以锁定图层，防止误操作，如图3-1-8所示。

3.“剪切蒙版”功能

（1）剪切蒙版的概念。

剪切蒙版，也称为剪贴蒙版或剪贴组。剪切蒙版在Illustrator中是通过将一个矢量形状用作蒙版，来裁剪或遮罩另一个对象的内容。只有蒙版形状内的区域会被显示出来，而蒙版形状外的区域则会被隐藏或不可见。从视觉效果上来说，就是将图稿裁剪为蒙版的形状。

（2）剪切蒙版的构成。

蒙版对象：用于定义显示区域的对象，其形状决定了被蒙版对象哪些部分将被显示，哪些部分将被隐藏。蒙版对象通常位于被蒙版对象的上方。蒙版对象通常是矢量对象，它可以是任何形状，如矩形、圆形、多边形、自定义闭合路径等。只要能够清晰地定义出所需的显示区域即可。

被蒙版对象：指需要被剪切或遮罩的对象，其内容将仅在蒙版对象形状内显示。被蒙版对象可以是文字、矢量图形、位图等多种类型。只要它位于蒙版对象的下方，就可以被蒙版对象所遮盖。

在剪切蒙版创建后，被蒙版对象的内容将受到蒙版形状的限制。但用户仍然可以编辑被蒙版对象（如调整其大小、位置、颜色等），只要这些编辑不会超出蒙版形状的范围。

（3）剪切蒙版的创建方法。

Step1：准备对象

在画布上绘制或导入蒙版对象和被蒙版对象。

Step2：放置对象

确保蒙版对象位于被蒙版对象的上方。这里值得注意的是，为了便于我们观察，我们可以调整蒙版对象的不透明度，但是蒙版对象的不透明度不会影响剪切蒙版的效果。

Step3：选择对象

使用“选择工具”同时选中蒙版对象和被蒙版对象。

Step4：创建剪切蒙版

通过菜单栏中的“对象”→“剪切蒙版”→“制作”命令，或使用快捷键Ctrl+7来创建剪切蒙版，或使用右键“建立剪切蒙版”。

Step5：调整剪切蒙版

创建剪切蒙版后，可以使用“直接选择工具”来调整蒙版形状的大小、位置或形状，以改

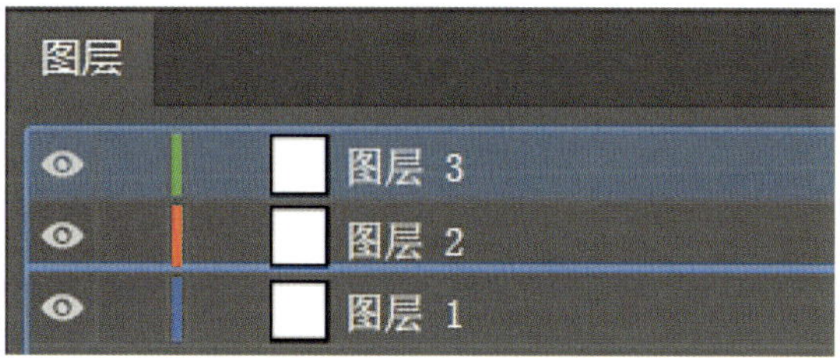

图3-1-7 移动图层过程图

图3-1-8 隐藏和锁定图层功能

图3-1-9 剪贴蒙版

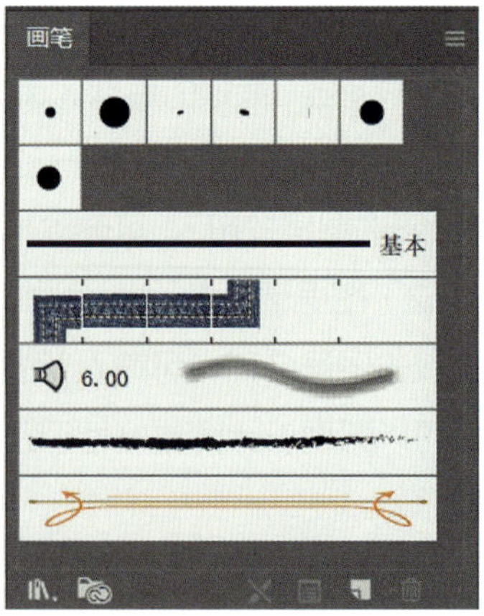

图3-1-10 “画笔”面板

变剪切效果（图3-1-9）。

Step6：取消或删除剪切蒙版

创建完剪切蒙版后，可以释放剪切蒙版，将图形组还原到创建剪切蒙版之前的效果。选中创建的剪切组，右键单击选择“释放剪切蒙版”，或者通过菜单栏“对象”→“剪切蒙版”→“释放”命令，或者按住快捷键“Alt+Ctrl+7”，即可释放剪切蒙版，再选中蒙版对象使用Delete键进行删除即可。

4. “画笔”面板的使用

Illustrator中的“画笔”面板可用于为矢量路径添加纹理、样式和动态效果，通过使用画笔，设计师可以将简单的线条转化为复杂的艺术作品，也可用于在插画设计中绘制纹理（图3-1-10）。打开“画笔”面板，可以通过单击顶部菜单栏中的“窗口”→“画笔”，或使用快捷键F5实现。

（1）使用标准画笔。

使用“钢笔工具”等路径工具创建一个路径后，选中该路径，然后在“画笔”面板中点击选择一个笔刷，所选笔刷将应用于该路径。

（2）自定义画笔。

在“画笔”面板底部，单击“新建画笔”图标，选择想创建的新画笔类型，如图3-1-11所示，在打开的画笔选项对话框中，调整笔刷的宽度、方向、颜色等设置。

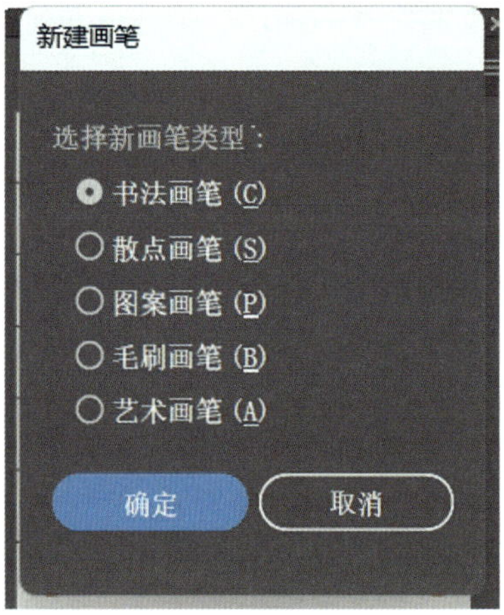

图3-1-11 选择新笔刷类型

（3）安装画笔。

在网上找到想要的Illustrator笔刷后下载，打开“画笔”面板，单击左下角“画笔库菜单”，选择“其他库...”，从计算机中找到并选择下载的笔刷文件。

5. 风景插画的设计知识

（1）构图原则和视觉层次。

在风景插画设计中，构图是确保画面平衡和吸引观众注意力的关键。了解构图的基本原则，如三分法、黄金分割比例以及视觉平衡原理，可以帮助设计师有效地布局画面元素。构图不仅涉及如何安排山脉、树木、水体等自然元素，还包括如何通过对这些元素的大小、位置和距离的精确控制，形成视觉层次和深度感。

（2）色彩理论和情感表达。

色彩不仅是风景插画的视觉组成部分，还是传达情感和气氛的重要工具。理解色彩理论的基本知识，如色轮、冷暖色调以及色彩搭配原则，对于创作具有特定情感的插画至关重要。例如，使用蓝色和绿色的组合可以营造一种宁静和平和的感觉，而橙色和红色的组合则可能给观众带来温暖和有活力的感觉。

（3）光影的运用。

光影是风景插画中产生现实感和增强视觉效果的重要方面。光线不仅定义了时间和空间，还影响色彩的表现和整个场景的氛围。学习如何在插画中模拟不同时间和环境下的光线效果，如日出、日落、阴天或夜晚的光线，是提高风景插画质量的关键。

3.1.4 设计实施

1. 文件设置

选择菜单栏“文件”→“新建”，或者按快捷键Ctrl+N，新建一个文档。在“新建文档”对话框中，设置文档的宽度、高度均为210mm，颜色模式为RGB，光栅效果为300ppi，并设置文档名称为“风景插画”，单击“创建”按钮。

实训任务3.1
操作视频

2. 绘制草图

在开始任何插画项目之前，绘制一份草图都是至关重要的一步，草图不仅能够帮助确定插画的基本构架，还可以在投入大量时间细化之前，试验不同的构图和元素排列。可以使用“铅笔工具”或“画笔工具”来绘制草图，这些工具可自由地绘制形状和线条，是进行初步构图的最佳选择。

（1）确定视觉焦点，如山脉、房屋或森林。使用简单的几何形状来大致勾勒这些元素的位置和大小。在这一阶段，重点是大致捕捉场景的布局，而非细节。试验不同的构图方式，尝试多个构图选择，可以帮助我们找到最合适的场景布局，如图3-1-12所示。

（2）粗略地添加细节。确定了基本的形状和构图后，就可以开始添加一些简单的细节来定义各个元素。例如，为树木添加基本的枝条形状，或为主体物添加必要的层次，如图3-1-13所示。

3. 绘制插画

（1）绘制背景。

使用“矩形工具”（快捷键M）绘制一个覆

图3-1-12 绘制草图

图3-1-13 精细化草图

盖整个画布的矩形，并使用“渐变工具”设置天空的颜色。选择“线性渐变”，渐变两端颜色分别为#719B7F、#FAEFC6，无描边，绘制角度为“-90°”，适当调整渐变滑块以达到最佳效果，如图3-1-14所示。

（2）绘制陆地。

新建图层，重命名为“后陆地”，使用“矩形工具”绘制一个高度约占画面1/3的矩形，无描边，填充颜色为#6C9550，如图3-1-15所示。

再新建图层，重命名为“前陆地”，使用“矩形工具”依次绘制四个矩形，填充颜色由下到上依次为#4B775A、#80A44E、#A9C95E、#C1D26E，如图3-1-16所示。

（3）绘制山丘。

在图层“后陆地”与“前陆地”之间新建图层，重命名为“前山”，在“后陆地”图层之下新建两个图层，由下至上分别命名为“远山”“后山”，选择相对应的图层，使用“钢笔工具”开始绘制。在画布上点击一点作为起点，即山丘轮廓的开始，移动光标到下一个拐点位置（山丘的顶部或低谷），然后单击并拖拽鼠标，拖拽的方向决定曲线的形状，而拖拽的距离影响曲线的弯曲程度。每次单击并拖拽后，随即通过锚点上的手柄调整最合适的曲度。继续使用“钢笔工具”单击、拖拽，每到一个新的拐点便重复上述操作，一步步构建出整个山丘轮廓。完成山丘轮廓后，将“钢笔工具”的最后一个点连接到起始点，形成一个闭合的路径。“远山”填充色为#AEC8A5、“后山”填充色为#629679、“前山”深色部分填充色为#45784F、“前山”较浅色部分填充色为#82B355，描边色为#F1E6C4，粗细为3pt。效果如图3-1-17所示。

（4）绘制道路。

在“前陆地”之上新建图层，重命名为“道路”。使用“矩形工具”在对应位置绘制纵长形的矩形，填充色为#FAF3BF，无描边，后使用“自由变换工具”中的“透视扭曲”将矩形调整成上窄下宽的梯形，形成道路由近到远的效果。后使用“钢笔工具”绘制延伸至远方的道路，绘制好后适量增加描边宽度。后使用“宽度工具”在需要的位置拉宽或收窄宽度。形状确定后通过“对象”→“路径”→“轮廓化描边”命令，将路径转化为形状，无描边，填充色为#BAB485。最后效果如图3-1-18所示。

（5）绘制房屋。

新建图层，重命名为“房屋”。使用“矩形工具”与“自由变换工具”创建房屋的主体及烟囱和房屋投影，然后用“钢笔工具”勾画出烟囱的烟雾，以及添加门窗等细节。房屋主体与烟雾所用颜色分别为#264458、#182F41、#FCF6CF，投影则使用“渐变工具”的“线性渐变”填充，填充色均为#182F41，只需将远

图3-1-14 背景渐变效果图

图3-1-15 后陆地效果图

图3-1-16 前陆地效果图

图3-1-17 山丘效果图

图3-1-18 道路效果图

图3-1-19 房屋效果图

离房屋处的色块的不透明度调为“30%”即可，如图3-1-19所示。

（6）绘制树木。

新建图层，重命名为“树木”。使用“椭圆工具”与“圆角矩形工具”绘制树冠、草丛和投影，使用“钢笔工具”或“矩形工具”绘制树干。使用“路径查找器”或“形状生成器工具”分割出暗部区域，并填充颜色#1D2E3F，其余部分填充颜色#79A65A。后使用“钢笔工具”绘制出树冠形状的部分路径，颜色设置为无填充，描边颜色为#FBF0C4，粗细为3pt，然后选中路径，在其“属性”栏中将路径的变量宽度配置文件（描边右侧）更改为“变量宽度配置文件1”，如图3-1-20所示。设置好后即绘制出树木的亮部，此处要注意所有树木的投影方向以及亮部方向要统一。最后效果如图3-1-21所示。

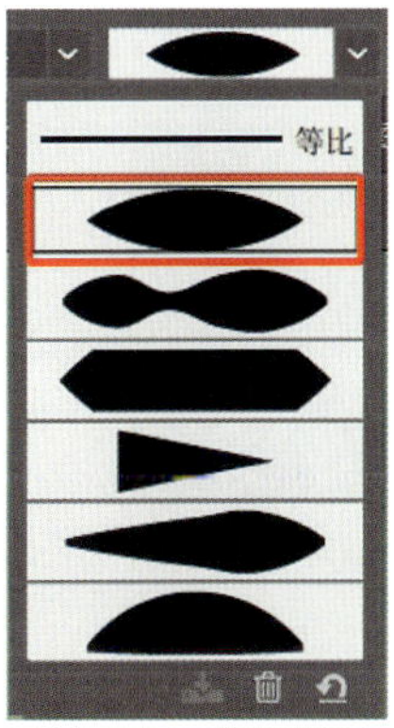

图3-1-20 变量宽度配置文件

图3-1-21 树木效果图

（7）添加天空元素。

新建相应图层，使用“椭圆工具”结合“形状生成器工具”绘制太阳与云朵，太阳填充颜色为#FAEFC3，云朵填充颜色分别为#FAF3BF、#699979、#B1CAA3。效果如图3-1-22所示。

（8）绘制肌理噪点。

为插画添加肌理噪点效果不仅能使色彩过渡自然，还能增加画面视觉深度。选中“画笔工具”或“铅笔工具”后，在其“属性”栏“画笔定义”命令中选择可绘制噪点的笔刷（笔刷文件

图3-1-22 天空元素效果图

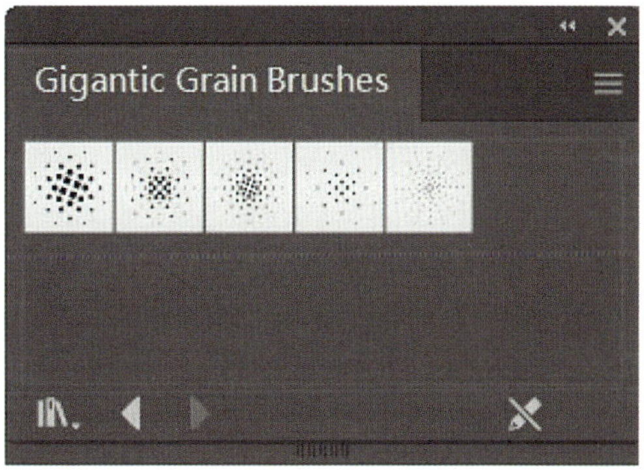

图3-1-23 噪点画笔

在本书提供的资源包中，按知识准备部分“安装画笔”步骤安装），在山丘边缘或需要色彩过渡的区域绘制噪点（图3-1-23）。细腻程度不同的噪点笔刷搭配使用，可呈现出更加自然的过渡效果。

如果想将噪点绘制在特定的形状内，可使用“剪切蒙版”功能达到效果。以画面中“远山”为例，先照常绘制噪点，后将想要的特定形状复制并置于顶层，全部选中绘制的噪点与复制的形状，右键单击选择“建立剪切蒙版”，即可将噪点规定在特定区域内，效果如图3-1-24所示。

最终图层排列顺序如图3-1-25所示。

图3-1-24 剪贴蒙版效果图

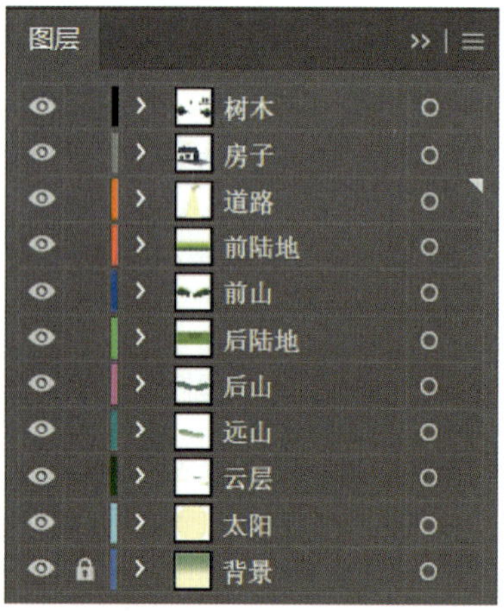

图3-1-25 图层排列参考图

（9）导出。

最后保存文件，导出图片。选择菜单栏中的“文件”→“存储”，或者按Ctrl+S快捷键保存文件，选择文件格式为AI格式，保存源文件。然后选择菜单栏中的“文件”→“导出”→“导出为”，导出图像，选择文件格式为JPEG或PNG，最终输出效果如图3-1-26所示。

图3-1-26 风景插画最终效果图

3.1.5 任务拓展

任务一 使用所学Illustrator软件中的绘图工具临摹一幅风景插画。

（1）任务效果图（图3-1-27）：

图3-1-27 风景插画作业练习效果图

（2）绘制关键步骤：

- 使用“矩形工具”组、“路径查找器”“形状生成器工具”等绘制图形；
- 使用“渐变工具”“画笔”面板修改填充色和过渡颜色，以增加画面细节和深度；
- 使用“剪贴蒙版”功能，绘制图形内部丰富、生动的细节。

任务二 进行风景插画创作。

选择一处自然景观作为创作主题，如山川、湖泊、森林、海滩等，要求具有鲜明的季节或天气特征（如春日花海、夏日夕阳、秋日枫叶、冬日雪景或雨后清晨等）。

- 先用铅笔在纸上绘制初步构图，思考画面的布局、远近层次、色彩搭配等；
- 根据草图，在软件中使用“钢笔工具”、形状工具等绘制元素；
- 运用色彩理论，考虑光源方向，合理搭配色彩，营造氛围；
- 添加细节，如树叶的纹理、水面的波纹、远处的雾气等，提升画面的丰富性和观赏性。

实训任务3.2 人物插画设计

3.2.1 任务描述

利用Illustrator软件中已学的各种路径绘制工具与路径编辑方法（“矩形工具”等几何图形工具、“钢笔工具”“画笔工具”“直接选择工具”“路径查找器”“形状生成器工具”等），绘制一幅人物插画。

3.2.2 任务目标

（1）能使用Illustrator软件中的路径编辑功能绘制复杂的人物形象。

①能熟练运用“矩形工具”组、“钢笔工具”“画笔工具”等绘制路径；

②能熟练运用“直接选择工具”调整和编辑路径与锚点，以精细调整人物的各个部分；

③能熟练运用“路径查找器”“形状生成器工具”“剪刀工具”“美工刀”用于合并、剪裁和编辑复杂形状。

（2）掌握正确的人体比例，确保插画的人物看起来自然且协调。

（3）能设计出一幅符合当代审美价值观、具有创意的人物插画。

3.2.3 知识准备

1. 人体比例

（1）基本人体比例。

- **成人比例：** 成年人的身高通常被视为头部高度的7倍，即如果将一个成年人的身体划分为7等份，头部大约占其中的1份，如图3-2-1所示。
- **头部细节：** 人的头部可以大致分为三部分。从头顶到眉毛是第一部分，从眉毛到鼻尖是第二部分，从鼻尖到下巴是第三部分。耳朵通常位于第二部分的中间，与眼睛保持平行。
- **身体部分比例：** 肩膀的宽度通常是头部宽度的2倍。手臂长度，即从肩膀到手腕，大约是身高的1/4。从肩膀到肘部，以及从肘部到手腕，长度各占手臂长度的一半。大腿长度（从臀部到膝盖）约占总身高的1/4，从膝盖到脚踝的长度也相同。

（2）儿童比例。

儿童的身高通常被视为头部高度的4~6倍，如图3-2-2所示，具体比例取决于孩子的年龄，年龄越小，头部在整体身高中占的比例越大。儿童的身体部分比成人更为短小，四肢也显得更为丰满。

2. 插画中的比例变体

在插画中，比例变体是一种强大的表现手法，用来赋予作品独特的风格或强调特定的视觉元素。通过有意识地调整和改变传统的人体或物体比例，艺术家可以传递特定的情感、强化叙事或创造有吸引力的视觉效果。

图3-2-1 成人头身比例图

图3-2-2 儿童头身比例图

（1）夸张比例。

夸张是插画中一种常用的比例变体技术，通过过度放大或缩小身体某些部分或物体来增强表达效果。例如，在卡通插画中，经常可以看到人物的头部被夸张放大，以便更好地展示面部表情，使作品更具表现力和幽默感（图3-2-3）。再如，超级英雄通常拥有夸张的肌肉比例，突出其超凡脱俗的力量和英雄形象。

（2）风格化比例。

风格化比例涉及将形状和比例简化或修改，以符合特定的艺术风格或文化审美。例如，日本动漫中的角色往往具有较大的眼睛和较小的嘴巴，这种比例变体有助于表达角色的情绪，并符合日本可爱的审美偏好。抽象艺术和现代艺术中，人体比例常被极端简化或扭曲，以探索形式和空间的新关系，传达更深层的意义或情感。

（3）动态比例。

在动作场景中，比例可能会根据动作的快慢和强度而动态变化，以增强视觉冲击力和动感。如图3-2-4所示，描绘运动场景时，插画设计师可能会延长人物的四肢，表现其运动的速度和力量。在幽默漫画中，人物在惊吓或跑动时可能出现身体部位的拉长或挤压变形，增加幽默效果。

（4）时代艺术风格影响比例表达。

不同时代的艺术风格影响了人物和物体的比例表达，这些比例反映了当时的审美观念和社会价值观。例如，古埃及艺术中，人物的头部和腿部被侧面呈现，而肩部和眼睛则为正面呈现，这种非自然比例表达了宗教和象征意义。再如文艺复兴时期，对人体比例的精确描绘反映了对古典美学和人体解剖的深入研究。

3. 光影和高光

（1）光影基础。

- **光源的定义：**光源是决定整个场景光影效果的基础，光源可以是自然的（如太阳、月亮），也可以是人造的（如灯光）。光源的位置、强度和颜色将影响对象的明暗、阴影的长度和色调。
- **明暗对比：**明暗对比是通过强烈的明与暗的对比来增强形式感和增加视觉冲击力的绘画技术，能够有效地模拟三维空间中的深度和体积，效果如图3-2-5所示。

（2）高光理论。

- **高光的定义：**高光是指直接从光源反射到观察者眼中的亮点，通常是物体表面对光线反映的最亮区域，可借助它们描绘出物体的质感和形状，如光滑表面上的明亮光斑或玻璃和金属的亮点。
- **高光的属性：**高光的形状和尺寸取决于光源的性质和物体的表面特征。例如，光滑的表面产生的高光通常清晰而集中，而粗糙的表面则散发出更分散、更弱的高光。
- **色彩与高光：**高光通常表现为接近白色或

图3-2-3 夸张比例插画

图3-2-4 动态比例插画

图3-2-5 明暗对比效果插画

含有光源色彩的亮色。在有色光源的情况下，高光可能会呈现光源的色彩，增添视觉上的丰富性。在数字绘图软件中，可以使用不同的笔刷和设置透明度来对高光的效果进行精细化处理，模拟更多自然和真实的光反射。

4. 细节化简和图形简化

在现代插画设计中，细节化简和图形简化是构建风格化视觉语言的两个重要策略，这些技术不仅有助于清晰传达信息，还能增强插画的视觉冲击力和美感，是插画设计师必须掌握的关键能力。

（1）细节化简。

细节化简是指在艺术创作过程中刻意减少细节的数量，以强调作品的主题和增强视觉效果。这种方法尤其适用于需要迅速传达核心信息或情感的商业艺术和广告设计。

- **主题突出：** 确定插画的焦点和主题，刻意忽略那些不支持或分散注意力的细节。例如，在设计一个人物插画时，可以简化背景元素，使观众的注意力集中在人物身上。
- **功能优先：** 考虑每个细节的功能性，如果一个细节没有使作品增加任何实际价值或情感表达，它可能是一个被简化的候选对象。
- **情感驱动：** 通过放大那些能够传达强烈情感或故事情节的元素（如表情、手势等）。

（2）图形简化。

图形简化涉及使用基本的几何形状（如圆形、矩形和三角形）来构建更复杂的图像。这种方法不仅可以加快视觉识别速度，还能创作出具有强烈风格的艺术作品。

- **几何基础：** 使用基本的几何形状，可通过变形、剪裁或组合来创建新的视觉元素。如图3-2-6所示，可以通过组合几个圆形来绘制人物头部和发型，以及使用“矩形工具”和“圆角矩形工具”绘制躯体形状。
- **层次结构：** 通过形状的安排和大小变化来建立视觉层次，引导观者注意到插画中的关键元素。
- **色彩和形状的对比：** 色彩心理学可影响形状的感知。不同的颜色可以赋予相同的形状不同的情感或象征意义。色彩的温度、饱和度和明度需与形状的锐利度或软性配合，来加强某种情感或视觉效果。

3.2.4 设计实施

1. 文件设置

选择菜单栏中的“文件”→“新建”，或者按快捷键Ctrl+N，新建一个文档。在“新建文档”对话框中，选择A4尺寸，颜色模式为RGB，光栅效果为300ppi，并设置文档名称为“人物插画”，单击“创建”按钮。

实训任务3.2
操作视频

2. 绘制草图

绘制草图是人物插画准备阶段的重要步骤，草图是验证人物比例和相互关系的有效方式。通过草图，设计师可以确保人物的各个部分在大小和形状上协调一致，符合人体解剖学和视觉美学标准（图3-2-7）。

图3-2-6 图形简化效果插画

图3-2-7 人物插画草图

3. 绘制头部和五官

使用“椭圆工具”在画布上绘制一个椭圆形，这将形成人物的脸部的大体轮廓。然后使用“直接选择工具”，选中椭圆两侧锚点，进行上移，调整椭圆形状。可拉动手柄进一步微调，使其更符合头部的自然形状，还可根据人物的风格特征调整，如图3-2-8所示。

复制头部形状，将上一层图形设置为仅描边、无填充，下层图形设置为仅填充、无描边。使用“剪刀工具”剪开无线条的地方并删除，然后点击“窗口”→“描边”，调出“描边”面板后调整端点为圆头端点，即可绘制出如图3-2-9所示的断线效果。可使用“椭圆工具”绘制眼睛和鼻子，“圆角矩形工具”绘制耳朵，“弧形工具”绘制眉毛和嘴巴。

4. 使用画笔绘制

使用“画笔工具”绘制人物发型。双击“画笔工具”图标，调出“画笔工具选项”面板，将“保真度”选为平滑，修改后绘制的路径与形状会更加顺滑，如图3-2-10所示。使用画笔绘制好形状后，将填充色设置为#0A182E，描边设为黑色，粗细为3pt。

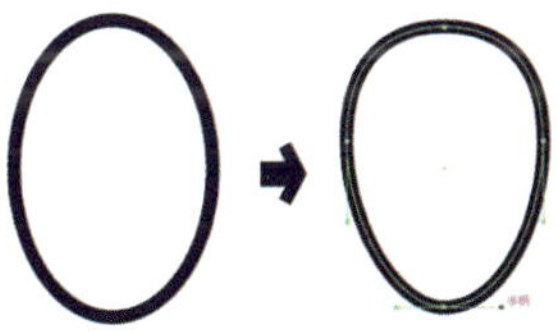

图3-2-8 人物头部绘制

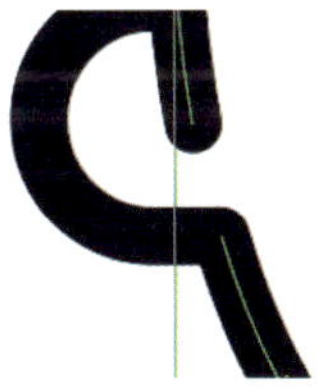

图3-2-9 脸部断线绘制

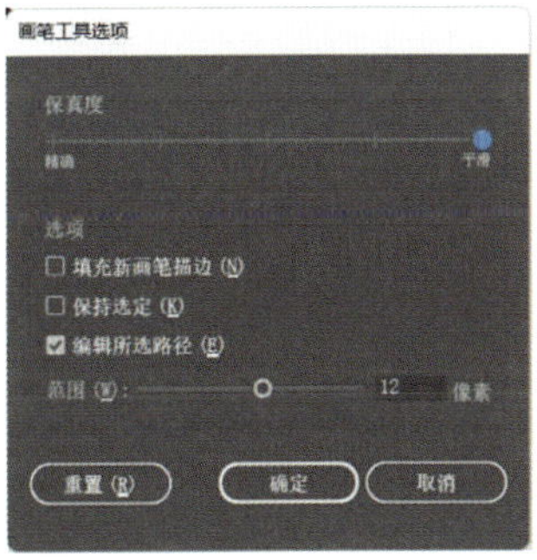

图3-2-10 “画笔工具选项”面板

新建图层，使用相同方法，用“画笔工具”分别绘制出颈部、鞋子和上衣形状，若绘制形状不准确，可使用“直接选择工具”，同时可配合使用“添加锚点工具”“删除锚点工具”，调整形状直至满意即可。将脖子填充色设置为#FEFEFC，上衣填充色设置为#9BA8B1，鞋子填充色设置为#0E1C32，描边均设为黑色，粗细为1pt。再使用“钢笔工具”勾勒出上衣口袋形状，填充色设置为#071428，使用“画笔工具”画出上衣褶皱与鞋子上的鞋带，如图3-2-11所示。

5. 绘制手臂

先用两个矩形表示大臂和小臂，然后通过“直接选择工具”调整成上宽下窄的梯形，如图3-2-12所示。再将红圈中的锚点对齐重合，使用“路径查找器”将两个矩形合并成一个图形，后再使用“直接选择工具”调整人物肘弯处圆角，效果如图3-2-13所示。

下一步，将工具切换成“钢笔工具”，按住Alt键不放，再将鼠标放置在代表手腕的直线处，点击拖拽即可将直线绘制成曲线，如图3-2-14所示，然后调整成想要的弧度即可。再用“画笔工具”绘制出露出的拇指形状，并将两个形状合并。另一侧手臂可直接镜像复制。

6. 绘制裤子

使用三个矩形即可组成一条裤子。先绘制一个一条腿长的矩形，使用“直接选择工具”选择相应锚点，移动位置，调整成合适的形状。镜像复制另一边腿后，在上部绘制一个不超过两个矩

图3-2-11 上衣口袋与褶皱

图3-2-12 人物手臂绘制

图3-2-13 人物手臂肘弯

形两侧的矩形，再将三个矩形合并，腿部即可绘制完成，效果如图3-2-15所示。后将腿部填充色设置为#0E1C32。

7. 绘制阴影

分别在颈部、手臂、腰部和脚踝处绘制阴影。将所有需要绘制影子的部位原位复制，将上一层图形均设置为仅描边、无填充，下层图形设置为仅填充、无描边，然后选中仅填充图层，使用“美工刀”将需要绘制影子的部位切割出来。以裤子为例，绘制投影的过程可参考图3-2-16。皮肤处投影颜色设置为#BFD7E4，衣服处投影颜色设置为#000024。

8. 添加装饰线

使用“画笔工具”搭配“弧形工具”，在人物插画所需部分绘制装饰作用的线条，也可调整路径的“属性”栏中的“变量宽度配置文件”选项（描边工具右侧）来改变装饰线的形状，以达到更加丰富和美观的效果，最终效果如图3-2-17所示。

图3-2-14 人物手部曲线绘制

图3-2-15 人物腿部绘制

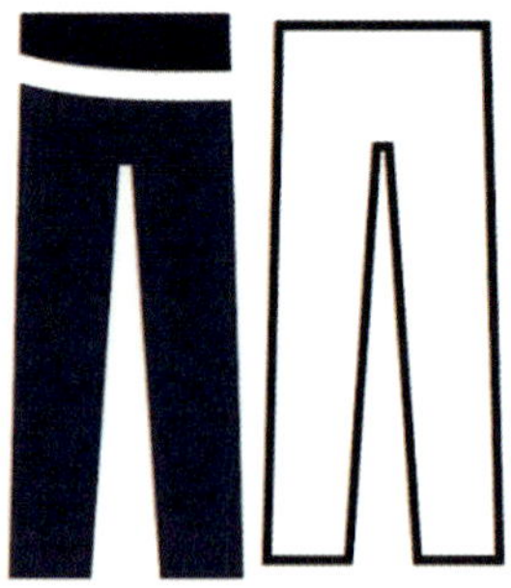

图3-2-16 人物腿部投影绘制

图3-2-17 人物插画最终效果图

3.2.5 任务拓展

任务一 使用所学Illustrator软件临摹一幅人物插画。

（1）任务效果图（图3-2-18）：

图3-2-18 任务一效果图

（2）绘制关键步骤：

- 使用“矩形工具”“椭圆工具”“钢笔工具”绘制头部、躯干和四肢的基本形状；
- 使用“直接选择工具”调整形状的节点，使其符合人体曲线；
- 使用“美工刀”绘制阴影和高光的区域。

任务二 以“穿着校服的学生”为主题，创作一幅人物插画。要求人物、服装、色彩等元素均需完整呈现，且为原创作品，不得抄袭他人设计作品。

- 先绘制出人物的基本轮廓和动态姿势，注意比例协调，动作自然；
- 通过色彩对比增强画面视觉冲击力，同时考虑光影效果，使画面更加立体、生动。

模块2

广告设计

项目4

标志设计

标志是一种视觉传达形式，它通过图形、文字、色彩等元素的组合，创造出一个独特的视觉符号，用以代表某个组织、企业、品牌、产品或服务。标志设计的目的是建立和强化公众对某个实体的认知和记忆，并且能够传达出该实体的核心价值和理念。

在标志设计过程中，设计师必须深入理解品牌的定位、使命和目标受众，以确保设计能够准确传达品牌的核心价值和个性。标志应简洁明了，易于识别和记忆，同时保持独特性，避免与市场上其他品牌混淆。标志色彩的选择至关重要，它不仅影响标志的视觉效果，还能够传递特定的情感和品牌信息。除此之外，标志应具有良好的可读性，以便在各种尺寸和媒介上都能清晰地传达品牌信息。同时，标志设计需要具有持久性，避免跟随短暂的流行趋势，确保长期有效。通过综合这些因素，设计师能够创作出既符合品牌需求又具有广泛适应性的标志。

本项目旨在通过实际操作，掌握相关工具的使用，并通过临摹制作中国农业银行标志和科技类公司的品牌标志，理解标志设计的基本原则和技巧，学习并实践标志设计的标准化流程，包括构思、草图绘制、设计细化和最终输出等关键步骤。通过这些综合性的学习和实践，可以对标志设计及其流程形成初步的理解，为未来深入学习标志设计及相关知识打下坚实的基础。

实训任务4.1 中国农业银行标志临摹制作

4.1.1 任务描述

利用Illustrator软件中“形状生成器工具”“实时上色工具”“矩形网格工具”等，临摹制作中国农业银行标志。

4.1.2 任务目标

（1）学会使用Illustrator软件的“形状生成器工具”。

（2）学会使用Illustrator软件的“实时上色工具”。

（3）学会使用Illustrator软件的“矩形网格工具”。

（4）掌握标志设计的流程。

（5）了解标志设计标准制图的意义。

4.1.3 知识准备

1. 形状生成器工具

“形状生成器工具”是一个通过合并或擦除简单形状创建复杂形状的交互式工具，对于创建简单的复合路径十分有效。它直观地显示所选对象中可合并为新形状的边缘和选区。“边缘”是指一个路径中的一部分，该部分与所选对象的其他任何路径都没有交集。“选区”是一个边缘闭合的有界区域。默认情况下，该工具处于合并模式，可以合并路径或选区，也可以通过按住Alt键（Windows）或Option键（Mac）切换至抹除模式，以删除任何不想要的边缘或选区。

如果要获得“联集”与“减去顶层”或“减去后方对象”的效果，“形状生成器工具”更为方便、快捷。只需单击“形状生成器工具”，沿着要合并路径的区域拖动并释放鼠标，即可组合图形，效果如图4-1-1所示。

“形状生成器工具”可以设置并自定义多种选项，如间隙检测、拾色来源和高亮，以获取所需的合并功能和更好的视觉反馈。双击工具面板中的“形状生成器工具”图标，可在“形状生成器工具选项”对话框中设置这些选项，如图 4-1-2所示。

使用“间隙检测”中的“间隙长度”下拉列表可设置间隙长度。可选选项有“小”（3点）、“中”（6点）、“大”（12点）和“自定”，如果想要提供精确的间隙长度，可选中“自定”来自行

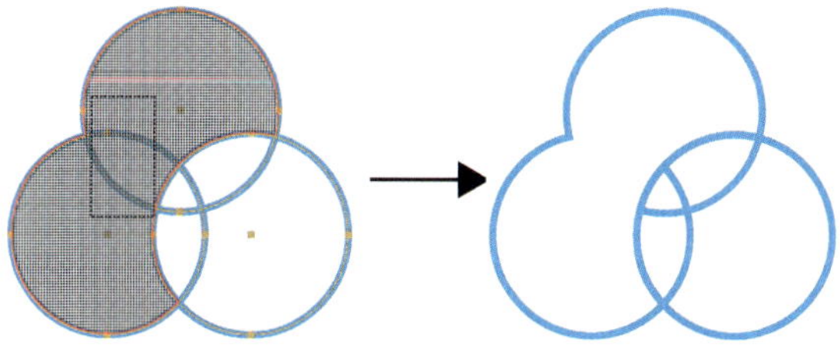

图 4-1-1 “形状生成器工具”使用效果

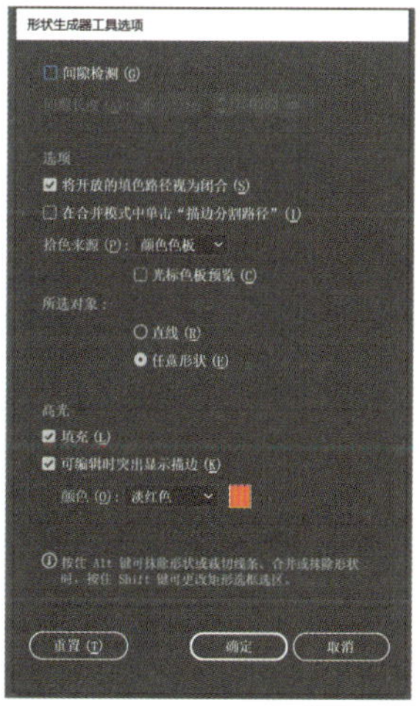

图 4-1-2 “形状生成器工具选项”设置

设置。选择“间隙长度”后，Illustrator将查找仅接近指定间隙长度值的间隙。在选择时，注意需要确保间隙长度值与对象的实际间隙长度接近。例如，如果设置“间隙长度”为“小”时，需要合并的形状包含了3点的间隙，而实际对象间隔大于3点，Illustrator可能就无法检测此间隙，如图4-1-3所示。反之则如图4-1-4所示。

2. 实时上色工具

“实时上色工具”非常实用，它允许用户快速且直观地为矢量图形上色。这个工具特别适合于复杂的图形设计，因为它可以自动识别图形中的不同区域，并允许用户为每个区域指定不同的颜色。

（1）创建“实时上色”组。

如果要对对象进行着色，并且每个边缘或交叉线使用不同的颜色，需要将图稿转换为“实时上色”组。

• 选择一条或多条路径，或是复合路径，之后单击“实时上色工具”，如图4-1-5所示。

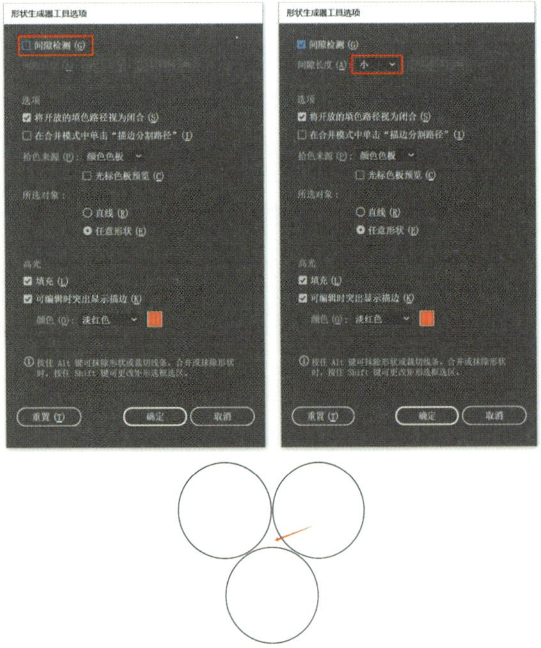

图4-1-3　间隙检测设置1

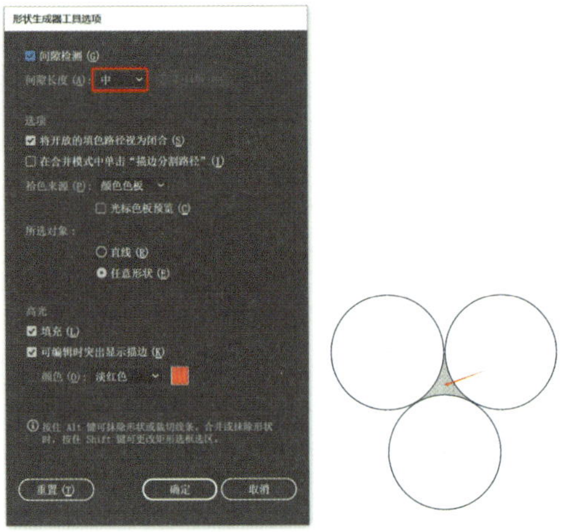

图4-1-4　间隙检测设置2

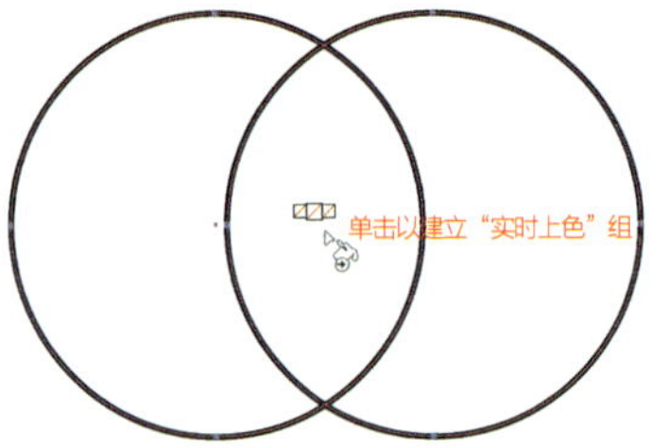

图4-1-5　实时上色工具1

注意：①在将图稿转换为“实时上色”组时，不能让图稿返回到原始状态。我们可以将组扩展为各个组件，或者释放组以返回到其原始路径。②某些对象，如文字、位图图像和画笔，是无法直接建立到“实时上色”组中的，需要先把这些对象转换为路径。

（2）使用“实时上色工具”上色。

• 首先在“填色和描边”工具中指定所需的填充颜色或描边颜色和大小。

• 要对表面进行上色，可单击表面以对其进行填充。拖动鼠标跨过多个表面，以便一次为多个表面上色。双击一个表面，以跨越未描边的边缘，对邻近表面填色（连续填色）。连续三次单击填色区域，可对当前选中图形中的同颜色区域进行颜色覆盖。当指针位于表面上时，它将变为半填充的油漆桶形状，并且突出显示填充区域的路径，如图4-1-6所示。

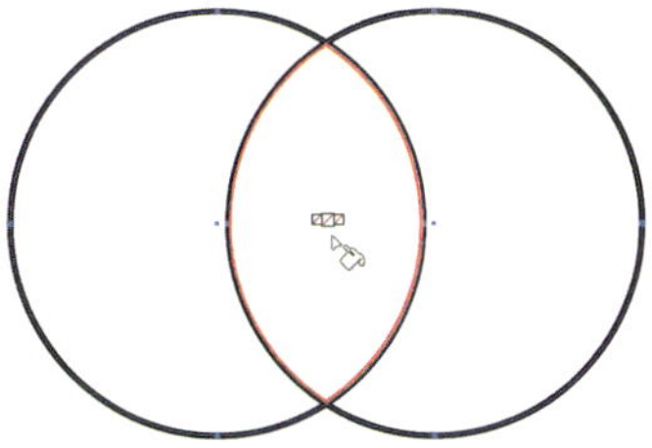

图4-1-6　实时上色工具2

注意：要切换到“吸管工具”并对填色或描边取样，可以按住Alt键（Windows）或Option键（Mac）的同时单击需要的填色或描边。

3. 矩形网格工具

“矩形网格工具”能够快速创建和调整矩形和方形网格。双击“矩形网格工具”，打开“矩形网格工具选项”对话框，可以对“矩形网格工具”的默认大小、水平分隔线和垂直分隔线进行参数设置，如图4-1-7所示。

设置后，在画板上拖动即可创建矩形网格。

4. 标志设计标准制图

标准制图为标志的尺寸、比例、形状和颜色等提供了设计规范。这有助于确保在不同的应用场景和媒介中，标志始终呈现出一致的外观，不会因缩放、变形或制作过程中的差异而影响其原本的设计意图表达和识别性。同时为品牌管理者提供了一个可参考的基准，便于监督和审核标志的使用是否符合规范，从而有效地保护品牌资产。在制作标志时，比起自己用“钢笔工具”手动去画和调整瞄点，用几何图形既准确又快速。因此需要先学会分解标志的图形，把复杂的图形分解成简单的图形，然后再用辅助图形（直线、圆、圆弧、椭圆、三角形等几何图形）一点一点地去完善。

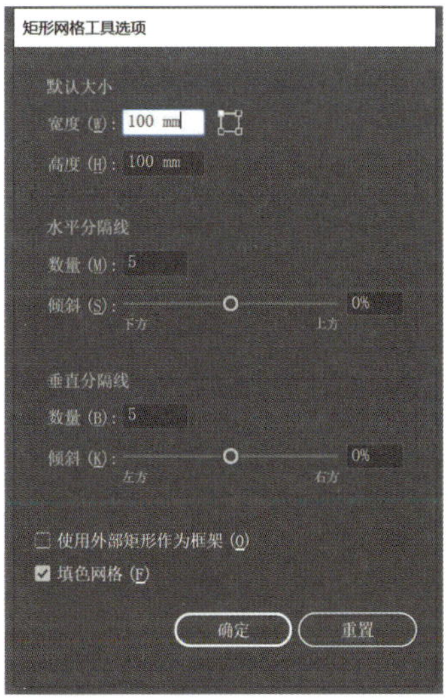

图4-1-7　“矩形网格工具选项”面板

5. “拓展”和“拓展外观”功能

在“对象”菜单中，“扩展”和“扩展外观”是两个作用相近的功能，它们的核心目标都是将对象的某些动态、程序化或复杂的视觉属性，转化为基础的、静态的、由路径构成的形状，以便进行更精细的编辑或确保输出兼容性。比如手动修改编辑效果本身产生的形状时，或需要将复杂外观分解成独立部分进行操作时，可使用此功能。

4.1.4 设计实施

使用Illustrator软件临摹制作中国农业银行标志。

实训任务4.1
操作视频

1. 文件设置

首先新建一个宽度和高度均为300px，颜色模式为RGB，名称为“中国农业银行标志”的文档，如图4-1-8所示。

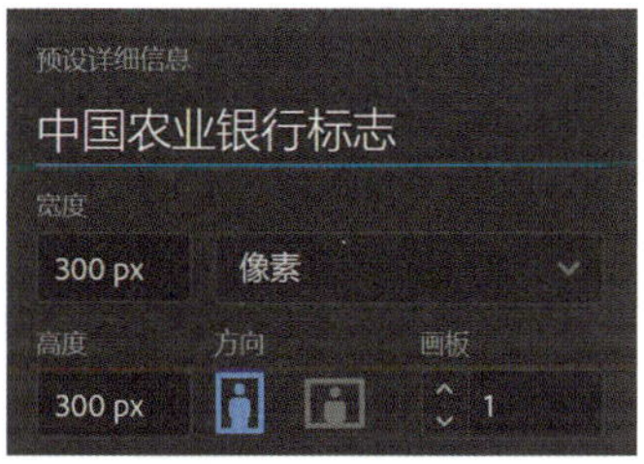

图4-1-8　新建文档设置

2．网格设置

• 双击“矩形网格工具”▦，在“矩形网格工具选项”对话框中设置宽度和高度为100mm，水平分割线和垂直分隔线数量为99，如图4-1-9所示。

• 选中网格，在“属性”栏中将描边设置为0.1，不透明度设置为50%，并将网格对齐到画板中心，如图4-1-10所示。

3．制作准备

• 将参考标志置于网格底层（Ctrl+Shift+[），并设置透明度为20%，如图4-1-11所示。

• 保持图片比例的同时调整大小，尽可能与网格对齐，设置透明度为20%，并选中图片（Ctrl+2），如图4-1-11所示。

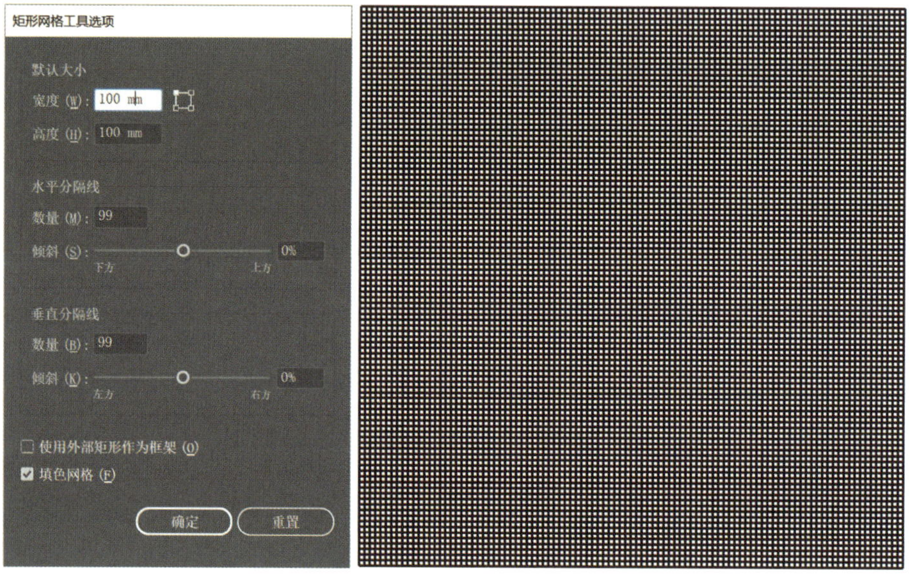

图4-1-9　矩形网格设置

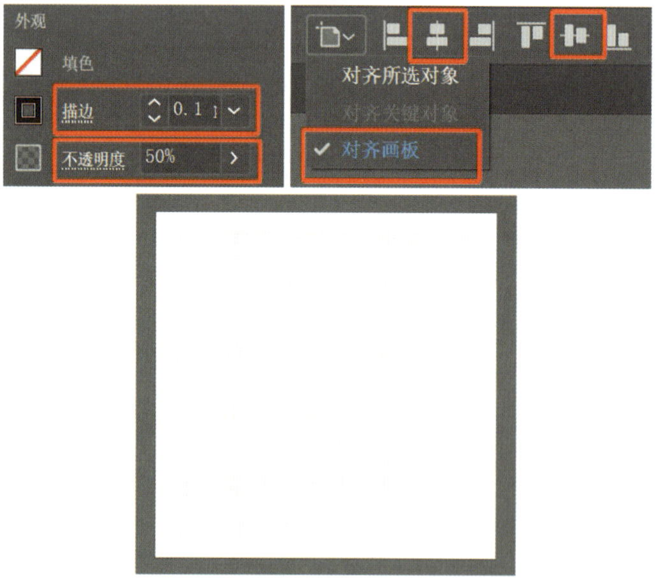

图4-1-10　矩形网格设置

图4-1-11　标志透明度设置

4. 标志形态分析

通过观察中国农业银行标志可以发现，该标志是由最基本的几何图形构成，可拆解成正圆形和长方形，如图 4 -1-12所示。

5. 利用网格规范标志的制作

• 在最大限度地还原标志的情况下，尽可能将几何图形贴合网格进行放置，就可以使标志符合规范，如图 4 -1-13所示。

• 在对齐网格时，从菜单栏的“视图”选项中勾选“智能参考线”（Ctrl+U）以及“对齐点”（Alt+Ctrl+”）有助于贴合网格，对齐后会进行自动吸附，如图 4 -1-14所示。

注意：因线条具有宽度，有些时候看似与网格对齐，实际上却存在缝隙，因此可以点击菜单栏中的“视图”，选择“轮廓”（Ctrl+Y），检查路径是否对齐，如图 4 -1-15所示。

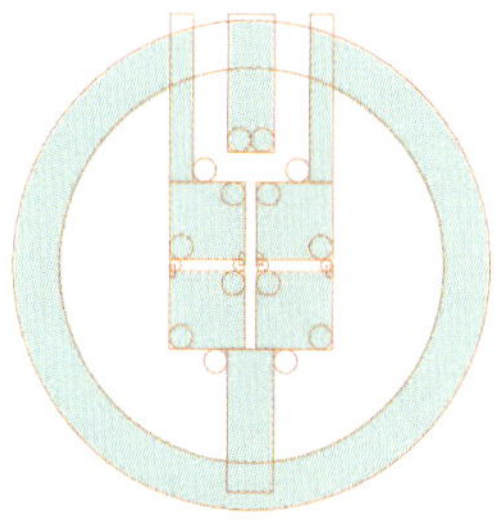

图 4 -1-12 标志形态分析

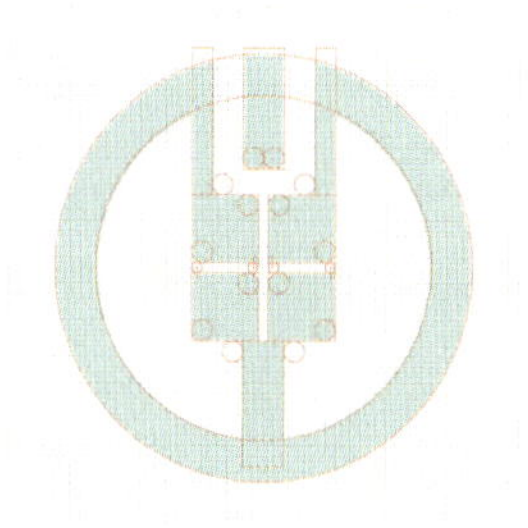

图 4 -1-13 标志对齐网格

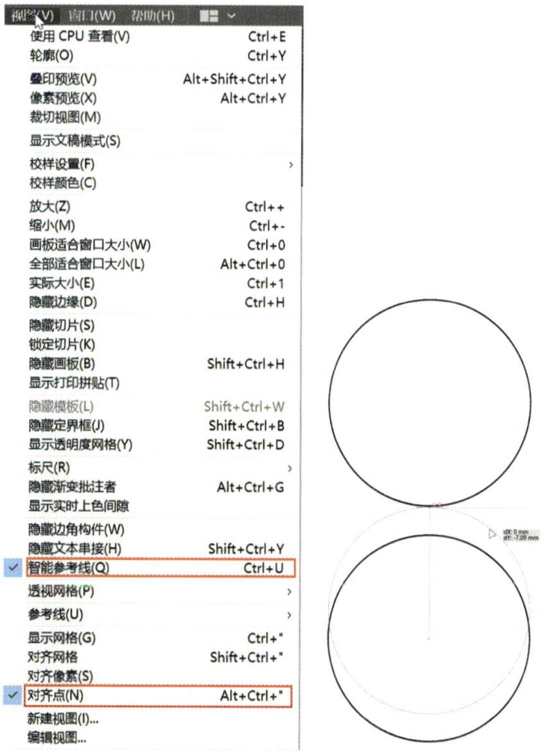

图 4 -1-14 勾选智能参考线和对齐点

6. 标志上色

• 选中网格，进行锁定（Ctrl+2）。

• 选中所有几何图形。

• 从工具栏中选择“实时上色工具”（K）。

• 按住Alt键点击，吸取中国农业银行的标志颜色。

• 点击标志中需要上色的部分，建立“实时上色”组。之后单击表面或者拖动鼠标跨过多个表面，以便一次为多个表面上色。鼠标划过的区域会有红色边缘显示，松开鼠标完成上色，如图 4 -1-16所示。

• 根据中国农业银行标志完成上色。

• 确认没有上色遗漏后，点击菜单栏中的

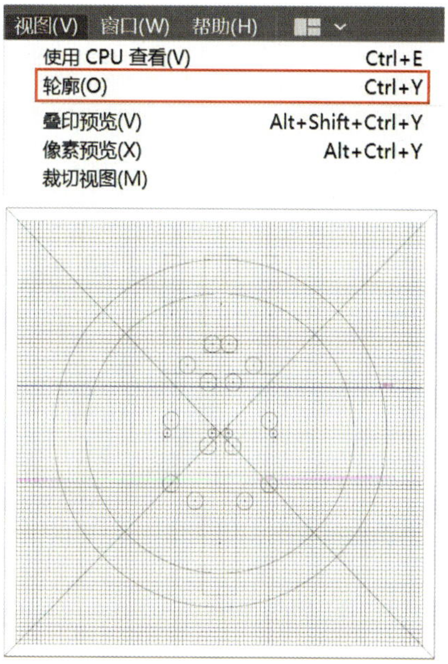

图 4 -1-15 查看形态轮廓

“对象”→“扩展”，将“实时上色”组转换为单独路径，如图 4 -1-17所示。

• 鼠标右键单击，选择“取消编组”，将色彩路径与原标志路径进行分离，完成绘制，如图 4 -1-18所示。

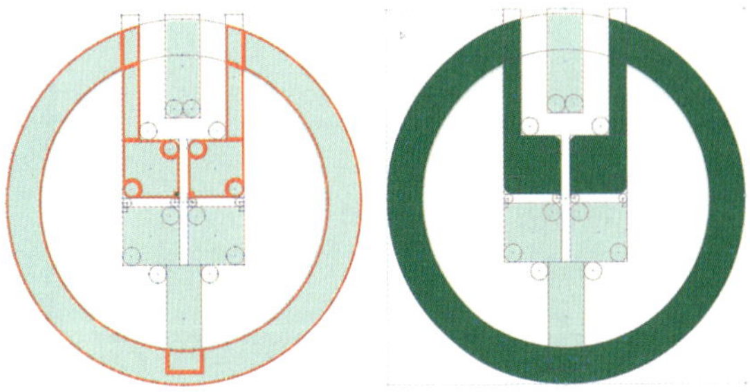

图 4 -1-16 形态生成示例

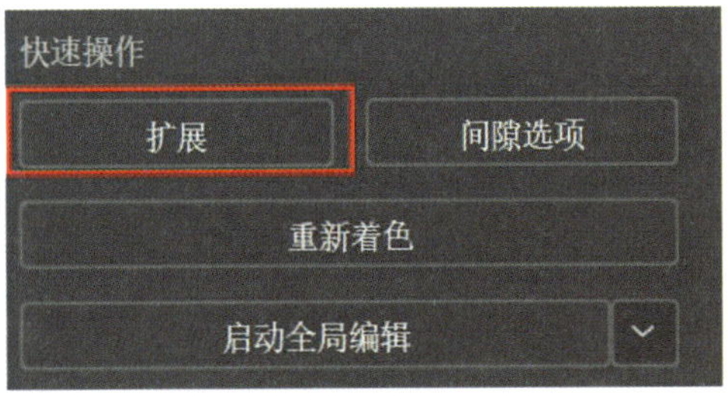

图 4 -1-17 形状扩展

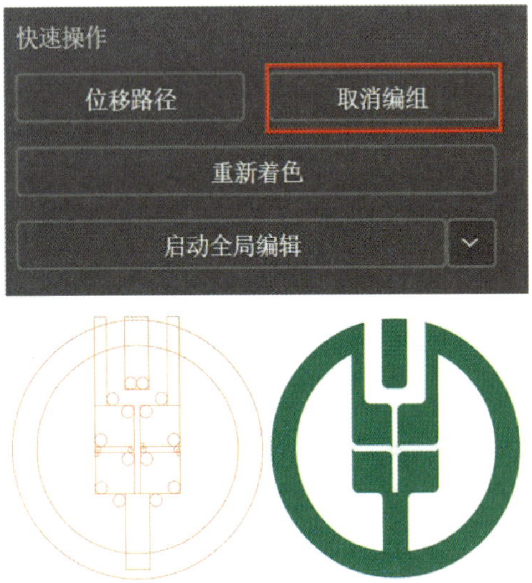

图 4 -1-18 分离标志线稿及形状

4.1.5 任务拓展

任务一 使用所学工具临摹制作中国建设银行标志。

（1）任务效果图（图4-1-19）：

图4-1-19 中国建设银行标志

（2）绘制关键步骤：

• 使用“形状生成器工具”“实时上色工具”等绘制标志；
• 使用“矩形网格工具”来规范标志细节。

任务二 标志设计创作

选择一个感兴趣的行业并聚焦其中一个行业品牌，对其进行标志设计。在创作过程中，需要深入了解该行业的特点、行业风格、色彩偏好等，并将这些元素融入自己的标志设计中，使标志既能够彰显该行业的特色，又具有创意和辨识度。

• 使用“形状生成器工具”“实时上色工具”“矩形网格工具”等；
• 为设计的标志选择适当的配色方案；
• 确保设计的标志符合标志设计原则。

实训任务4.2　科技类公司品牌标志临摹制作

4.2.1　任务描述

利用Illustrator软件中的“矩形网格工具”“实时上色工具”“直接选择工具”“填色与描边”工具等，绘制UNX科技公司标志。

4.2.2　任务目标

（1）熟练掌握标志的标准制图方式。

（2）熟练使用Illustrator软件的“实时上色工具”。

（3）熟练使用Illustrator软件的“矩形网格工具”。

（4）理解标志设计标准制图的意义。

4.2.3　知识准备

标志是品牌识别系统的核心部分，它在传达品牌信息、建立品牌形象方面起着至关重要的作用。标志设计是一个需要创意、策略和细致考量的过程，设计师需要深入理解品牌的核心价值和目标受众，才能创作出既美观又实用的标志。设计品牌的标志时，需要考虑以下几个要点：

• **简洁性：**标志应该简洁明了，避免过于复杂的图形和细节，以便于快速识别和记忆。

• **独特性：**要有与众不同的特点，与其他品牌标志区分开来，以突出品牌的个性。

• **可视性和可读性：**在各种媒介上，标志以各种尺寸展示时都应清晰可见，并且含义容易被理解。

• **适应性：**能够适应不同的应用场景，如印刷品、数字媒体、户外广告等，在不同的颜色、背景和尺寸下都能保持良好的效果。

• **相关性：**与品牌的价值观、产品或服务的特点相关联，能够准确传达品牌的核心信息。

• **永恒性：**具有持久的吸引力，不会很快过时。

• **可扩展性：**在品牌发展时，标志能够保持其有效性，并与新的产品或服务相融合。

• **色彩适宜：**标志的色彩要能吸引目标受众并传达特定的情感或信息。

• **一致性：**与品牌的整体形象和营销策略保持一致，形成统一的品牌体验。

4.2.4　设计实施

1. 文件设置

首先新建一个宽度和高度均为300px，颜色模式为RGB，名称为“UNX网络科技公司标志”的文档。

实训任务4.2
操作视频

2. 准备工作

• 使用“矩形网格工具”建立网格并将其水平分隔线及垂直分隔线的数量设置为“99”，网格宽度设置为0.1pt，并对齐于画板中央，如图4-2-1所示。

• 将要临摹的标志置于网格底层，尽量将其缩放至边缘贴合于网格的状态，如图4-2-2所示。

3. 标志形态分析

• 观察UNX标志，能够发现其与大写字母U、N、X之间存在一定的视觉交互关系。首先，标志巧妙地由两个“U”形状组成，这两个

"U"分别旋转90°并共用部分笔画，在穿插结构上形似字母"N"。这种设计不仅展示出了创意性，也体现了对字母"N"的视觉诠释。进一步观察，两个相互内嵌的"U"在形态上与字母"X"有着异曲同工之妙，不仅传达了字母"X"的概念，还强化了视觉上的对称性和平衡感。整体而言，UNX标志通过独特的设计手法，将字母元素融合在一起，既展示了品牌名称，又创造了一个具有辨识度的视觉符号。

• 通过观察可以发现，标志是由最基本的正圆形和矩形构成。

• 使用"矩形工具"和"椭圆工具"将矩形和圆形在贴合网格的情况下缩放到适当大小，如图 4-2-3所示。

• 使用"实时上色工具"吸取标志色彩，给标志上色，如图 4-2-4所示。

• 将上好色的"实时上色"组进行扩展，之后取消编组，完成如图 4-2-5所绘制的标志。

4. 文字设计

• 使用"旋转工具"将标志向左旋转45°，得到如图 4-2-6所示图形。

• 在标志右侧绘制3个长宽比为1：1.618的矩形，如图 4-2-7所示。

注意： 1：1.618通常被视为黄金比例，黄金比例在标志设计中不仅能够提升视觉美感，还能增强标志的识别度和专业感。

• 选中矩形，在工作区右侧的"属性"面板

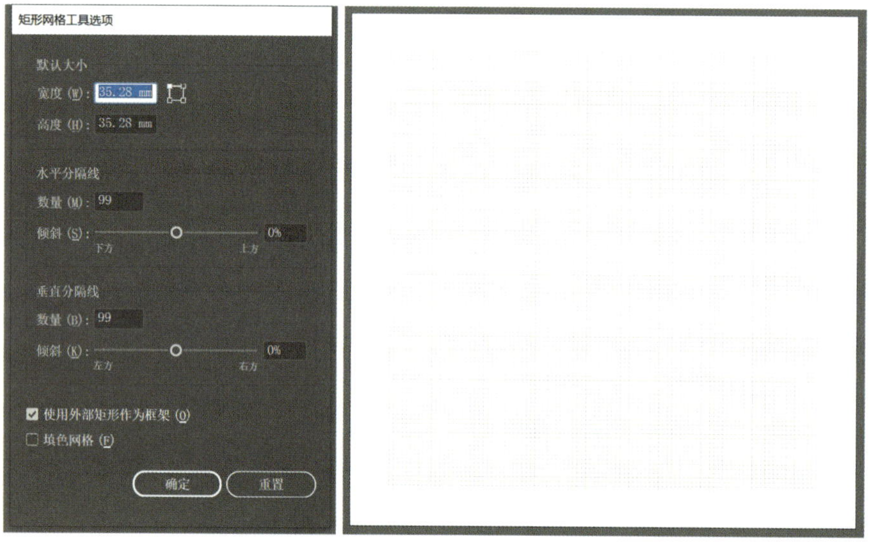

图 4-2-1 矩形网格工具选项设置

图 4-2-2 标志对齐网格示例

图 4-2-3 圆形、矩形对齐网格示例

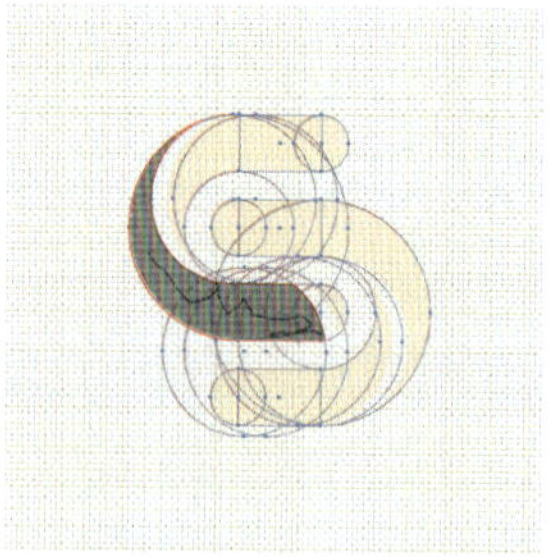

图 4-2-4 实时上色示例

中选择“描边”，点击“使描边内侧对齐”，并将粗细调整为“10pt”，如图 4-2-8所示。

• 选中矩形下方的2个锚点，按住鼠标左键点击圆角，将其向内拖拽至图 4-2-9所示位置。

• 扩展其外观，在上方开口处建立如图 4-2-10所示的矩形，使用“路径查找器”工具减去顶层，得到如图4-2-11所示图形。

• 根据第二个矩形的边框大小，使用3个宽度为“10pt”的矩形搭建出“N”字母形状，得到如图 4-2-12所示图形。

• 使用“矩形工具”建立一个宽度为10pt、上下边缘与第三个矩形对齐的矩形，如图 4-2-13所示。

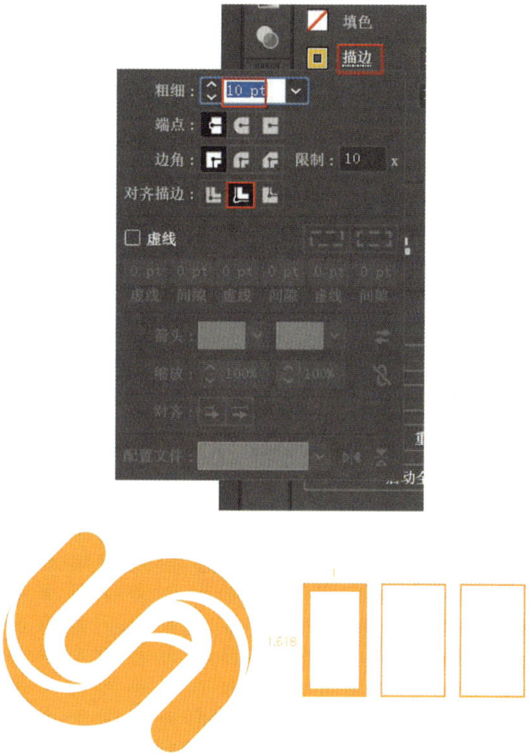

图 4-2-8　内部描边示例

图 4-2-5　分离线稿与形状

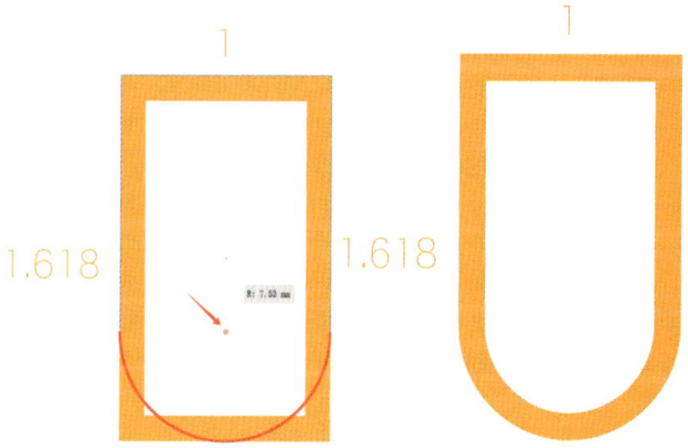

图 4-2-9　矩形圆角示例

图 4-2-6　标志向左旋转45°示例

图 4-2-7　标志英文定界框设置

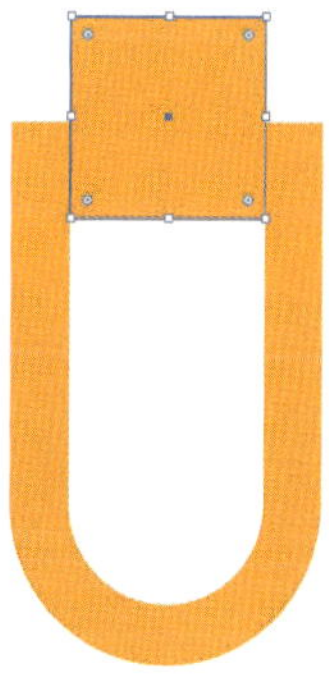
图 4-2-10　矩形位置示例

图 4-2-11　减去顶层示例

• 使用“直接选择工具”拖动矩形端点至下方矩形右侧，进行右对齐，如图 4-2-14所示。

• 使用“镜像工具”对矩形进行垂直对称复制，如图 4-2-15所示。

• 选中“UNX”，右击，依次选择“变换”→“倾斜”，在弹出的对话框中点击预览，将倾斜角度设置为“12° ”，点击确定，如图4-2-16、图 4-2-17所示。

• 最后将标志与字体进行居中对齐，得到最终标志，如图 4-2-18所示。

图 4-2-12　标志英文“N”示例

图 4-2-13　标志英文“X”示例

图 4-2-14　标志英文“X”示例

图 4-2-15　标志英文“X”示例

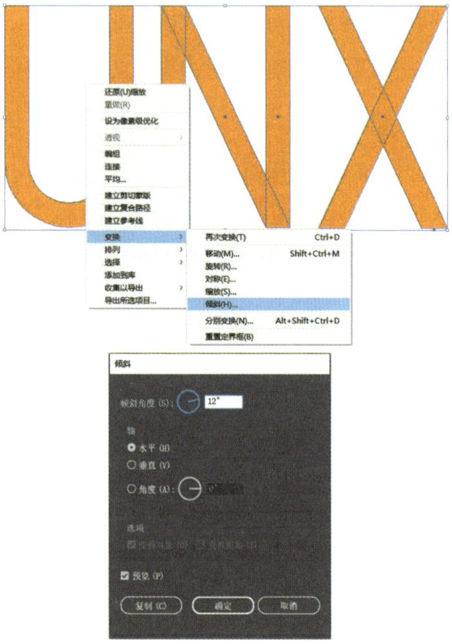

图 4-2-16　标志倾斜设置

图 4-2-17　标志英文变换效果

图 4-2-18　标志最终效果

4.2.5 任务拓展

任务一 使用所学工具临摹科技公司holimou的标志。

（1）任务效果图（图4-2-19）：

图4-2-19 科技公司holimou标志

（2）绘制关键步骤：

- 使用“形状生成器工具”“实时上色工具”等绘制标志；
- 使用“矩形网格工具”来规范标志细节。

任务二 标志设计创作。

选择一个你感兴趣的科技公司，为其进行标志设计。根据该公司的特点和行业趋势，确定标志的设计风格，例如现代简约、科技感或“未来感”强、具有人文关怀等。选择适合的图形、符号、字体和色彩方案，使标志能够准确传达公司的品牌形象，并具有较高的辨识度。

- 利用“形状生成器工具”“实时上色工具”“矩形网格工具”等；
- 确保标志在不同应用场景下的适配性。

项目5

海报设计

在视觉传达领域，海报设计是一个重要分支，它结合了文字、图像和色彩的艺术性与技术性，以传递特定的信息和吸引目标受众。利用Illustrator软件学习海报设计知识，不仅可以帮助掌握软件的各种高级功能，还可以帮助我们掌握海报设计的重点，并将这些技能广泛应用于其他设计领域中。海报是一种强有力的沟通工具，它需要设计者清晰、有效地传达信息。优秀的海报设计师在广告、媒体、通信等行业中都非常受欢迎。多进行海报设计实践，可以更好地提升我们的视觉表达能力，从而在求职时具备更强的竞争力。

实训任务5.1　音乐节文字海报设计

5.1.1　任务描述

利用Illustrator软件中“凸出和斜角（经典）”效果、“符号”工具、“文字工具”组、“外观”面板等，设计一幅适用于音乐节的海报作品。

5.1.2　任务目标

（1）能使用Illustrator软件中的相关功能进行音乐节文字海报的创意设计。

①能熟练运用“凸出和斜角（经典）”效果增加图形和文本的立体感和深度感；

②能同时熟练运用“符号”工具，并与“凸出和斜角（经典）”效果结合使用，大幅提升设计的视觉效果和效率；

③熟练使用“文字工具”组，为海报添加文本。

（2）能设计出既美观又功能性强的音乐节文字海报。

5.1.3　知识准备

1.“凸出和斜角（经典）”效果

“凸出和斜角（经典）”效果用于增加设计元素的立体感和视觉深度，这一效果能够模拟光照和阴影，可以添加多种三维外观，从而使图形和文本具有更多的维度和更大的吸引力，以及更丰富的材质和纹理。在Illustrator中选择“效果”→“3D和材质”→“3D（经典）”→“凸出和斜角（经典）”，打开“3D凸出和斜角选项（经典）”面板，相关选项如图5-1-1所示。

位置：控制对象的旋转角度。

凸出厚度：设置对象向外凸出的深度。

斜角：选择斜角的样式（如经典、圆形、锯齿形等），并设置斜角的高度和深度。

光源强度：调整光源的角度和强度，以创建不同的阴影效果。

设置这些选项，可以获得所需的三维效果，在设置时，可以勾选“预览”选项实时查看效果，设置好后点击“确定”即可应用效果。

如图5-1-2所示，绘制一个“圆形”，可将其转变为“圆柱体”。如图5-1-3所示，绘制一个“矩形”，可将其转变为“长方体”。

2.“符号”面板

“符号”面板用于创建、保存和重复使用特定的图形元素。这使得设计师能够有效地管理和

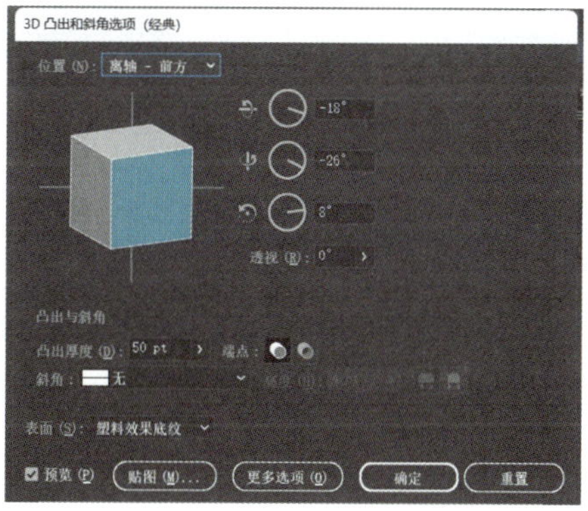

图5-1-1　Illustrator“3D凸出和斜角选项（经典）”面板

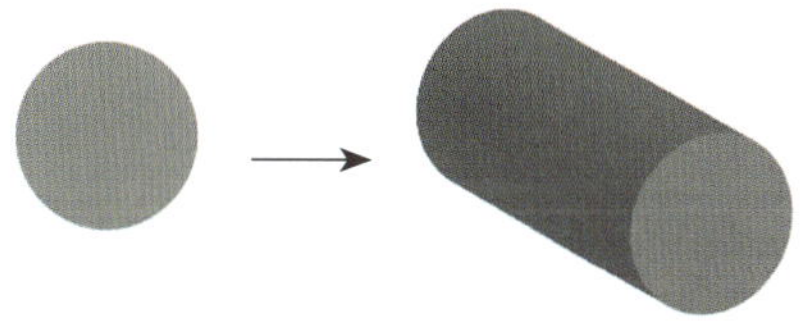

图5-1-2　“圆形”转变为“圆柱体”示意图

重复使用设计元素，提高工作效率。

在“窗口”→“符号”中打开“符号”面板，其中包含了预设的符号，可以直接使用。想要新建符号，可先在画布上创建所需的图形元素，选中想要转换成符号的对象，并拖动到“符号”面板中，或者单击面板底部的“新建符号”按钮。从“符号”面板中拖动符号到画板上，即可使用符号。双击“符号”面板中的某一符号即可进入符号编辑模式，在此模式下，对符号所做的任何更改将自动应用于该符号的所有实例。

此外，“符号”面板还可以与“凸出和斜角（经典）效果”结合使用，以提升设计的视觉效果和效率，并在保持设计元素一致性的同时，增添视觉深度和立体感。具体如何结合使用，可参考“设计实施”部分实例的操作。

3. “文字工具”组

在Illustrator中，“文字工具”组允许用户以多种方式添加和操纵文本。熟练的文本技能对于广告设计、品牌标志设计、出版物和多媒体制作等都是至关重要的。

（1）文本输入与编辑。

- **输入文本：**在工具栏中选择“文字工具”后，单击画布上任何位置即可开始输入文本，此时默认的文字方向是横向。若想要输入竖向文字，点击并长按“文字工具”后可打开下拉框，选择“直排文字工具”使用。如要输入段落，可在画布上单击并拖动，形成一个文本框，文本将填充在这个定义的区域内。
- **编辑文本：**要编辑已有文本，选择“文字工具”后单击文本即可进入编辑状态，可以添加更多文本，也可以修改现有文本，或调整文本布局。

（2）自定义文本。

“字符”面板和“段落”面板是控制文本的核心工具。这两个面板提供了一系列选项，使设计师能够详细调整文本的外观和布局。

- **字符格式：**通过顶部菜单栏选择“窗口”→“文字”→“字符”，或使用快捷键Ctrl＋T（Windows）打开“字符”面板，可调整字体、字号、行高、字距和字形等，如图5-1-5所示。
- **段落格式：**通过顶部菜单栏选择“窗口”→“文字”→“段落”，或使用快捷键Alt+Ctrl+T打开“段落”面板，可设置文本的对齐方式、缩进、行距等，如图5-1-6所示。

4. “外观”面板

“外观”面板可以通过菜单栏“窗口”→“外

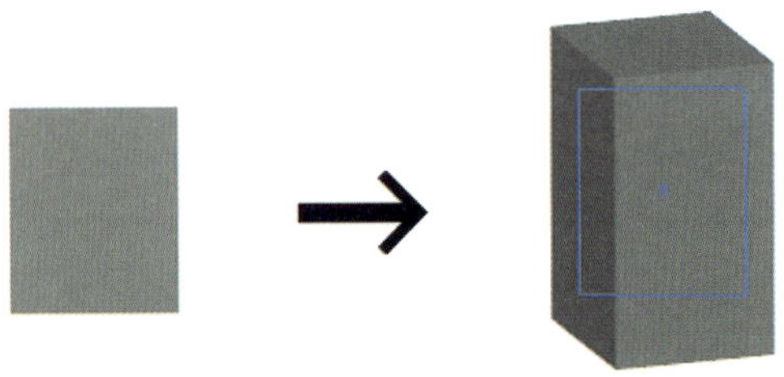

图5-1-3 “矩形”转化为“长方体”示意图

图5-1-4 “符号”面板

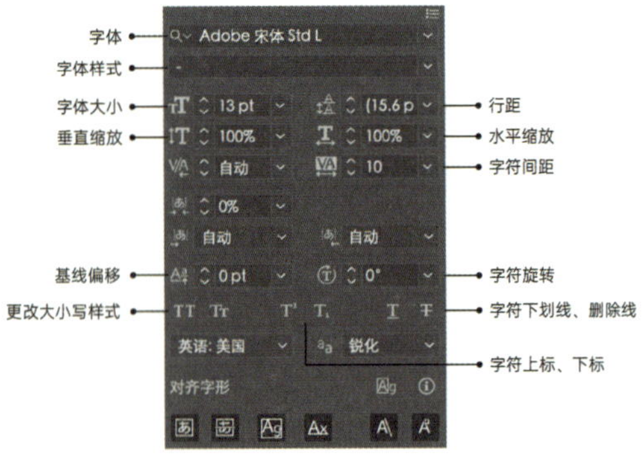

图5-1-5 “字符”面板

观”来打开，是一个集中的控制台，此工具允许用户对对象的外观属性进行细致的控制和管理（图5-1-7）。“外观”面板不仅能够显示对象已执行过的效果属性，还能让用户添加和管理多个基础或复杂效果，从而实现丰富的视觉效果。通过“外观”面板，用户可以快速调出已执行的效果进行修改和调整，而无需重新执行或创建，极大地提高了设计效率和灵活性。

5. 海报设计基础知识

海报设计是视觉传达的一种重要形式，它结合了字体设计和图形设计来传递信息、吸引观者并激发观者行动，因此良好的海报设计不仅需要艺术性，还需要具备高效的信息传达能力。

（1）设计目的。

• **定义目标：** 在开始设计前，明确海报的目的是至关重要的。海报通常旨在宣传事件、推广产品、提供信息或激发灵感等，明确目的是海报设计的第一步，将指导设计的方向和内容。

• **了解目标受众：** 应该根据目标受众的偏好、年龄、文化背景和视觉习惯来调整设计，这有助于确定海报的风格、色彩和信息呈现方式。

（2）视觉元素。

• **色彩：** 色彩不仅可以吸引注意力，还可以传达情感和信息。色彩选择应符合海报的主题，同时考虑对比效果和色彩心理效应，以增强观众的情感反应。

• **字体和文本：** 选择合适的字体对于海报设计至关重要。字体应易于阅读，用大小和粗细适当区分标题、副标题和正文。要避免使用过多的字体样式，以保持设计的整洁性。

• **图像和图形：** 图像和图形是传达信息和吸引注意的强有力工具，使用高质量的图像和图形可以提高设计的专业性和视觉吸引力。图像和图形的选择应与海报的主题密切相关，以加强信息传递，如图5-1-8所示。

（3）设计方法。

• **对比：** 通过对比增强元素的可见性和吸引力。对比可以在色彩、大小、形状和纹理之间实现。

• **对齐：** 对齐是海报设计中的基础原则，它涉及将文本、图像和其他视觉元素按照一定的

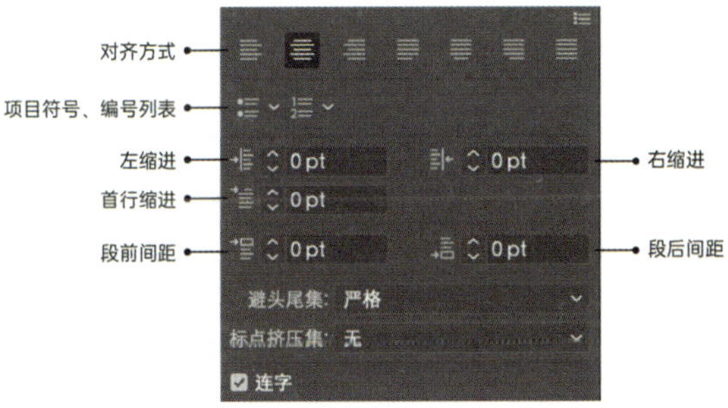

图5-1-6 “段落”面板

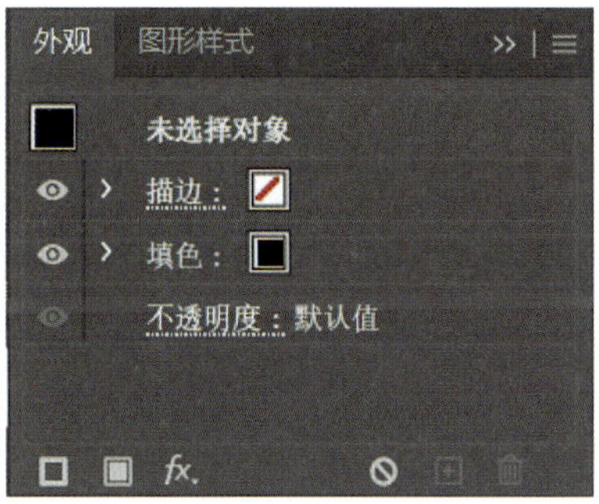

图5-1-7 “外观”面板

图5-1-8 “春日运动季”海报

图5-1-9 阿那亚戏剧节海报

逻辑排列，以增强设计的有序感，如图5-1-9所示。

- **重复：**在海报中重复使用某些元素可以增强品牌识别和视觉统一性，包括颜色、形状、图案或图标的重复。
- **比例和层次：**合适的比例和层次可以引导观众的视线流动，突出重要信息。大的元素吸引注意力，而小的元素则辅助信息的补充。

5.1.4 设计实施

1. 文件设置

实训任务5.1
操作视频

选择菜单栏中的“文件”→“新建”，或者按快捷键Ctrl+N，在“新建文档”对话框中，选择A4尺寸，颜色模式为RGB，光栅效果为300ppi，并设置文档名称为“音乐节海报”，单击“创建”按钮，新建一个文档。

2. 创建折纸效果

使用“钢笔工具”初步绘制一条有转折角度的路径，无填充，描边设置为灰色即可，粗细为1pt，如图5-1-10所示。

用“选择工具”选中此路径，点击菜单栏中的“效果”→“3D和材质”→“3D（经典）”→“凸出和斜角（经典）”，调出“3D凸出和斜角选项（经典）”面板。勾选“预览”，“凸出厚度”设为762pt，“位置”数值参考如图5-1-11所示。“端点”注意要选择第二个选项，这样出来的效果才会没有厚度。数值设置好后呈现的效果如图5-1-12所示，即模拟出纸张被折后又展开的状态。

完成此步骤后，若不满意呈现的角度与长度，可使用“直接选择工具”选中路径锚点，直接调整即可，如图5-1-13所示。

3. 创建贴图效果

折纸形状创建好后，对应折纸的四个面共有四组文字。统一输入和编辑四组文字后，再将四组文字依次执行“对象”→“拓展”，使其变为基础的矢量图形。打开“符号”面板，将各组文字分别拖拽进“符号”面板中，如图5-1-14所示。

再次选中折纸形状，到菜单栏的“窗口”

图5-1-10 有转折角度的路径

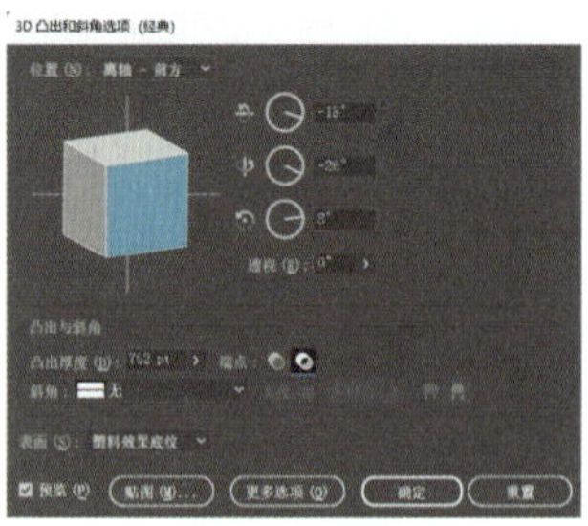

图5-1-11 设置数值

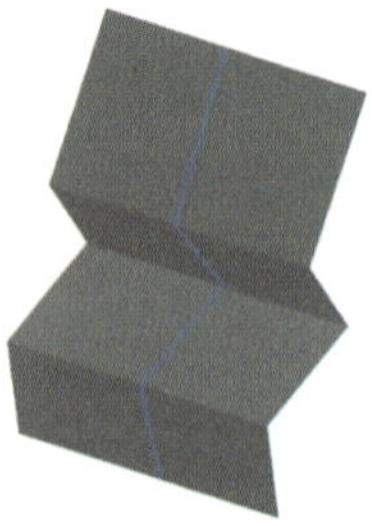

图5-1-12 折纸效果图

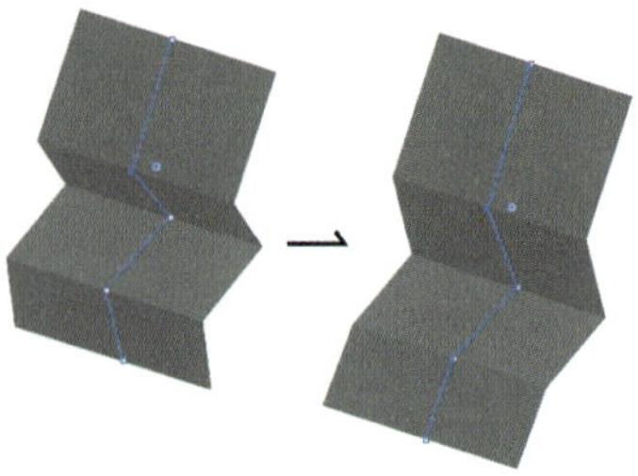

图5-1-13 调整折纸长度与角度

中，将其“外观”面板打开，找到“凸出和斜角（经典）”并单击，可再次打开之前设置的“3D凸出和斜角选项（经典）”面板，如图5-1-15所示。

打开面板后点击“贴图”，弹出“贴图”面板。通过“表面”切换选定的折纸面，再通过“符号”面板选定需要放置的文字组。在下方白色面板中可旋转、缩放文字组，以与折纸面积适配。其他面依次重复此步骤即可，最后效果如图5-1-16、图5-1-17所示。

贴图后，再选中折纸形状上的路径，点击菜单栏中“对象”→“扩展外观”后，从而将效果呈现的视觉形态转变为实际的、可以编辑的矢量形状。之后再将所有的编组取消，即可更改每一个折纸面的颜色，扩展前后效果如图5-1-18所示。

扩展后，可设置折纸的颜色。折纸面从上至下的填充色依次为#BED632、#E7EFB9、#F5B91D、#FFF100，效果如图5-1-19所示。

4. 添加背景与其他元素

在下方新建图层，绘制一个矩形作为背景，以突出画面主体（折纸），填充色为#C9CACA，无描边。为了丰富画面层次，可增加一些装饰性元素。可使用“钢笔工具”绘制旋转线条，使用“椭圆工具”绘制扁状地球图标，使用“文字工具”添加装饰文字，最终效果如图5-1-20所示。最后，保存文件，导出图片。选择菜单栏中的“文件”→“存储”，或者按Ctrl+S快捷键保存文件，选择文件格式为AI格式，保存源文件。选择菜单栏中的“文件”→“导出”→“导出为”，选择文件格式为JPEG或PNG，导出图像。

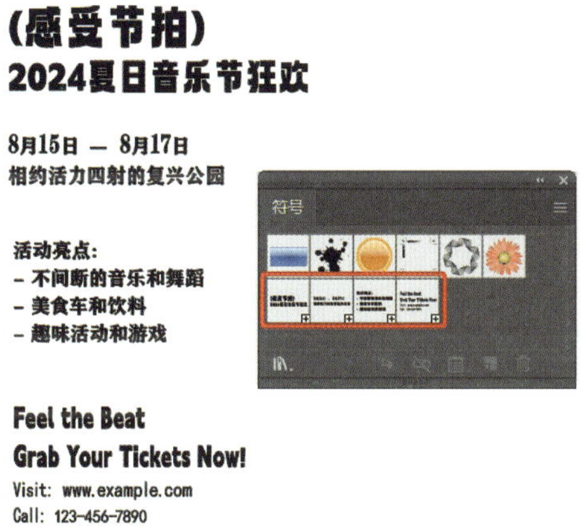

图5-1-14 新建符号

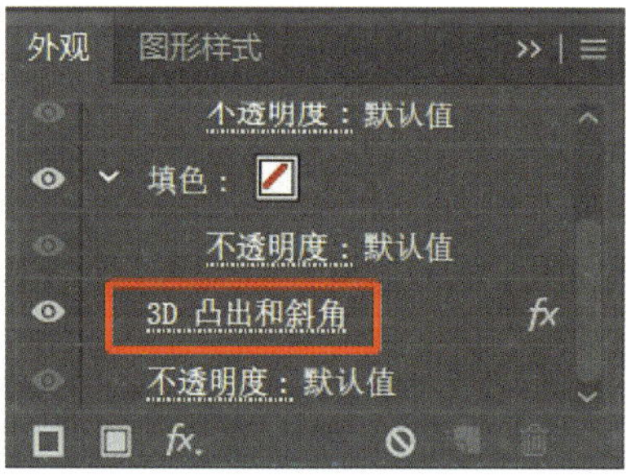

图5-1-15 “外观”面板

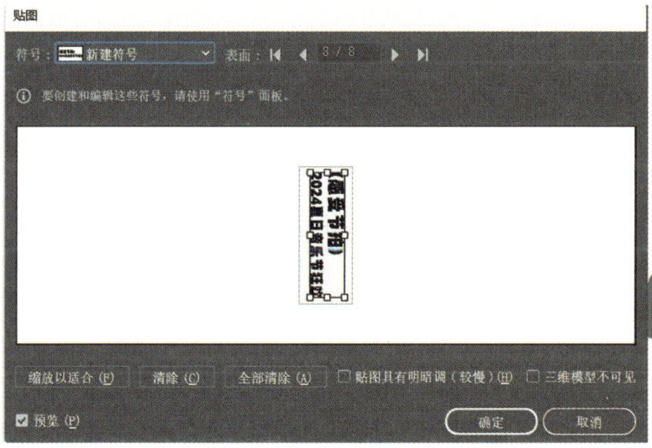

图5-1-16 “贴图”面板

图5-1-17 贴图后效果图

图5-1-18 “扩展”外观前后对比图

图5-1-19 填色后效果图

图5-1-20 音乐节海报最终效果图

5.1.5 任务拓展

使用Illustrator软件中的3D效果，创作一幅书展活动海报。

- 使用“矩形工具”组、“钢笔工具”等绘制基础图形；
- 使用“凸出和斜角（经典）”效果将二维图形转变为三维图形；
- 使用“符号”面板、“扩展”功能，在三维图形表面添加丰富、生动的细节或色彩。

5.2.1　任务描述

利用Illustrator软件中的“变换”效果、“网格工具”“渐变工具”等，设计一幅适用于宣传公益的海报作品。

5.2.2　任务目标

（1）能使用Illustrator软件熟练进行海报设计与制作。

（2）能使用Illustrator软件中的“变换”效果进行创意设计，增加图形和文本的立体感和丰富度。

（3）能熟练运用“网格工具”提升设计的视觉效果。

（4）能设计出既美观又功能性强的公益宣传海报。

5.2.3　知识准备

1. “变换”效果的使用

在Illustrator中，“效果”菜单下的“变换”提供了一个非常强大的工具集，使用户能够对对象进行复杂的变换操作（包括重复的变换效果），而不改变原始对象的属性。这种效果尤其适用于需要创建复杂模式或多次重复元素的设计工作。要使用这个效果，首先选择想要变换的对象，点击顶部的菜单栏，选择“效果”→“扭曲与变换”→“变换”，即可调出“变换效果”面板。

在“变换效果”面板中，可以设置多个参数来控制对象的变换方式：

- **缩放：**调整对象在水平或垂直方向上的大小。
- **移动：**在水平、垂直方向上移动对象，单位通常是像素或点。
- **旋转：**输入旋转的角度，可以是正值或负值，根据角度的正负决定旋转方向。
- **副本：**输入要创建的对象副本数，这对创建重复的图案或设计元素非常有用。
- **随机：**为变换添加随机性，使每个副本看起来都不完全相同。

2. “网格工具”的使用

“网格工具”通常与“渐变工具”相关联，主要用于创建和编辑渐变网格。这一工具可以在矢量对象上创建一个网格结构，独立控制网格每个节点的颜色和位置，从而创建复杂的渐变效果和精细地调整形状。因此它是一种允许在对象上应用精细控制的多色渐变的高级工具。

在工具栏上找到“网格工具”，或点击快

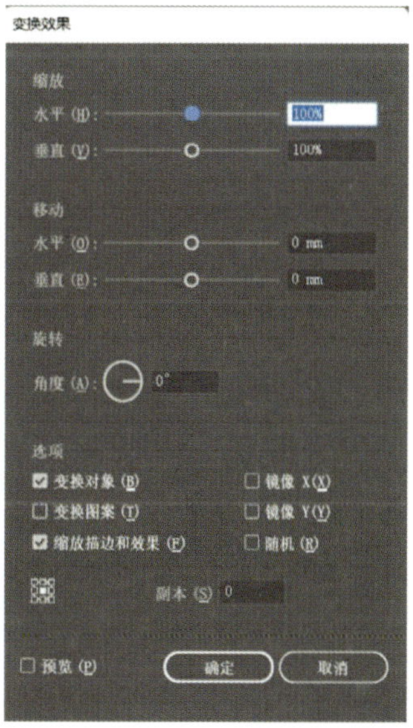

图5-2-1　“变换效果”面板

捷键U调出工具。选择想要添加网格的对象，然后在对象上单击，每单击一次，会在单击的位置添加一个网格线交叉点，自动创建或扩展现有的网格。使用“网格工具”或“直接选择工具”可选中一个或多个网格点，通过前景色工具来改变这些点的颜色，就可以在对象上创建复杂的渐变效果，如图5-2-2所示。

使用“网格工具”或“直接选择工具”单击并拖动网格点和点上的手柄可以改变网格的形状，点上的颜色也会跟着移动并融合在一起，这对于渐变的形状与精确调整非常有用，如图5-2-3所示。继续在对象上点击新的位置可添加更多网格线，使用删除键或按住Alt键的同时单击该网络点来移除选中的网格点或线。

5.2.4 设计实施

1. 文件设置

选择菜单栏中的“文件”→“新建”，或者按快捷键Ctrl+N，在“新建文档”对话框中，选择A4文档尺寸，颜色模式为RGB，光栅效果为300ppi，并设置文档名称为“公益海报”，单击“创建”按钮，新建一个文档。

实训任务5.2
操作视频

2. 渐变文字效果

使用“直排文字工具”，输入主体文字“植树”，将其调成合适大小。画一个矩形作为渐变色块，使用“渐变工具”设置一个绿色渐变，绿色为#22AC38，效果如图5-2-4所示。

再次选中主体文字，右击后选择“创建轮廓”，使用“吸管工具”吸取渐变色块，使主体文字应用渐变色，效果如图5-2-5所示。这里可多复制几个主体文字备用。

现在需要主体文字沿水平方向逐渐加宽并呈现多个副本来达到设计效果。在顶部的菜单栏中选择“效果”→“扭曲与变换”→“变换”，调出“变换效果”面板，勾选“预览”，根据需求设置“水平缩放”数值，不同字体或文字内容适合不同的数值，此案例设置为123%，并将副本数设置为5，即可呈现如图5-2-6所示效果。

再次将主题文字的渐变面板调出，选中两个绿色渐变滑块，将其不透明度设置为0%，并根据呈现的渐变效果，移动滑块位置来获得最自然的渐变效果。调整好后，将事先复制的

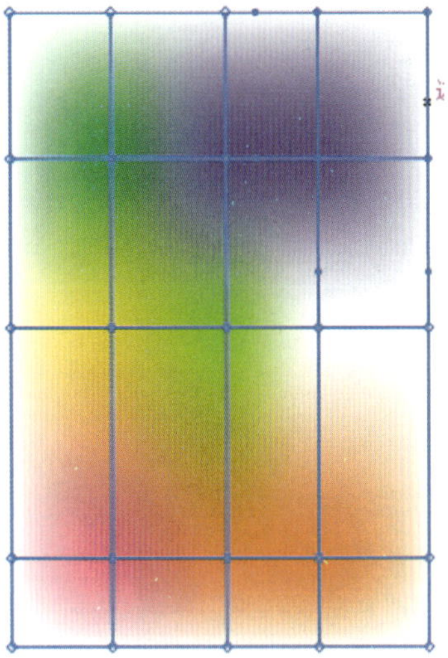

图5-2-2 “网格工具”效果图

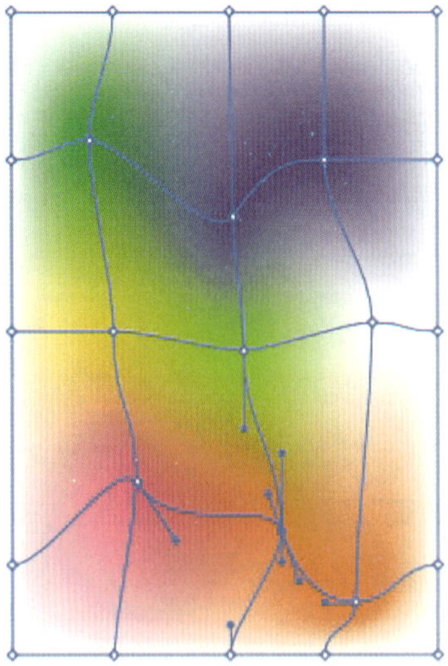

图5-2-3 “网格工具”效果图

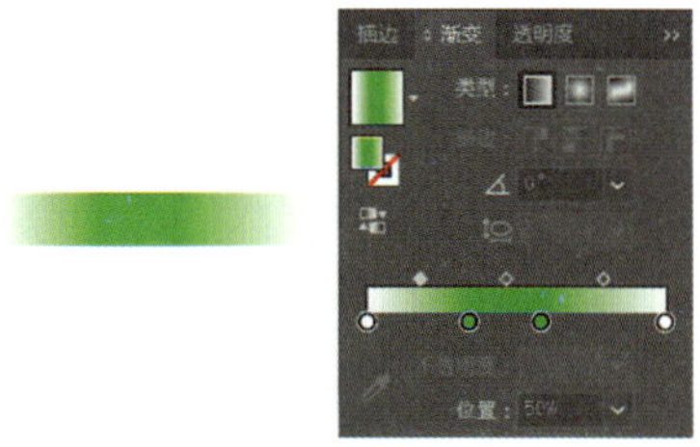

图5-2-4 渐变色块

图5-2-5 渐变色文字

主体文字拿来置于顶层并对齐，填充色调整成白色，并根据视觉效果调整文字长宽比。可以将置于顶层的主题文字拉长，使其略长于后方文字，增加画面视觉层次，最终效果如图5-2-7所示。

3. 渐变背景效果

使用“矩形工具”绘制一个画板大小的矩形，作为海报背景，填充颜色为#218C44，无描边。再使用“网格工具”，在矩形中创建网格结构，点击相应位置添加网格线交叉点，添加的位置可参考图5-2-8，并将图中所示的四个点通过“直接选择工具”选中，分别添加颜色#B6AD29、#2F82C5、#BED333、#C7803A，并适当调整锚点，改变渐变效果。

4. 添加文字与排版

使用“文字工具”输入和编辑海报需要的文字后进行排版，最终效果如图5-2-9所示。为了丰富视觉层次，“3”“.”可置于主体文字下方，形成遮挡关系的同时不影响识读。除了文字，还可添加符号和图形作为装饰元素。最后，保存文件，导出图片。选择菜单栏中的“文件”→“存储”，或者按Ctrl+S快捷键保存文件，选择文件格式为AI格式，保存源文件。选择菜单栏中的“文件”→“导出”→“导出为”，

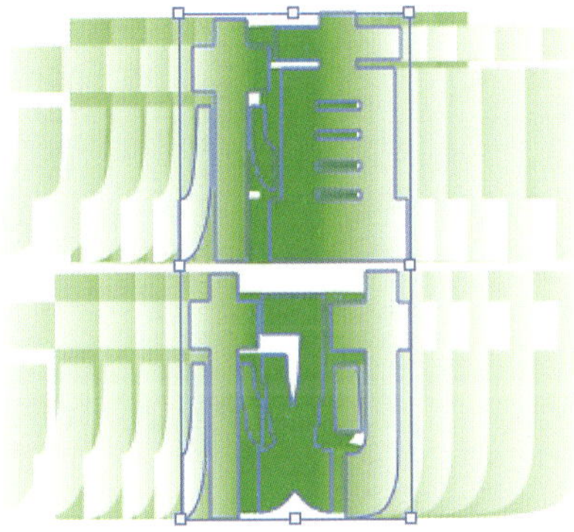

图5-2-6 变换后文字效果

图5-2-7 变换后文字效果

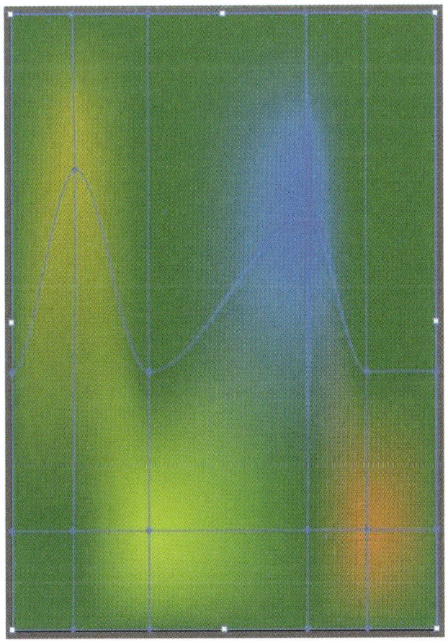
图5-2-8 渐变网格工具

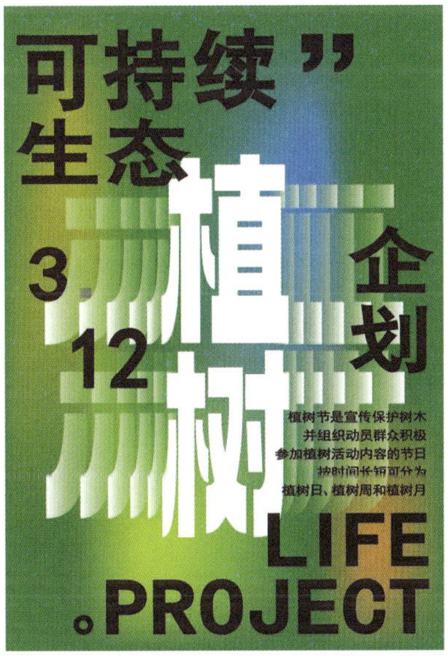

图5-2-9 公益海报最终效果图

选择文件格式为JPG或PNG，导出图像。

5.2.5 任务拓展

任务一 使用Illustrator软件“变换”效果中丰富的变化功能设计一幅公益宣传海报。

（1）参考效果图（图5-2-10）：

图5-2-10 参考效果图

（2）关键步骤：

- 使用“变换”效果创建多次重复的文字元素；
- 调整“变换效果”面板中“移动”属性下的“水平”和“垂直”数值，各输入1mm；
- 在“变换”效果中，提高“副本”数值，使设置的效果按数值重复出现，形成生动有趣的效果。

任务二 选择一个你感兴趣且认为有社会意义的主题，如环保、文化节、健康生活、科技创新等，设计一幅主题海报作品。

- 设计一个吸引人的标题，要求简洁明了，能够立即抓住观众注意力；
- 设计至少一个图形作为视觉焦点，以增强海报的视觉表现力和吸引力；
- 根据主题和内容，选择合适的色彩方案。

项目6

宣传物料设计

宣传物料设计是一种视觉传达艺术形式，主要用于推广产品、服务、活动或品牌。这类设计通常包括文字、图像、色彩和布局的精心策划。设计的目的是有效地传递产品或服务的关键信息，包括其特点、优势和促销活动信息，通常通过醒目的标题、引人注目的图像和色彩迅速吸引目标受众的注意力。宣传物料包括宣传单、宣传折页等形式，能够快速、广泛地分发给大量潜在客户，提高营销效率。它的设计步骤通常包括确定目标受众、制定设计策略、创作内容、设计布局、审核和修改以及打印和分发等。通过精心设计的宣传物料，企业能够在竞争激烈的市场中有效提升品牌知名度和市场竞争力。

本项目旨在通过实践掌握商场促销宣传单和企业宣传折页的流程和技巧等，帮助大家学会如何将创意、视觉元素与信息传递相结合，并掌握排版和布局的技巧。如何有效地组织和排列版面元素，以创造既清晰又吸引人的设计，对于宣传物料至关重要。

6.1.1 任务描述

利用Illustrator软件中的工具，制作一张商场促销宣传单。

6.1.2 任务目标

（1）了解宣传单设计需要遵循的原则。
（2）了解宣传单中应具备哪些元素。
（3）掌握宣传单设计的基本流程。
（4）熟悉宣传单设计的基本软件操作。
（5）能够设计出内容传递明确、信息完整且丰富的宣传单。

6.1.3 知识准备

1. 宣传单设计的原则

宣传单设计需要遵循一系列原则，以确保其有效性和吸引力，并传达营销信息，激发受众的参与和购买行为。

• **简洁性：**保持设计简洁，避免元素过多，以吸引和保持受众注意力。

• **目标导向：**确保每个设计元素都服务于营销目标。

• **视觉吸引力：**使用引人注目的颜色、图像和字体吸引受众。

• **一致性：**设计应与品牌形象和营销活动保持一致，增强品牌识别度。

• **可读性：**确保信息清晰易懂，字体大小、颜色和样式便于阅读。

• **创新性：**采用新颖的设计手法和元素，以区别于竞争对手并吸引受众。

2. 宣传单中的设计元素

宣传单中应具有品牌信息、标题、视觉元素、优惠信息、文本内容、联系信息等，如图6-1-1所示。

3. 宣传单设计流程（图6-1-2）

• **分析文案：**设计流程始于对原始文案的深度解构，需要像翻译者一样精准捕捉文字背后的意图。首先要通读全文，区分文案属性——究竟

图6-1-1 宣传单元素分析

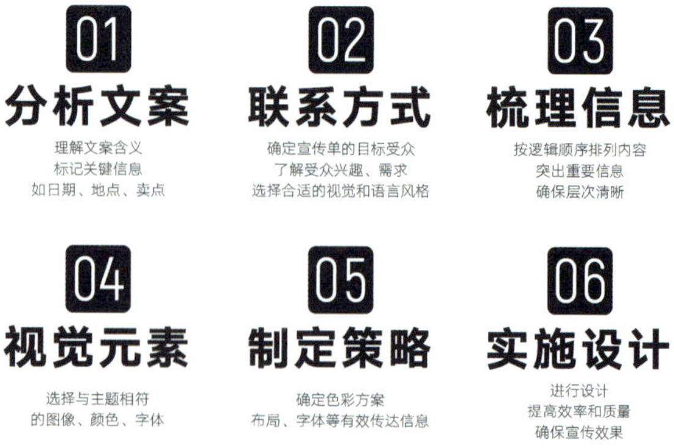

图6-1-2 宣传单设计流程

是促销活动、品牌宣传还是公益通知，不同类型决定了后续不同的设计方向。

- **联系方式：**明确受众是设计成败的关键转折点。假设宣传对象是年轻父母群体，需调研他们的审美偏好（如倾向温馨的插画风格而非冷峻的极简设计）、信息获取习惯（可能更关注手机扫码而非长段文字）。

- **梳理信息：**将零散内容编织成有说服力的信息链需要编辑思维。重要数据建议进行可视化处理——用放大百分比数字替代“大幅优惠”等模糊表述。同时要警惕信息过载，次要内容可折叠进二维码或官网链接，使版面保持“呼吸感”。

- **视觉元素：**进入视觉转化阶段时，每个选择都应是策略性决策。图像需同时具备吸引力与真实性，如餐饮宣传若使用过度修饰的菜品照片，可能引发顾客到店后的心理落差。色彩组合要兼顾行业属性与心理暗示。

- **制定策略：**色彩上，建议主色占60%，从而奠定基调，辅助色占30%，用以划分板块，点缀色占10%，起到引导视觉焦点的作用。布局上，可运用“费茨定律”，将关键行动按钮设置在视觉中心。

- **实施设计：**实施设计需兼顾创意性与标准化，通过规范工具、把控细节和优化流程，既提升效率，又能确保设计成果精准传达信息并实现宣传目标。

4. 软件操作

（1）对象排列顺序操作。

对象排列操作允许用户调整对象的堆叠顺序，即改变对象在画布上的前后位置。通过调整对象的顺序，用户可以控制哪些元素在视觉上位于前面或后面，这对于创建复杂的图像和设计作品非常重要。

- **置于顶层：**将选定的图层移动到当前所有图层的最上方。如果画布上有多个图层，执行这个操作后，选定的图层会显示在最前面，覆盖其他所有图层。快捷键为Ctrl + Shift +]（Windows）或Command + Shift +]（Mac），对红色使用置于顶层的效果则会如图6-1-3所示。

- **置于底层：**将选定的图层移动到当前所有图层的最下方。如果画布上有多个图层，执行这个操作后，选定的图层会被放置在最底部，被其他所有图层覆盖。快捷键为Ctrl + Shift + [（Windows） 或Command + Shift + [（Mac），对黄色使用置于底层的效果则会如图6-1-4所示。

- **上移一层：**将选定的图层向上移动一个位置，使其更靠近画布的前景。如果选定的图层不是最顶层的图层，执行这个操作后，选定的图层会向上移动一个位置，覆盖在它下面的图层之上。快捷键为Ctrl +]（Windows）或Command +]（Mac），对红色使用上移一层的效果则会如图6-1-5所示。

- **下移一层：**将选定的图层向下移动一个位置，使其更靠近画布的背景。如果选定的图层不是最底层的图层，执行这个操作后，选定的图层会向下移动一个位置，被它上面的图层覆盖。快捷键为Ctrl + [（Windows）或Command + [（Mac），对黄色使用下移一层的效果则会如图6-1-6所示。

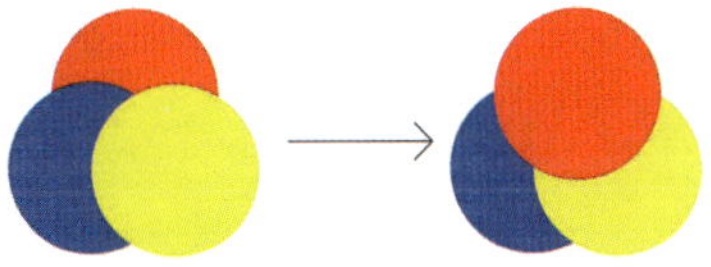

图6-1-3 置于顶层示例

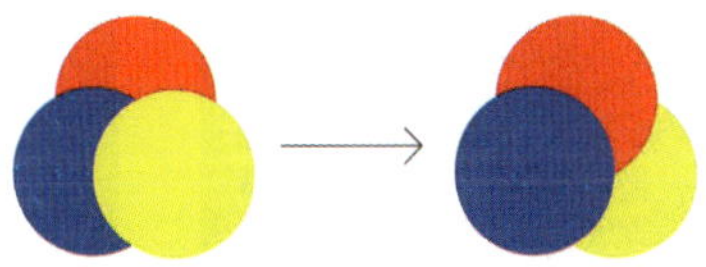

图6-1-4 置于底层示例

（2）偏移路径。

“偏移路径”是一个强大的矢量编辑功能，用于基于现有路径创建等距的平行路径（向内或向外扩展）。该功能常用于制作描边、边框、轮廓效果或复杂形状的衍生路径。

选择菜单栏中的“对象”→“路径”→“偏移路径”，可打开如图6-1-7所示的对话框。

其常见的应用场景有以下几种：

①制作描边/边框：为文字或图形创建等距外扩路径，模拟描边效果（比直接添加描边更灵活）。

②嵌套图形设计：通过多次偏移路径，制作同心圆、渐层边框或科技感线条。

③收缩路径（内缩）：负值偏移可向内收缩路径，用于镂空效果或裁剪辅助线。

“位移”的作用是定义路径向外或向内偏移的距离，正值为路径向外扩展（放大形状），负值为路径向内收缩（缩小形状）。

“连接”的作用是控制路径拐角的形状。“斜接”为保留尖锐角，延伸两条路径的交点；“圆角”为将拐角转换为平滑圆弧；“斜角”为直接切平拐角，形成平切面。

“斜接限制”是一个控制路径拐角尖锐程度的参数，仅当“连接”方式选择为“斜接”时生效。它的作用是防止路径拐角因过度延伸而形成不合理的尖锐长刺。

（3）图像描摹。

“图像描摹”是一个将位图图像（如照片、扫描图）转换为矢量图形的强大功能，基本作用主要有：

①将像素图转为矢量路径：自动识别图像中的颜色、形状和边缘，生成可无限缩放的矢量图形。

②保留细节或简化轮廓：根据参数设置，可保留高精度细节或抽象化为简约风格。

使用时需要选中需要转换的位图图像（如JPG、PNG）。顶部菜单栏会显示“图像描摹”按钮，如图6-1-8所示。

点击下拉箭头可选择预设模式，“图像描摹”常用的6种预设模式的效果特点以及适用的图像类型，如表6-1-1所示。

（4）高斯模糊。

“高斯模糊”是一种常用的视觉效果滤镜，通过柔化图像边缘或细节来创建景深、发光或朦胧效果。选择“窗口”→“外观”，可打开“外观”面板，找到“Fx”后，依次点击“模糊”→“高斯模糊...”，勾选“预览”，通过调整“半径”来进行调整，如图6-1-9所示。

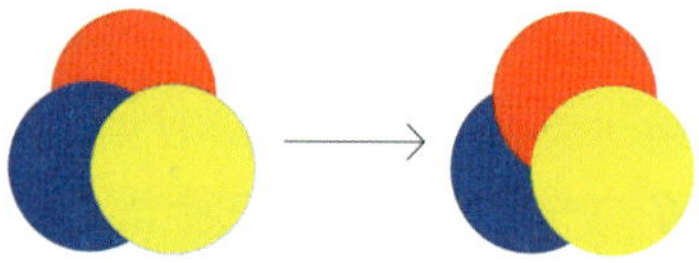

图6-1-5 上移一层示例

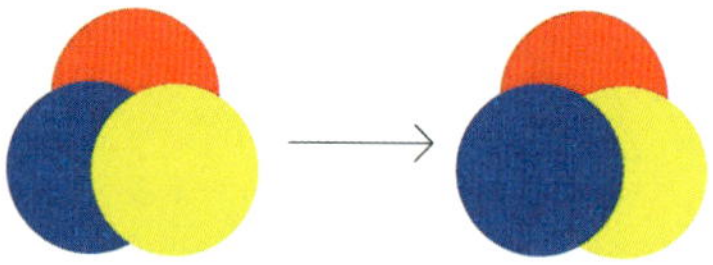

图6-1-6 下移一层示例

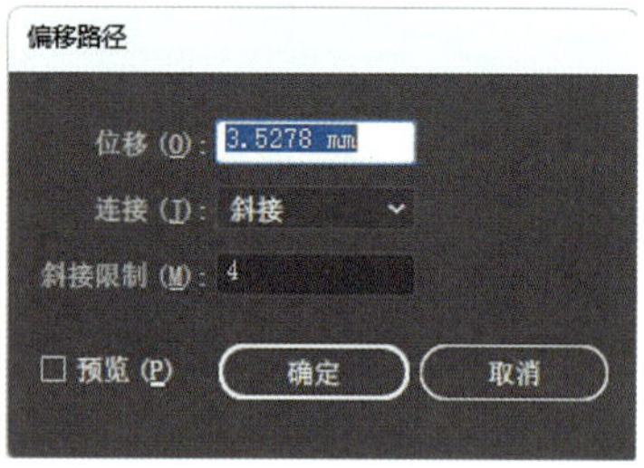

图6-1-7 “偏移路径”对话框

图6-1-8 “图像描摹”位置

表6-1-1 “图像描摹”常用预设模式

预设模式	效果特点	适用图像类型
高保真度照片	保留最多细节和颜色层次	高清照片、复杂插画
低保真度照片	简化颜色和形状，保留基本轮廓	中、低分辨率照片
3色/6色/16色	限制颜色数量，生成色块化效果	复古海报、像素风设计
黑白徽标	转为单色矢量，强调清晰边缘	logo、印章、线稿
素描图稿	模拟铅笔素描效果	手绘草图、艺术线稿
剪影	仅保留主体轮廓（纯色填充）	人物/物体剪影、图标

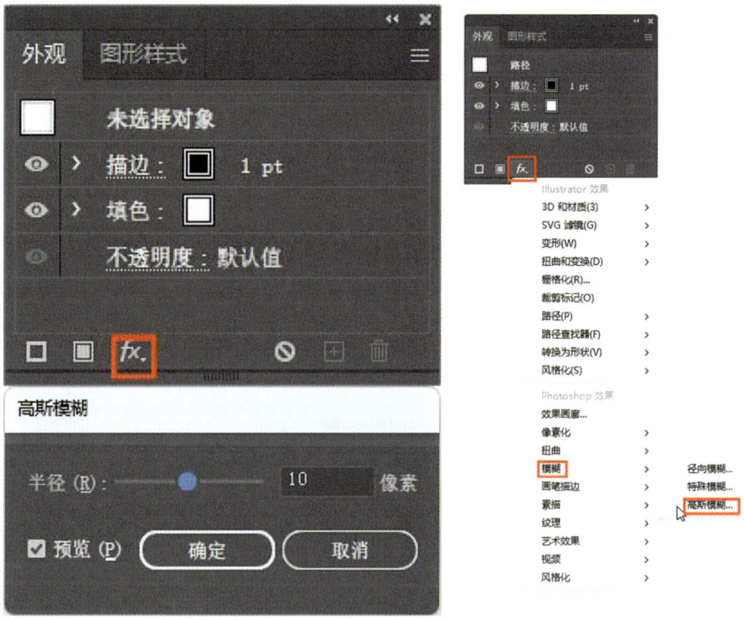

图6-1-9 “外观”面板中的“高斯模糊”

6.1.4 设计实施

1. 整理文案

实训任务6.1
操作视频

此次案例中给出的文案如图6-1-10所示，从文案中可以了解到本次宣传单是为名为“DERLOOK第六空间”的家居品牌所举办的20周年年中庆典营销活动而设计，文案中还包括了此次庆典活动的优惠条件，以及时间、地址、电话等信息。

在宣传单设计中，元素的排列顺序通常会根据其对目标受众的吸引力和传达信息的紧迫性来决定。通常主题活动位于宣传单的最上方，因为它是吸引受众注意力的第一要素。紧随主题活动之后，标语是传达活动核心信息和吸引受众情感的简短而有力的内容。紧接着是活动时间，可以让受众迅速了解活动何时举行，是受众做出是否参与活动的重要依据。再之后是具体的优惠条件，也是受众决定是否参与活动的关键因素之一。明确的优惠信息能够激发受众的行动欲望。最后是地址，受众在知道活动时间和优惠条件后，会考虑活动地点是否方便到达。而品牌

logo通常放在宣传单的角落，受众在了解了活动的具体信息后，才会关注品牌。整体版式初步规划如图6-1-11所示。需要注意的是，这种排列顺序并不是固定不变的，它可以根据具体的活动内容、目标受众和宣传目的进行调整。

2. 文件设置

选择菜单栏中的“文件”→“新建”，或者按快捷键Ctrl+N，在“新建文档”对话框中，设置文档的宽度和高度分别为210mm、297mm，颜色模式为CMYK，并设置文档名称为“商场营销宣传单设计”，单击“创建”按钮，新建一个文档。

3. 标题设计

标题内容为“20周年年中庆”。海报的标题设计至关重要，因为它能够吸引注意力、迅速传达核心信息、增强记忆点、引导阅读顺序、提升视觉效果、体现品牌形象以及促进观众互动，是海报成功的关键要素。

（1）首先建立一个无填充颜色、描边为7pt的圆，使用“直接选择工具”框选圆形左下方的路径后删除，如图6-1-12所示。之后选择最下方的锚点，拖拽到与左侧锚点对齐的位置，如图6-1-13所示。之后使用“钢笔工具”点击末端端点，连接出“2”的形状，之后通过手柄对“2”的形态进行调整，使其达到如图6-1-14所示的形态。

（2）在“2”右侧使用“椭圆工具”建立一个圆，使其上下两端与“2”对齐，如图6-1-15所示。之后选中“2”，然后依次点击菜单栏中的“对象”→“路径”→“偏移路径”，在弹出的对话框中打开预览，能够看到偏移效果，在位移处输入“2mm”后点击确定，得到如图6-1-16所示的路径。

（3）同时选择之前的“2”与“0”，到菜单栏中依次选择“对象”→“扩展”，在弹出的对话框处点击确定，将路径转换为形状，如图6-1-17所示。之后将通过偏移路径得来的路径“2”置于顶层，按住Shift键加选“0”，在“窗口”中找到“路径查找器”（Ctrl+Shift+F9），点击“减去顶层”，得到如图6-1-18所示图形。

（4）使用“直接选择工具”选择“2”的末端，拖拽到“0”的最右侧，如图6-1-19所示。

（5）选中“2”与“0”，点击“路径查找器”中的“联集”，将多个路径合并为同一个路径，之后单击右键，选择“取消编组”，将路径分开。之后在“0”的下方建立一个矩形，如图6-1-20所示。选中“0”的部分和矩形，在路径查找器中执行“减去顶层”，后取消编组，得到如图6-1-21所示的图形。

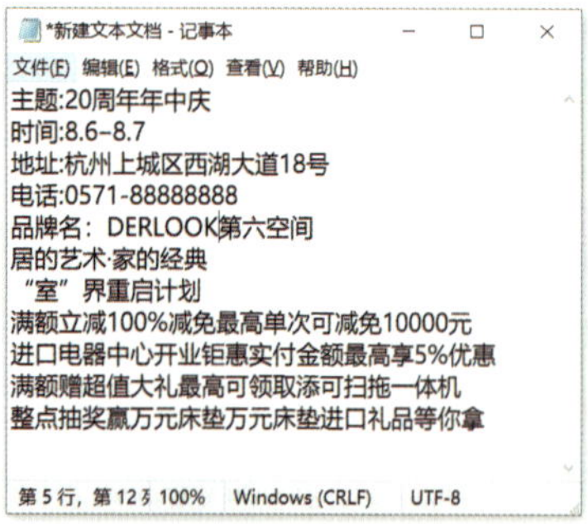
*新建文本文档 - 记事本
文件(F) 编辑(E) 格式(O) 查看(V) 帮助(H)
主题:20周年年中庆
时间:8.6-8.7
地址:杭州上城区西湖大道18号
电话:0571-88888888
品牌名：DERLOOK第六空间
居的艺术·家的经典
“室”界重启计划
满额立减100%减免最高单次可减免10000元
进口电器中心开业钜惠实付金额最高享5%优惠
满额赠超值大礼最高可领取添可扫拖一体机
整点抽奖赢万元床垫万元床垫进口礼品等你拿
第 5 行，第 12 列 100% Windows (CRLF) UTF-8

图6-1-10 宣传单文案

图6-1-11 宣传单版式规划示例

（6）为保证标题设计的丰富性，可适当加入装饰性文字，如Anniversary Celebration（周年庆典）、Year、20th等，并设置适当字号丰富标题，放置到如图6-1-22所示的位置。英文字体推荐使用“Anabele”，若没有该字体，可更换为具有时尚轻奢感的英文字体。

（7）中文字体推荐使用具有设计感的“阿里妈妈数黑体”，如图6-1-22所示，将内容整体轮廓设计成一个矩形。最后将标题文字的色彩统一设置为红色（#D04C43）。

图6-1-12　删除圆形路径

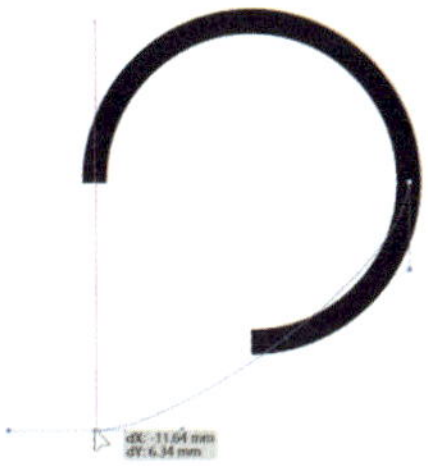

图6-1-13　调整锚点

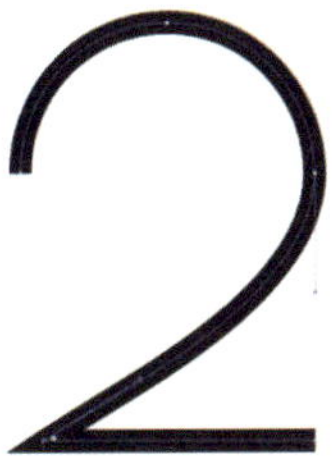

图6-1-14　“2”钢笔路径示例

图6-1-15　“20”效果图示例

图6-1-16　偏移路径位置

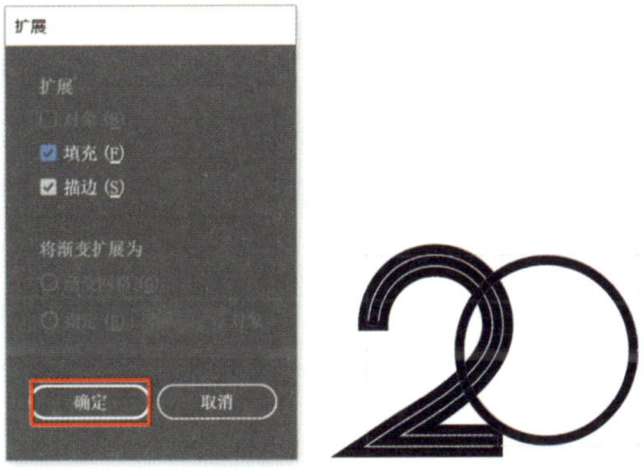

图6-1-17　扩展描边设置

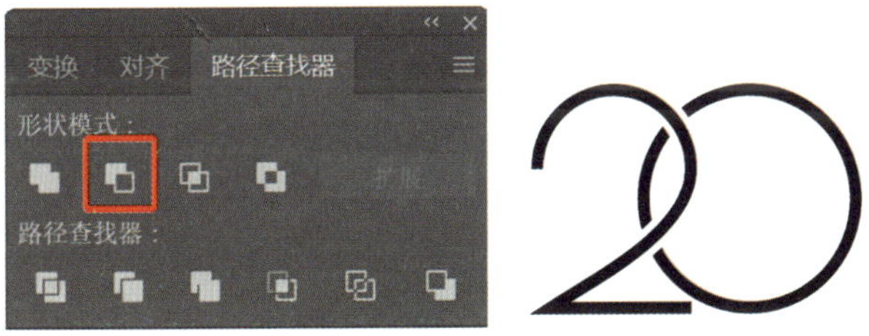

图6-1-18　效果图示例

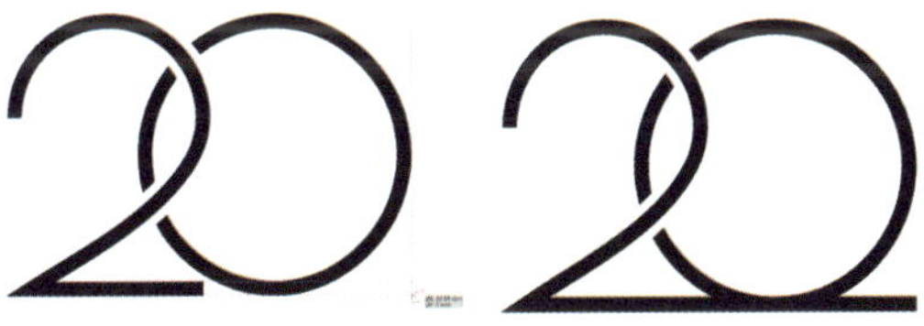

图6-1-19　延长“2”末端效果图示例

图6-1-20　矩形位置示例

图6-1-21　“20”最终效果图示例

图6-1-22　主标题效果图示例

4. 副标题设计

（1）副标题内容为“‘室’界重启计划”，推荐使用具有设计感的“阿里妈妈数黑体”，设置适当字号，与标题等宽，如图6-1-23所示。

（2）选中副标题，依次点击“对象”→“扩展”→“确定”，将文字扩展为图形，如图6-1-24所示。

（3）点击工具栏中的“填色和描边”工具右上角的“互换填色和描边”，将填充色应用到描边上，并设置描边为0.5pt，如图6-1-25所示。

5. 时间设计

（1）文案中给出的时间为“8.6-8.7”，可在不影响内容的情况下进行优化，如将日期格式改为“08.06-08.07”，这样更加简洁明了，同时符合国际日期的表达习惯，字体使用“Anabele”。

（2）因时间为周末，因此可加入Saturday（周六）—Sunday（周日），以及2024（年份）和August（月份），字体推荐使用“Anabele”。通过这样的优化，文案不仅传达了必要的信息，同时保持了专业性和视觉吸引力。

（3）时间为重要信息，色彩可使用红色（#D04C43），辅助信息可使用黑色（#000000），加强与时间的对比，如图6-1-26所示。

注意：同一个画面中尽量不要超过三种字体，否则会给人造成一种凌乱的感觉。

6. 标语设计

（1）文案中给出的标语为“居的艺术 · 家的经典”，内容有些单薄，可将其英文译文“Arts Of Living，Classics Of Home”作为装饰画面的元素。

（2）英文字体依然推荐使用“Anabele”，中文字体推荐使用“汉仪旗黑”，宽度设置为55S，色彩整体设置为黑色（#000000），如图6-1-27所示。

注意：“汉仪旗黑”字体内置多种字体宽度，可从汉仪字库官网下载。

7. 优惠内容文字编排

（1）观察如图6-1-28所示的优惠活动，按照内容的主次程度，可将文字分成两个层级，第一个层级字体使用“汉仪旗黑”，宽度设置为85S，字体颜色设置为红色（#D04C43），第二个层级宽度设置为60S，字体颜色设置为黑色（#000000）。为进一步强调第一层级的内容，还可将第一层级的文字打上括号，如图6-1-29所示。

（2）为每组文字设计图标可增强信息的传达效率和视觉吸引力。图标和文字的结合使得信息更加直观，可以使读者迅速抓住每组文字的核

图6-1-23 副标题效果图示例

图6-1-24 文字扩展示例

图6-1-25 文字描边示例

心信息。可从网站下载适合内容的矢量图标使用，也可使用“路径查找器”工具自己创作如图6-1-30所示的图标。

8. 地址电话编排

优化文案，将图6-1-31中的地址电话改为“Add”以及“Tel”，字体使用“Akrobat”。左侧装饰信息使用品牌logo。右方装饰信息增加辅助性文字“International Art Fashion Life”（国际艺术时尚生活），分成4行，右对齐放于右侧，字体使用“Anabele”，如图6-1-32所示。

9. 宣传单主视觉设计

（1）深入分析品牌调性。以第六空间为例，其品牌调性倾向于年轻化，具有简约、时尚感。为了与这种品牌调性保持一致，主视觉图形元素的设计应当遵循简洁、现代的设计原则。

图6-1-26 日期版式示例

图6-1-27 宣传单版式示例

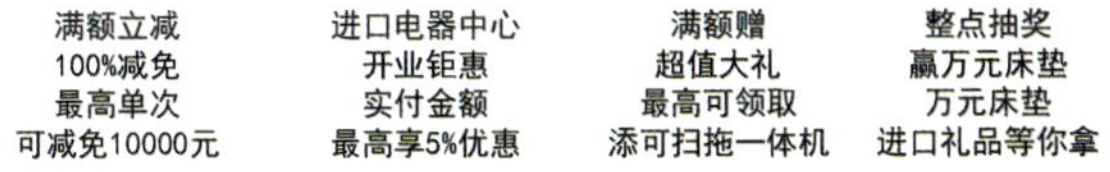

图6-1-28 优惠信息编排

（2）在网上搜索家具剪影，挑选如图6-1-33所示的较为时尚、简约的4个家具造型。

（3）将选好的家具图片置入Illustrator，选中图片，在“属性”栏单击“图像描摹”，之后在弹出的“图像描摹”面板中调节阈值，使图像在尽量保留造型轮廓的同时不损失过多的细节，如图6-1-34所示。

（4）对所选的4个家具依次进行此操作，得到矢量图形，然后进行“扩展”并“取消编组”（可在右侧“属性”面板中的快速操作中进行），只留下家具图形，如图6-1-35所示。

（5）依次为家具填充颜色#D04C43、#61BAB6、#E5AB39、#A6BD4D，如图6-1-36所示。

（6）将家具移动到如图6-1-37所示的位置。

（7）选中4个家具，从面板组依次选择“fx”→“模糊”→“高斯模糊...”，在弹出的对话框中打开预览，根据预览效果选择合适的模糊半径，这里可设为50px，如图6-1-38所示，最终得到图6-1-39的效果。

图6-1-29 优惠信息编排

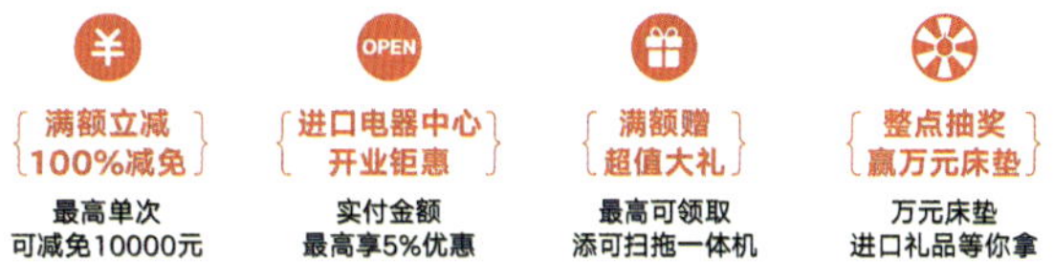

图6-1-30 优惠信息编排

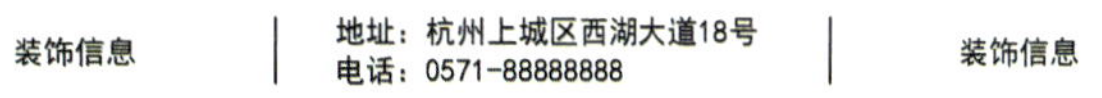

图6-1-31 商家信息编排

图6-1-32 商家信息编排

图6-1-33　家具剪影示例

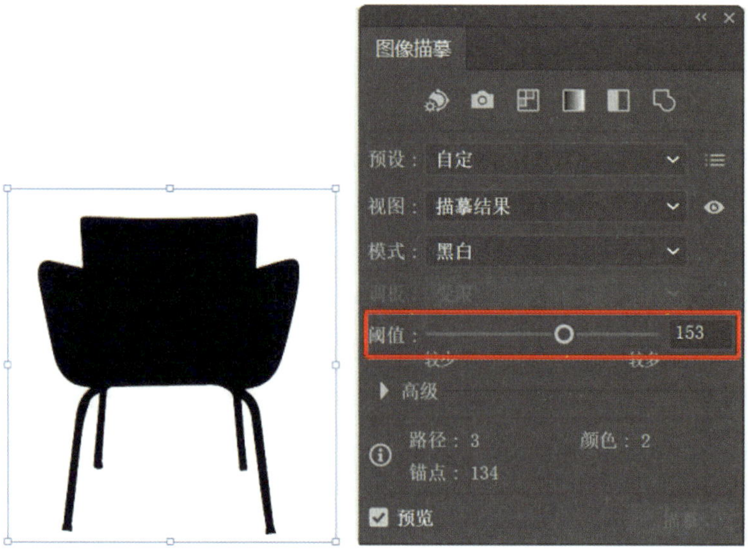

图6-1-34　“图像描摹”设置

图6-1-35　家具效果图示例

图6-1-36　家具色彩示例

10. 细节优化

宣传单基本完成，但整体版式略显严肃，因此在画面中添加如International、Art、Fashion、Life的装饰性文字来活跃画面气氛，字体推荐使用“Anabele”，字号设置为“22pt”。最终宣传单设计效果如图6-1-40所示。

图6-1-37　家具位置示例

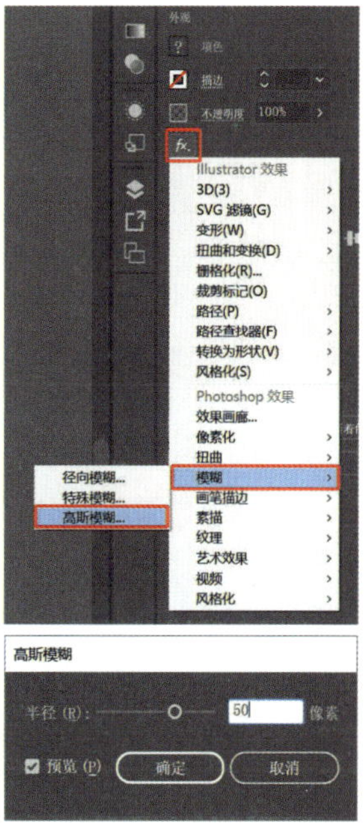

图6-1-38　“高斯模糊”设置

图6-1-39　“高斯模糊”效果示例

图6-1-40　宣传单效果图

6.1.5 任务拓展

任务一 使用所学知识临摹一张商场促销宣传单。

（1）任务效果图（图6-1-41）：

图6-1-41 任务效果图

（2）设计关键步骤：

- 新建一个宽度为550mm，高度为1200mm的画布；
- 缺少的品牌logo、三维图像，可使用素材，并适当做出调整。

任务二 以周边商场中的品牌促销活动为例，进行宣传单设计。

- **明确目标和信息：** 在设计之前，明确宣传单的目的和需要传达的核心信息。这将指导整个设计过程，确保宣传单内容的针对性和有效性；
- **了解受众：** 研究目标受众的偏好、兴趣和视觉习惯。这有助于设计出能够引起他们兴趣和共鸣的海报；
- **创意构思：** 运用创意和想象力构思海报的设计元素。包括引人入胜的视觉效果、新颖的图形和图像等；
- **布局和排版：** 合理安排版面，确保宣传单的布局既美观又实用。使用清晰的标题、子标题和列表来组织内容；
- **视觉吸引力：** 迅速吸引目标受众的注意力，增加信息被接收的机会，激发受众的情感反应，促进与品牌的情感连接，从而提高行动转化率。

实训任务6.2 企业宣传折页设计

6.2.1 任务描述

利用Illustrator软件中的工具，制作一张MMCA品牌设计公司的宣传折页。

6.2.2 任务目标

（1）掌握基本的版式设计原则。

（2）了解三折页设计内容和要点。

（3）熟悉宣传折页设计的软件基本操作。

（4）能够设计出内容传递明确、完成度较高的宣传单。

6.2.3 知识准备

1. 版式设计原则

（1）对齐原则。

• **左对齐：** 左对齐是一种常见的排版方式，它指的是将文本或图像的左边缘对齐到页面或版面的左边界，如图6-2-1所示。左对齐的优点包括以下几点。

易读性：左对齐文本符合从左到右的阅读习惯，易于阅读和理解。

一致性：在多页文档中保持一致的左边界，有助于维持整体的整洁感和专业感。

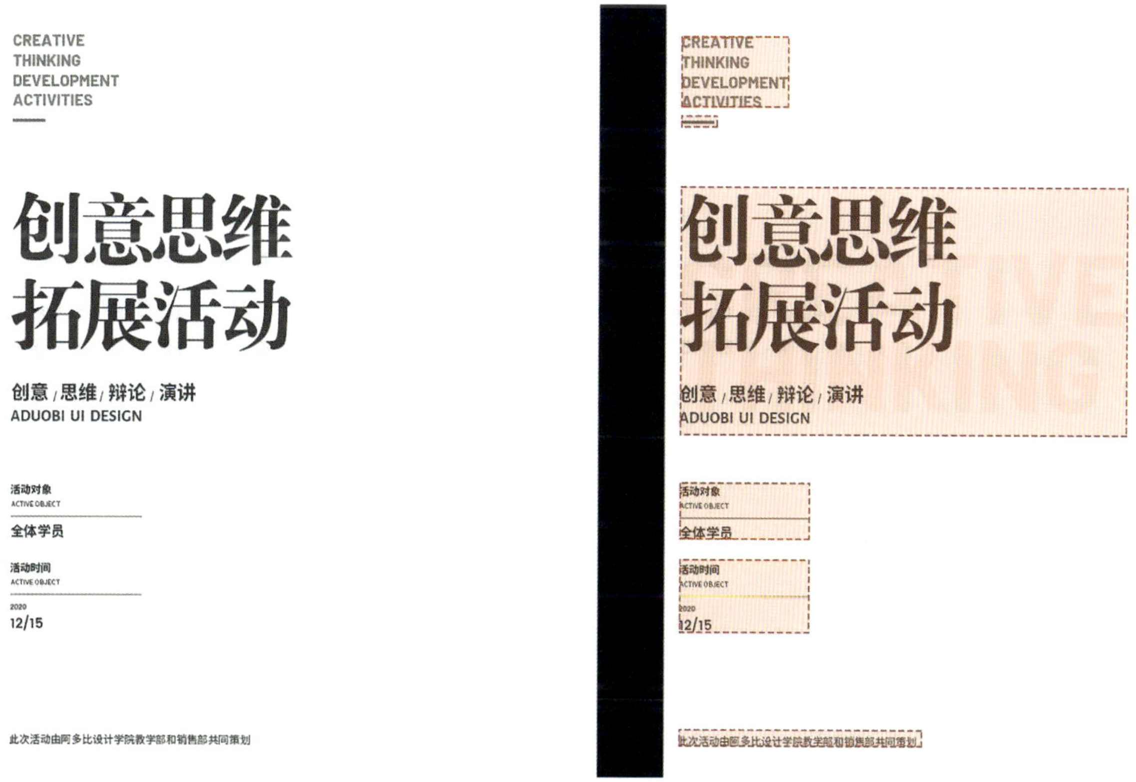

图6-2-1 左对齐版式示例

适应性：左对齐适用于各种类型的文档和设计，如宣传册、杂志、海报、网页等。

• **右对齐：** 右对齐的排版方式与人的视觉习惯刚好相反，是指将文本或图像的右边缘对齐到页面或版面的右边界。右对齐在设计中也有其特定的应用场景和效果，如图6-2-2所示。右对齐的优点包括以下两点。

独特性：右对齐可以创造出独特的视觉效果，尤其是在标题或强调性文本中。

适应性：对于短段落或单行文本，右对齐可以产生一种平衡的视觉效果。

• **两端对齐：** 两端对齐是指文本的左右边缘都与页面或版面的边界对齐。这种对齐方式在版式设计中有其特定的应用和效果，如图6-2-3所示。两端对齐的优点包括以下几点。

整洁性：两端对齐的文本在视觉上看起来非常整齐、美观，减少视觉疲劳。

一致性：两端对齐的文本在左右两侧都有整齐的边界，避免了一边空白的情况，可以保持一种平衡和统一的外观。

专业性和正式感：适合长段落文本，尤其适合正式文档，能很好地保持文档的整体平衡和专业性。

• **居中对齐：** 即版面元素以中轴线为基准对齐，给人庄重、严肃、经典的感觉。居中对齐在设计中有其特定的应用场景和效果，如图6-2-4所示。居中对齐的优点包括以下几点：

强调感：居中对齐能将所有元素集中在页面中心，因此常用于标题或重要信息，可以突出显示这些内容。

艺术性：在某些设计中，居中对齐可以创造出或正式或传统的视觉效果，版面更加和谐，提升了整体美感。

易读性：它能通过视觉上的集中帮助用户更容易地阅读和理解内容，有效传达信息。

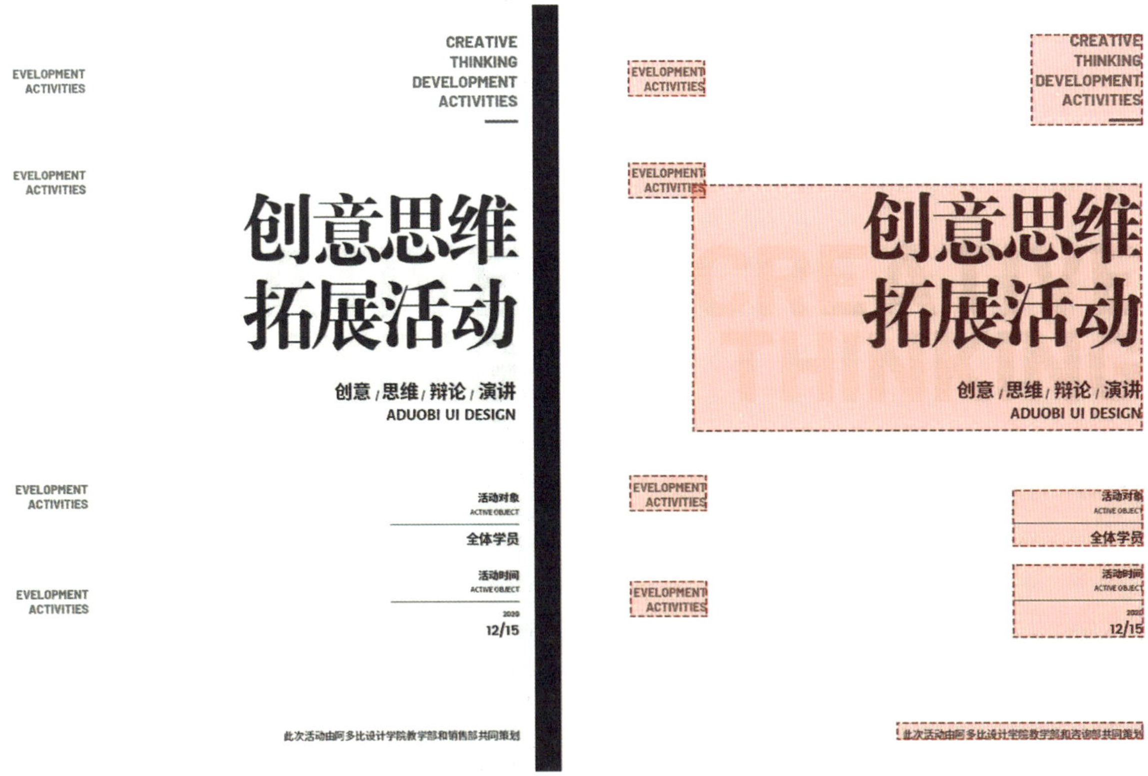

图6-2-2　右对齐版式示例

图6-2-3　两端对齐版式示例

图6-2-4　居中对齐版式示例

（2）对比原则。

在版式设计中，对比是强调元素差异和吸引注意力的重要手段。通过不同的设计元素和属性实现对比，可以组织信息，使设计更清晰。适当运用对比，可以引导视线，突出关键信息，增强设计的视觉吸引力。版式设计中的对比包括颜色对比、形状对比、字体对比、方向对比、密度对比、线条粗细对比等。

（3）亲密性原则。

亲密性原则在设计领域中的应用随处可见，版面大大小小元素的排列都遵循着这一原则。版式设计遵循亲密性原则可以建立视觉关联：距离近的元素会被视为同一组内容，距离远的则被区分开；可以减少视觉混乱：通过分组避免信息分散，让版面更清晰；可以引导阅读顺序：通过分组关系自然引导用户视线流动。在文字的排版中，一旦亲密性原则出现问题，就会产生出各种阅读上的障碍，使观者没有办法正确解读版面上的信息。通过应用亲密性原则，设计师可以组织和“结构化”内容，使信息更加清晰易懂，如图6-2-5所示。

亲密性原则可遵循以下方法：

①相关元素靠近：将同一逻辑层级的元素（如标题与正文、图片与说明文字）放在一起，间距小于其他无关元素。

②无关元素分离：不同组的信息（如导航栏与正文）需明显拉开距离，避免误读。

③利用留白划分层级：通过调整空白（负空间）的大小，暗示信息的主次关系。

④避免平均分布：均匀的间距会让元素失去“分组感”，需有意识地拉近或拉远关键元素。

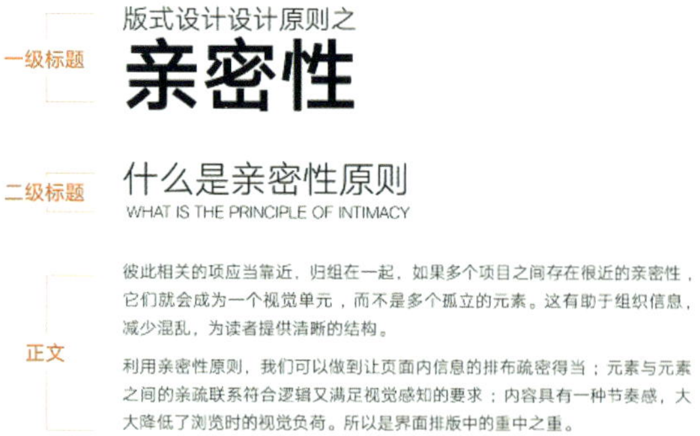

图6-2-5　亲密性原则示例

（4）重复性原则。

重复在设计中，生活中的应用极其广泛，重复的形式是多种多样的，并不局限于字体、颜色。版式设计遵循重复性原则可以建立视觉关联、统一视觉风格：重复元素让设计看起来是一个整体，而非零散拼凑；可以强化品牌识别：通过重复标志性元素（如颜色、图形），加深用户记忆；可以引导视觉流程：重复的视觉线索（如图标、线条）能自然引导读者视线；可以提升效率：复用设计元素可减少决策成本，保持一致性。

重复性原则可遵循以下方法：

颜色：固定主色、辅助色（如品牌色贯穿全案）。

字体：标题、正文、引用文字分别使用固定字体组合。

图形：统一的图标风格、装饰线条或底纹（如PPT中每页相同的边框）。

间距：保持段落、图片之间的留白规律一致。

如图6-2-6所示，利用主体，做出大小的变化，利用多次重复，做出前后遮挡关系。这样做的好处是不会造成视觉疲劳的同时又能拉开空间纵深感。很多重复都是结合对比一起使用的。

2. 三折页设计内容

三折页是一种多功能的宣传材料，广泛用于企业宣传、产品或服务介绍、活动推广、品牌建

图6-2-6　重复原则示例

设、市场推广等活动中。它通过便携、成本低和易于分发的特点，帮助企业有效地向目标受众传达关键信息，包括企业历史、愿景、使命、核心价值观、成就和荣誉、产品类别和特点，以及即将举行的活动和重要新闻等。

三折页的内容和设计应该能够快速传达企业的核心信息，吸引并留住潜在客户的注意力；应能够加强品牌形象，增加产品或服务的市场曝光率，提升品牌知名度和影响力。在设计三折页时，首先要确保三折页信息清晰、布局合理，颜色和字体的选择要符合企业的品牌形象，同时也要考虑到目标受众的偏好。

3. 键盘增量

“键盘增量”允许用户通过键盘方向键(↑、↓、←、→)微调所选对象的位置，其主要作用在于以下几个方面。

①精确移动对象：按方向键时，对象会按照设定的增量值移动，避免鼠标拖动的不精准问题。

②微调对齐：适用于精细排版、图标设计、路径调整等场景。

③提高效率：比手动输入数值或使用“移动”对话框更快捷。

可在菜单栏的“编辑”→“首选项”→“常规”中进行设置，如图6-2-7所示。

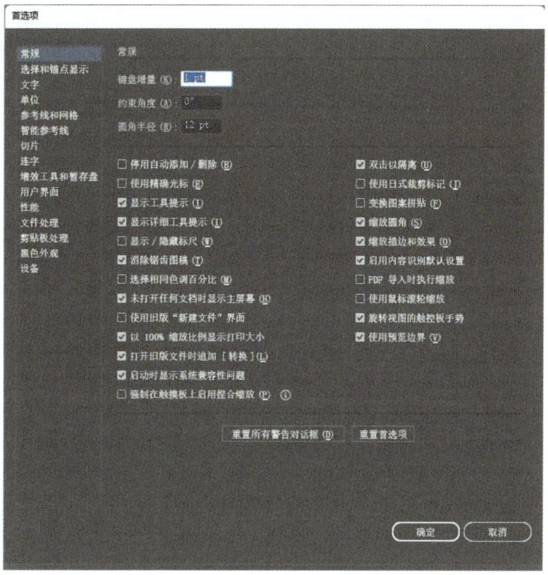

图6-2-7　“首选项”对话框

6.2.4　设计实施

1. 文件设置

实训任务6.2
操作视频

选择菜单栏中的“文件”→“新建”，或者按快捷键Ctrl+N，在“新建文档”对话框中，设置画板的宽度和高度为99mm×210mm，颜色模式为CMYK，画板数设置为6，并将文档名称设为“企业宣传三折页”，之后点击“更多设置”，在弹出的“更多设置”对话框中将列数设为“3”，间距改为“6mm”，单击“创建文档”按钮，新建一个文档，如图6-2-8所示。

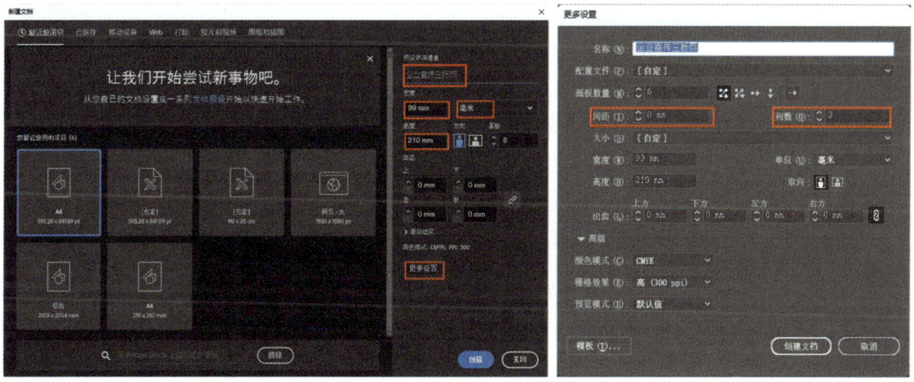

图6-2-8　新建文档

2. 封面（正面）

在设计MMCA品牌设计公司的三折页封面时，可采用几何抽象图形来重新构成公司名称“MMCA”，并将其作为主视觉元素。这样不仅体现了该公司对现代美学的追求和创新精神，还象征着品牌标识的个性化和多样性，旨在迅速吸引观众的注意力，同时强化公司的品牌识别度，传递出专业、现代和创意的品牌形象。

• 使用“矩形工具”创建一个宽为65mm，高为180mm的矩形，颜色设为#CD5942，并用快捷键Ctrl+2锁定该矩形，如图6-2-9所示。

• 使用“矩形工具”创建两个宽为12mm、高为45mm的白色矩形，并与红色矩形顶端对齐，如图6-2-10所示。

• 依次点击菜单栏的“编辑”→“首选项”→“常规”，将“键盘增量”设置为12mm并点击确认，或使用快捷键Shift+K打开“首选项”进行设置，如图6-2-11所示。

• 使用“直接选择工具”选中两个白色矩形的下方两个锚点，按方向键“→”，即可精准移动“12mm”，如图6-2-12所示。

• 选中两个白色矩形，双击“镜像工具”，在弹出的对话框中勾选“预览”和“垂直”，点击“复制”，得到如图6-2-13所示的图形。

• 调整矩形位置，得到如图6-2-14所示的图形。

• 选择“直线段工具”，按住Shift键，画一条线段，并将其描边设置为白色，描边设置为0.5mm。修改“键盘增量”为0.5mm，选中

图6-2-9 矩形示例

图6-2-10 白色矩形位置示例

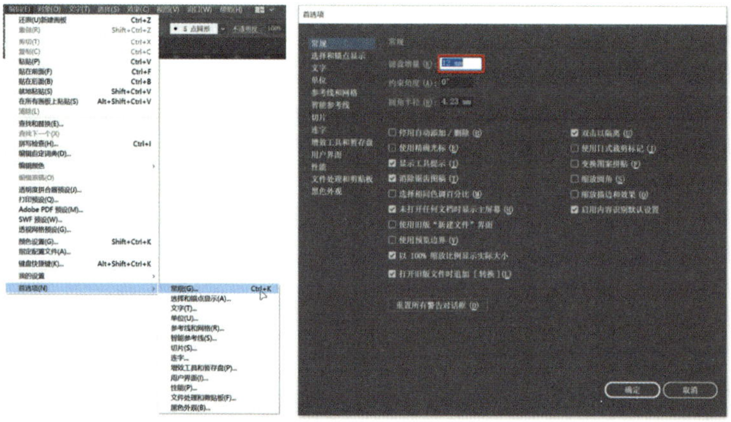

图6-2-11 “键盘增量”设置

图6-2-12 矩形路径移动示例

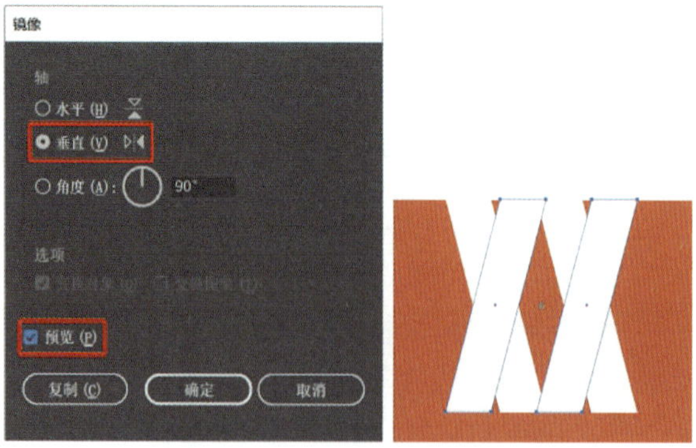

图6-2-13 镜像设置及效果示例

图6-2-14 矩形位置示例

该线段，按住Alt键加方向键←，复制一条，如图6-2-15所示。

• 使用快捷键Ctrl+D，重复上一步复制的操作，直到复制的直线超过图形M最左侧的端点，如图6-2-16所示。

• 全选这些直线，进行编组，将其置于图层最底层，同时选中最左侧的矩形，建立剪切蒙版，并复制到右侧，替换掉笔画，得到如图6-2-17所示图形。

• 复制重复的图形，放置在如图6-2-18所示位置。

• 使用“椭圆工具”建立一个宽、高均为45mm的圆圈，之后将“描边”设置为“使描边内侧对齐”。“扩展外观”之后，使用“路径查找器工具”，得到如图6-2-19所示图形。

• 加入企业的标语“创意引领潮流，设计铸就品牌”，字体推荐使用“汉仪旗黑40S”，并将其内容翻译为“Cultural Media limited Company”，一起放在封面的左下角。另外复制一份翻译的内容，设置字号为“42pt”，字体推荐使用“ITC Avant Garde Gothic Demi Oblique”，旋转后放在图形左侧，得到如图6-2-20所示效果。

图6-2-15　效果示例

图6-2-16　效果示例

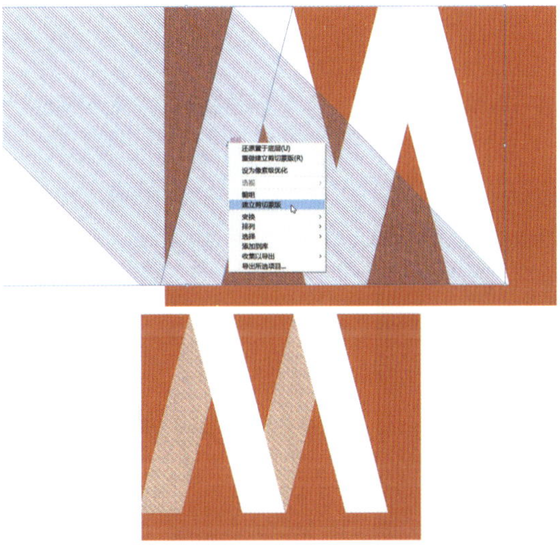

图6-2-17　效果示例

图6-2-18　效果示例

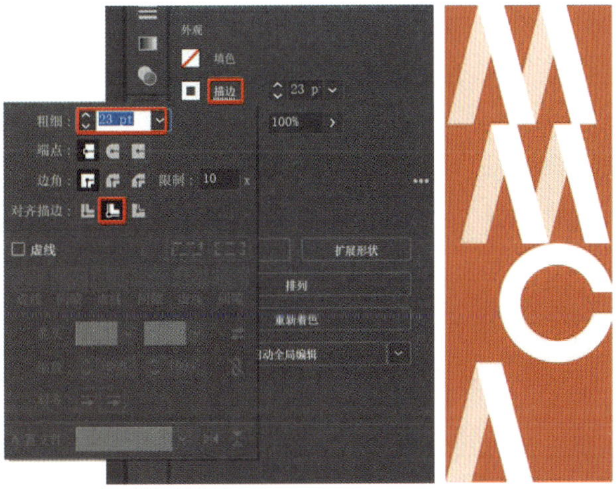

图6-2-19　效果示例

图6-2-20　效果示例

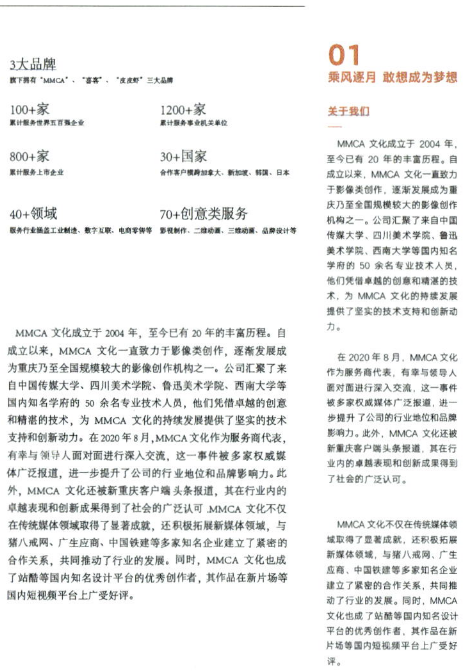

图6-2-21 折页内容版式示例

图6-2-23 企业信息编排示例

图6-2-24 灰色虚线效果示例

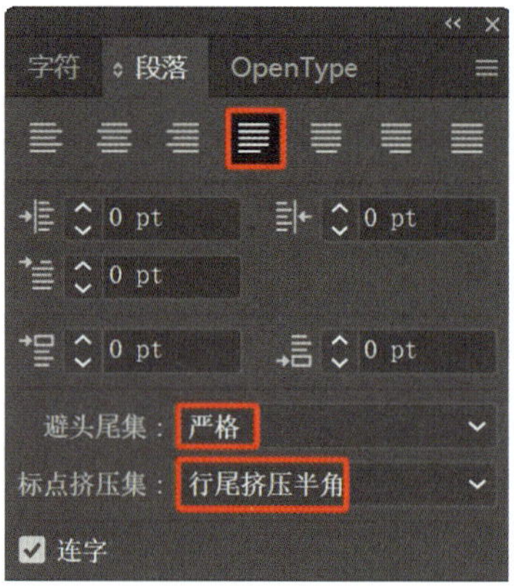

图6-2-22 段落参数设置

3. 第二面（内页1）

• 置入企业介绍的相关文字，并根据内容进行分段，如图6-2-21所示。根据版式设计的亲密性原则进行处理，字号设置为“9pt”，行间距设置为“15pt”，字体推荐使用“汉仪旗黑40S”。段落设置如图6-2-22所示。

• 企业相关的数据，可通过字体的大小、色彩对比来区别主次，数字的色彩统一使用“#DB371B”，字体使用“汉仪旗黑”，字号根据实际情况进行调整。整体进行居中对齐以及垂直居中分布，如图6-2-23所示。

• 在各组数据之间加入灰色虚线，起到分割和丰富画面的作用，如图6-2-24所示。

4. 第三面（内页2）

• 将图6-2-25所示的内容首先根据亲密性原则进行分组，然后将其字号设置为“9pt”，行间距设置为“15pt”，字体设置为“汉仪旗黑40S”，与第二面（内页1）相同，如图6-2-26所示。

• 将标题“团队统计概述”与“校招情况”用红色矩形作为底色框来区分和强调一下。

• 数据的直观性至关重要，通过版式设计中的对比原则，对团队统计数据进行优化。增大字号并采用醒目的颜色，以强化视觉对比，确保信息传达更为清晰和有力，如图6-2-27所示。

• 在该页右上角添加企业logo。

• 校招数据和团队统计数据处理手法类似，用色彩加以区分，如图6-2-28所示。

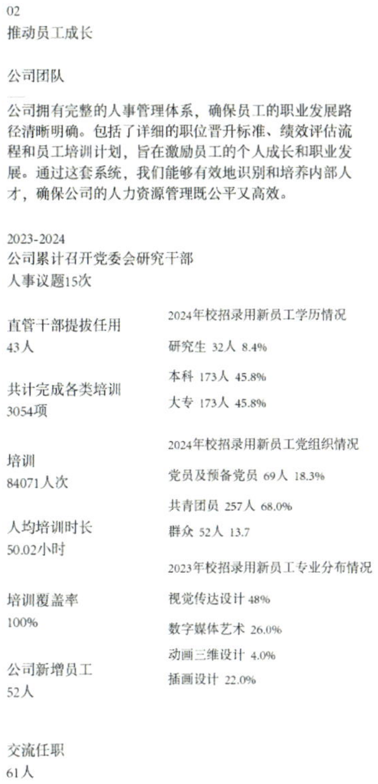

图6-2-25　折页内容版式示例

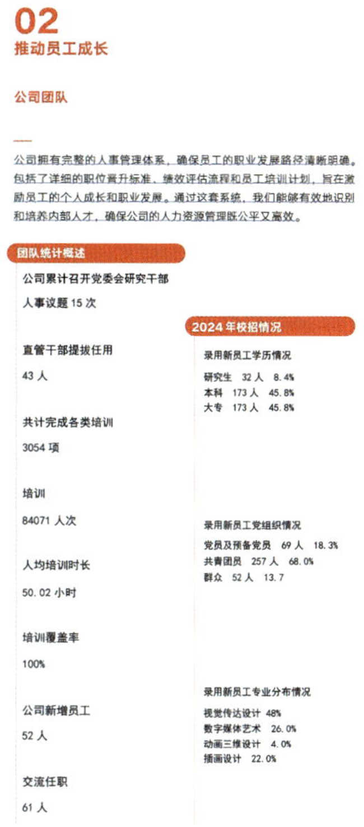

图6-2-26　折页内容版式示例

图6-2-27　折页内容版式示例

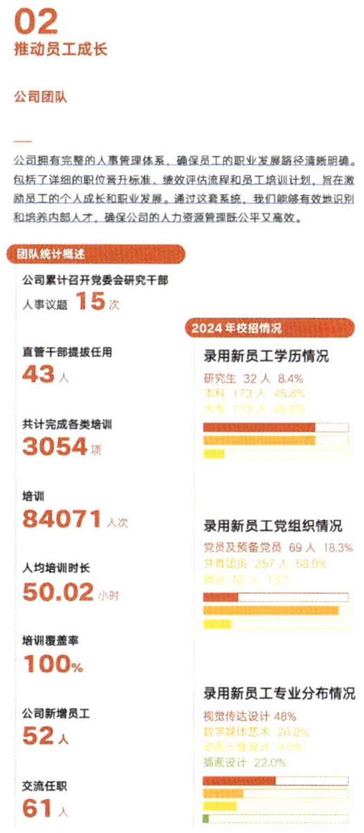

图6-2-28　折页内容版式示例

5. 第四面（内页3）

在设计折页、展示服务流程时，重要的是要确保布局清晰，同时使用图标和颜色对比来引导视觉。简洁的文字描述和有逻辑的步骤顺序有助于读者快速接收信息和理解整个流程。

• 首先需对图6-2-29中的文案进行简化，去掉多余、繁复的内容。文案优化如图6-2-30所示。

• 为每一个步骤的标题设计标题框，使用矩形进行视觉上的处理，如图6-2-31所示。

• 使用“矩形工具”，在步骤详细说明文字的下方建立从灰色逐渐渐变到白色的底色背景。

• 在左上方使用“直线工具”建立虚线，使用“椭圆工具”，为每一个步骤标题画一个圆点，作为着重符号，如图6-2-32所示。

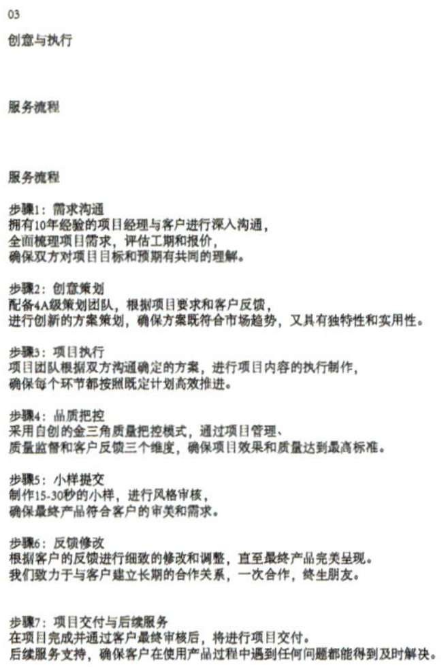

图6-2-29 折页内容示例

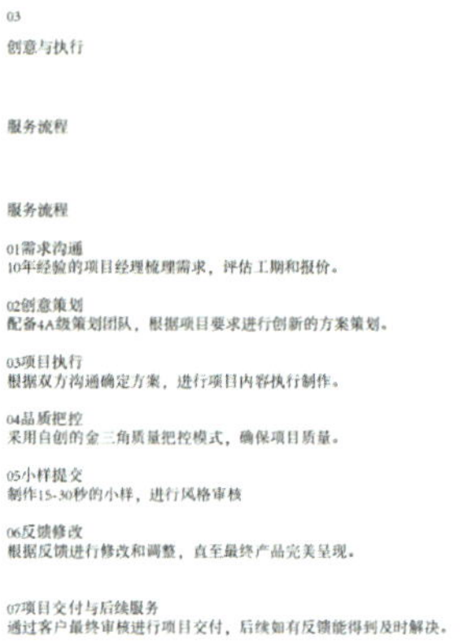

图6-2-30 折页内容整理

图6-2-31 排版效果示例

图6-2-32 排版效果示例

6. 第五面（内页4）

• 根据折页的企业介绍可知，该企业服务过的品牌非常多，所以在这一面可将与知名度较高的品牌的合作情况进行独立展示，规整罗列出来，如图6-2-33所示。

• 依据版式设计原则，使用“矩形工具”“文字工具”等进行版式设计。布局要清晰，易于阅读。可以使用不同的区块来区分不同的品牌，每个区块内包含客户的名称、评价内容和公司标志，如图6-2-34所示。

7. 封底（背面）

• 在设计三折页的封底时，应重点突出公司的基本信息，包括名称、标志地址、联系方式和官方网站等，确保潜在客户能够轻松地与企业取得联系。同时，可以考虑加入二维码，方便客户快速访问企业的网站或社交媒体平台。展示企业的标志和联系方式，有助于增强品牌形象和促进与客户的互动，如图6-2-35所示。

• 此外，封底应保持简洁的设计风格，避免过多复杂元素，确保信息的清晰易读，如图6-2-36所示。

8. 版式细节调整

• 在菜单栏中依次选择“视图”→“标尺”→“显示标尺”，或者使用快捷键Ctrl+R打开标尺，从窗口边缘拖出标尺，如图6-2-37所示。

• 将图形以标尺为参考，进行整体的版面调整，与标尺对齐，如图6-2-38所示。

• 折页背面同理，对版面进行细节调整，如图6-2-39所示。

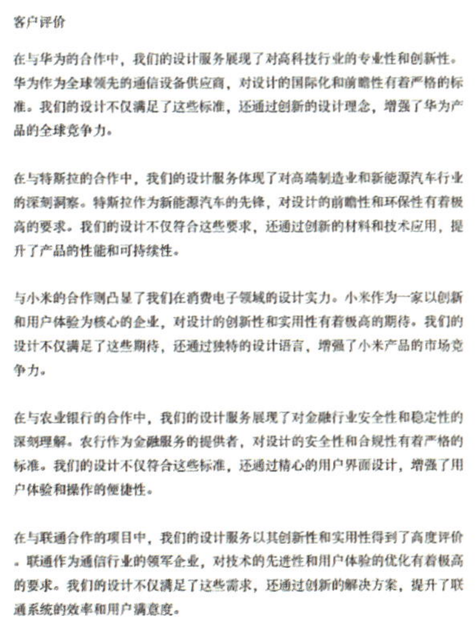

客户评价

在与华为的合作中，我们的设计服务展现了对高科技行业的专业性和创新性。华为作为全球领先的通信设备供应商，对设计的国际化和前瞻性有着严格的标准。我们的设计不仅满足了这些标准，还通过创新的设计理念，增强了华为产品的全球竞争力。

在与特斯拉的合作中，我们的设计服务体现了对高端制造业和新能源汽车行业的深刻洞察。特斯拉作为新能源汽车的先锋，对设计的前瞻性和环保性有着极高的要求。我们的设计不仅符合这些要求，还通过创新的材料和技术应用，提升了产品的性能和可持续性。

与小米的合作则凸显了我们在消费电子领域的设计实力。小米作为一家以创新和用户体验为核心的企业，对设计的创新性和实用性有着极高的期待。我们的设计不仅满足了这些期待，还通过独特的设计语言，增强了小米产品的市场竞争力。

在与农业银行的合作中，我们的设计服务展现了对金融行业安全性和稳定性的深刻理解。农行作为金融服务的提供者，对设计的安全性和合规性有着严格的标准。我们的设计不仅符合这些标准，还通过精心的用户界面设计，增强了用户体验和操作的便捷性。

在与联通合作的项目中，我们的设计服务以其创新性和实用性得到了高度评价。联通作为通信行业的领军企业，对技术的先进性和用户体验的优化有着极高的要求。我们的设计不仅满足了这些需求，还通过创新的解决方案，提升了联通系统的效率和用户满意度。

图6-2-33 折页内容示例

图6-2-34 排版效果示例

图6-2-35 折页内容示例

图6-2-36 排版效果示例

图6-2-37 标尺设置

图6-2-38 折页完整效果图一

图6-2-39 折页完整效果图二

6.2.5 任务拓展

任务一 使用所学内容临摹一个三折页设计案例。

（1）任务效果图（图6-2-40）：

图6-2-40 任务效果图

（2）绘制关键步骤：

- 创建一个宽为140mm、高为210mm的画板进行临摹；
- 应用版式设计原则来规范设计。

任务二 三折页设计实践。

在进行三折页设计时，可选择一个感兴趣的企业，自拟主题，并围绕这个主题展开创意构思。设计过程中，应注重信息的清晰传达和视觉吸引力。封面设计应突出主题，内页则详细介绍企业背景、行动指南和资源信息等，最后以呼吁行动的封底结束。整个设计应保持一致的视觉风格和色彩主题，确保读者能够轻松获取信息并被吸引。

- 为创作的折页选择符合行业风格的视觉表现形式；
- 确保设计的折页能够体现企业品牌特色和优势。

模块3
包装设计

项目7

包装设计

包装是在流通过程中保护产品、方便储运，并促进销售，按一定技术方法而采用的容器、材料及辅助物等的总体名称；也指为了达到上述目的而采用容器、材料和辅助物的过程中施加一定技术方法等的操作活动。包装设计是选用合适的包装材料，运用巧妙的工艺手段，为包装商品进行的容器结构造型和包装的美化装饰设计。好的包装设计可以让商品在同类产品中脱颖而出，吸引消费者的注意力并引发其购买行为，也可以美化商品及传达商品信息，还可以极大地提高商品的价值。

本项目将通过红酒包装设计和水果包装设计两个任务，帮助学习者掌握包装设计的流程、基本技能和表现手法，运用设计技巧完成商品包装的创意与表现工作，充分培养应用数字图形创意设计知识进行包装设计实践项目的能力。

实训任务7.1 红酒包装设计

7.1.1 任务描述

利用Illustrator软件中“填色与描边”工具、“矩形工具”组、“椭圆工具”、“钢笔工具”、“宽度工具”、“形状生成器工具”、“文字工具”、“渐变工具”、“符号”面板、3D“绕转（经典）”效果、“贴图”选项等，设计一款红酒包装。

7.1.2 任务目标

（1）能理解饮品包装的设计思路和过程。

（2）能掌握使用Illustrator软件制作包装的方法和技巧。

①能熟练运用“钢笔工具”“宽度工具”“形状生成器工具”等进行包装矢量图形的绘制；

②能熟练运用“文字工具”对包装中的文本信息进行排版设计；

③能熟练运用“符号”面板、3D“绕转（经典）”效果、“贴图”选项进行包装成品效果制作。

（3）能设计出时尚美观，符合产品口味及顾客审美需求的饮品类包装。

7.1.3 知识准备

1. 宽度工具

“宽度工具”可以调整形状描边的宽度，也就是说绘制的图形，可以用“宽度工具”在其边缘调整宽度大小。点击“宽度工具”，在描边路径上拖动锚点可以扩展或收缩描边。要制作尖锐的端点，可以通过拖动描边末端的点来实现。

2. 3D“绕转（经典）”效果

在“3D（经典）”效果组中，“绕转（经典）”是一个非常有趣的效果。通过绕转可以把一个平面图形转成一个立体的图形，使图形具有了立体感。设置“绕转（经典）”效果，首先需要绘制一个平面图形，并选中它。接着选择“效果”→“3D和材质”→“3D（经典）”→“绕转（经典）”，打开“3D绕转选项（经典）”对话框，即可设置各选项，如图7-1-1所示。对话框中各选项的含义如下。

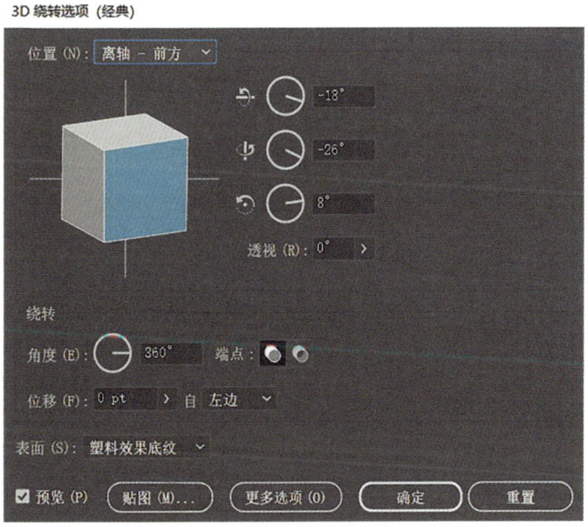

图7-1-1 “3D绕转选项（经典）”面板

• **位置**：设置对象如何旋转，以及观看对象的透视角度。在下拉菜单中有一些已经设定好的位置。除了使用设定好的角度以外，直接用鼠标拖曳下方的立方体，也可以改变立方体的方向。或者直接在右边的三个文本框里输入对应的旋转角度即可。勾选“预览”，可以实时查看最终的效果。

• **透视**：设置透视角度。当数值为“0°”时，没有透视，角度越大，透视效果越明显。

• **角度**：设置绕转的角度（0°~360°），360°即绕转一周。如果角度小于360°，则绕转不到一周。

• **端点**：指定显示的对象是实心的还是空心的。

• **位移**：指定相对旋转轴的偏移量，可以输入一个0~1000之间的数值。切换自左边还是右边，可指定旋转轴位于左边还是右边。

• **表面**：设置对象表面的底纹，一共有四种：线框、无底纹、扩散底纹、塑料效果底纹。

3. “符号贴图”效果

Illustrator拥有很强的3D创作工具，在进行基础绘制以及图形组合时，可以轻松将图形符号附加到3D图像上，这样设计出来的图形立体感会更强。

（1）“符号”面板。

在应用Illustrator中的“符号”时，必须要用到“符号”面板。“符号”面板用于载入符号、创建符号、应用符号以及编辑符号。选择“窗口”→“符号”，或者按快捷键Ctrl+Shift+F11，可以打开“符号”面板，如图7-1-2所示。

要想自定义符号，可以选中绘制好的符号，直接使用Illustrator的“移动命令”，将其拖动到“符号”面板中，这时Illustrator会自动弹出添加符号的设置窗口，修改符号的名称后，点击确定，完成符号的添加，如图7-1-3所示。添加完成后，在“符号”面板可以找到自定义的符号。

（2）“贴图”选项

在“3D绕转选项（经典）”面板中，左下角位置可以看到“贴图”选项，点击即可弹出“贴图”设置窗口，如图7-1-4所示。因此，利用贴图效果，可以增加立体感，从而更好地展现贴图内容。

•“贴图”设置窗口中，可以看到平面化的3D图形，点击“符号”选项上的下拉箭头，系统会弹出符号的列表，选择之前设置好的符号图形，即可添加图形。

• 点击“表面”选项，选择需要贴图的面进行贴图操作，勾选“预览”窗口，把符号移动到合适的位置，点击窗口左下角的“缩放以适合”，符号贴图就会自动缩放到对应的大小，直

图7-1-2 “符号”面板

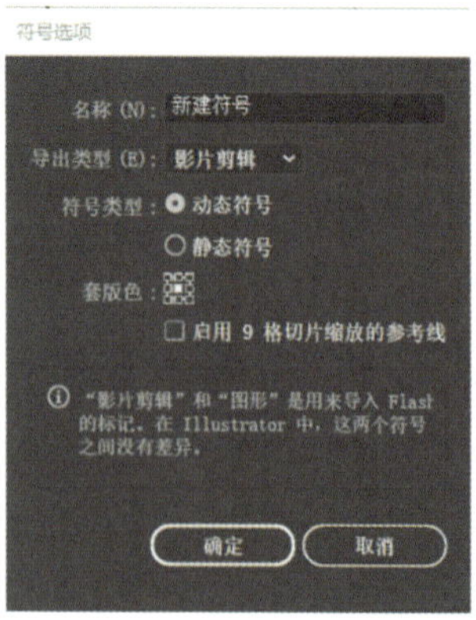

图7-1-3 自定义符号

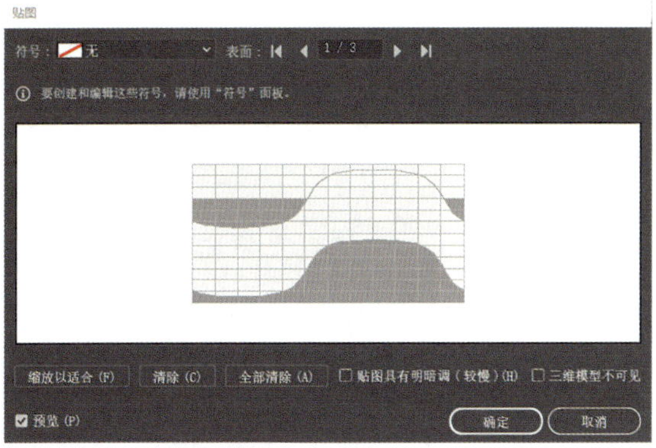

图7-1-4　贴图效果设置

接覆盖3D图形。

• 在窗口中，拖动调整点，对符号贴图进行大小设置，从而对3D图形增加不同的贴图效果。完成设置后点击确定，就可以看到具体的3D图形，从而进一步调整光源和底纹颜色。

4. 红酒瓶瓶贴设计知识

酒在世界各国都是管制商品，红酒也不例外；由于各国的管制法例有所不同，所产红酒酒瓶标贴的内容也会有所不同，一般可分为正标和背标两部分。但一些必要的信息是应该表明的：酒的商品名、酒的类型、酒的产地、酒的等级、在何处装瓶、酒的容量、酒精的含量、酿造的年份、原材料品种名称等。在国内销售的原装进口葡萄酒，会由进口销售商按照国家的法例粘贴中文的背标，方便消费者的选购。

5. 设计思路

（1）设计背景及要求：经营酒类的客户，为提升“天狼星波尔多干红葡萄酒”的销售额，委托设计方进行十二生肖版红酒包装设计，以鼠年红酒包装为例：子鼠开天，敢为人先。以古人之规矩，开自己之生面。设计要求根据产品的特性，直观地展示产品形象，使包装显得赏心悦目、精致迷人，能够快速地吸引消费者的注意。

（2）风格选择及设计思路：在包装插画设计风格上，可采用相对轻松的方法来表现，运用多彩的颜色和卡通风格的版画形式。首先，绘制主图形。有别于传统风格的“子鼠”形象，这是一只来自远方国度的绅士鼠，站在船头，高举着葡萄酒杯，踏浪而来。高贵的紫色与活泼的黄色碰撞出具有神秘色彩的火花，用现代设计思想为红酒包装注入新的活力。接着，绘制边框，在边框中使用“横排文字工具”输入相关文案，文字整齐排列，以便使包装看起来更加简洁干净。最后，使用线条装饰文案，完成红酒瓶瓶贴设计。

7.1.4　设计实施

实训任务7.1
操作视频

1. 文件设置

选择菜单栏中的“文件”→“新建”，或者按Ctrl+N快捷键，在“新建文档”对话框中，设置文档的宽度为8.5cm，高度为15cm，颜色模式为RGB，光栅效果为300ppi，并设置文档名称为“红酒瓶瓶贴设计”，单击“创建”按钮，新建一个文档。

2. 绘制正面标签背景

选择“矩形工具”，绘制上下各一个标签，中间有0.5cm的镂空效果，设置填充色为黑色（#030000），描边色为无色，效果如图7-1-5所示。继续选择“矩形工具”，绘制两个略小于前面两个标签的矩形，设置描边色为黄褐色（#C58C43），填充色为无色，粗细为3pt，端点为平头端点，如图7-1-6所示。调整边框至合适的位置，效果如图7-1-7所示。

3. 绘制主图形绅士鼠

（1）置入手绘草图（图7-1-8）后，将其不透明度调整为50%。选择“钢笔工具”，设置描边色为黄褐色（#C58C43），填充色为无

图7-1-5 标签背景色

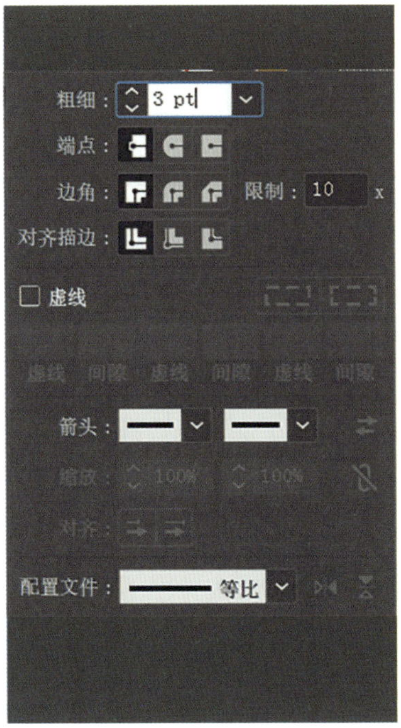

图7-1-6 设置矩形框属性

图7-1-7 背景效果

图7-1-8 手绘草图

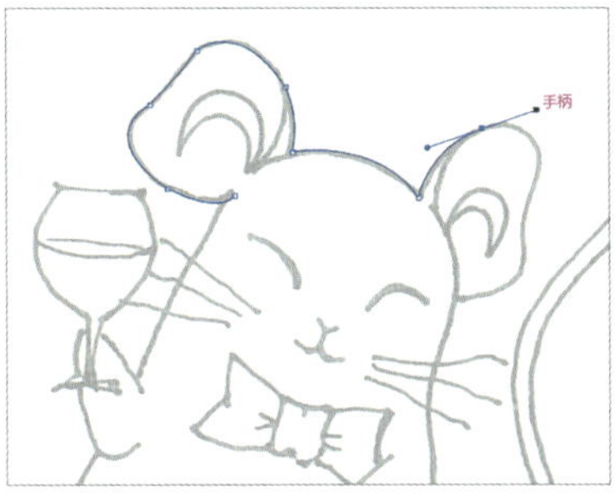

图7-1-9 钢笔绘制效果

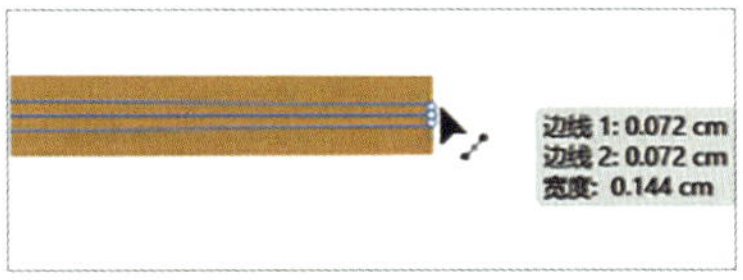

图7-1-10 路径宽窄设置

色，然后进行绅士鼠的线稿绘制。用直线绘制，按住Shift键；单边调节曲线，按住Alt键；取消钢笔绘制，按住Ctrl键点击空白处，或按住Esc键，或回车键。注意仔细调整钢笔路径，绘制效果如图7-1-9所示。

（2）选择“宽度工具”，调整绅士鼠胡须等处线条的粗细。点击“宽度工具”，在描边路径上按住鼠标向内或向外拖动，即可修改路径的宽窄，如图7-1-10所示。

（3）选择“形状生成器工具”，按住Alt键，删除多余线条，生成闭合的形状，如图7-1-11所示。用同样方法绘制出高脚杯、小船、海浪等的线稿，效果如图7-1-12所示。置入主图形最终效果图作为参考，选中对应的线稿

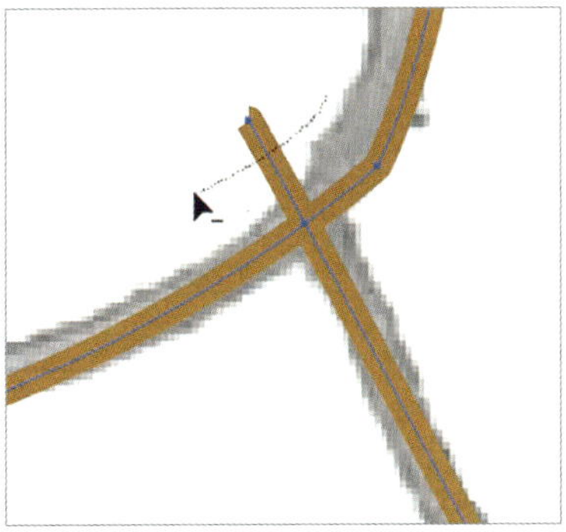

图7-1-11　用"形状生成器工具"删减线条

图7-1-12　主图形线稿

图7-1-13　主图形上色效果

图层，将填充色由无色改为参考图中对应的色彩，注意色彩搭配要和谐美观，最终完成主图形，效果如图7-1-13所示。

4. 瓶贴排版

作为商品的外观表现方式，包装除了需要保护产品，还要传达商品的信息。信息需要诸多元素组合体现，一般商品包装正面需要体现出品牌标志、产品名称、净含量规格，还要有象征性的创意图形或文字信息。商品包装正面的设计讲究创意和艺术性的结合，好的包装会精准地体现出产品卖点和特色。

包装的背面是商品说明性文字，要进行版面的排版，包括产品名称、配料表、生产者或经销者的名称和地址、日期标示（生产日期、保质期）、储藏条件、生产许可证编号、产品标准号、商品条形码以及其他需要标注的内容。它是商品包装的一部分，承担着传递信息、增强产品认知、为消费者提供便利等功能。

（1）瓶贴排版以文字居中对齐的方式为主，以版面的中轴线为准，文字居中排列，左右两端字距可以相等，也可以长短不一。这种排列方式能使视线集中，具有优雅、庄重的感觉。根据以上的设计思路，首先，点击"视图"，打开"标尺"，拖出参考线至合适的位置，如图7-1-14所示。然后选择"文字工具"T，字体设为"宋体"，输入准备好的文案信息，调整大小，排列至合适的位置，正面标签排版效果如图7-1-15所示。

（2）置入准备好的爱护环境、绿色环保、孕妇忌饮等图标以及商品条形码，输入相关文字信息，调整版面细节。反面标签排版效果如图7-1-16所示。

5. 酒瓶制作与贴图效果

标准的波尔多红酒瓶是一种通用的红酒瓶型，它的容量通常是750ml，一般是由玻璃制作而成。

（1）打开窗口菜单，点击"符号"，调出"符号"面板，将前面制作完成的正面标签和反面标签拖入符号面板中，如图7-1-17所示，并分别保存好名称，方便后面查找，如图7-1-18所示。

（2）置入一张波尔多红酒瓶素材，如图7-1-19所示，选择"钢笔工具"，设置描边色为深灰色（#3E3A39），填充色为无色，粗细为5pt，对红酒瓶的边缘进行描绘，只需勾勒出一半的瓶型轮廓，并将其移动到空白位置，如图7-1-20所示。

（3）点击"效果"菜单，选择"3D和材质"，点击"3D（经典）中的"绕转（经典）"选项，在其面板中将方向改为自右边，调整位置参数，绕X轴旋转-6°，绕Y轴旋转-24°，绕Z轴旋转2°。位移15pt，调整容器宽度。点击更多选项，调整光源位置，使其效果更加真实，如图7-1-21所示。

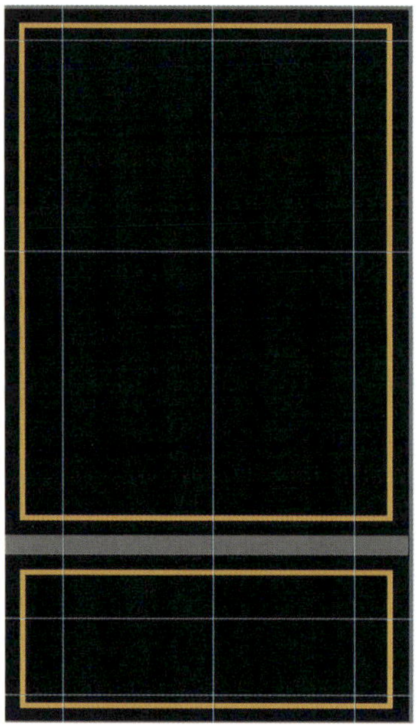

图7-1-14　参考线位置

图7-1-15　正面标签排版效果图

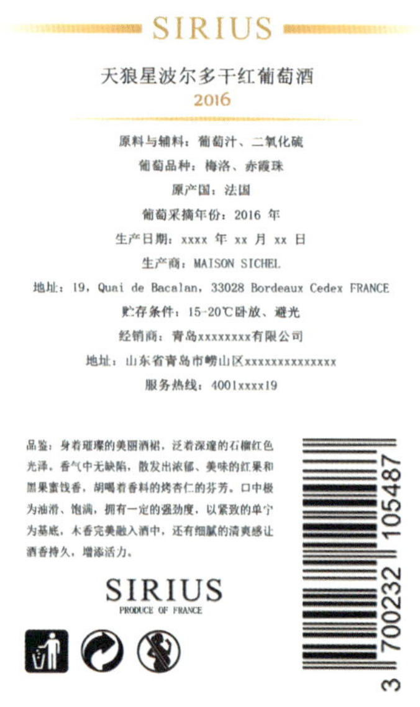

图7-1-16　反面标签排版效果图

图7-1-17　“符号”面板效果

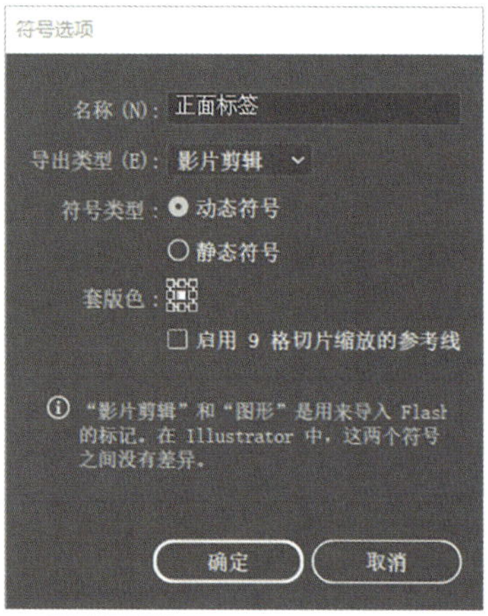

图7-1-18　“符号选项”面板

图7-1-19　波尔多红酒瓶

图7-1-20　一半酒瓶轮廓效果

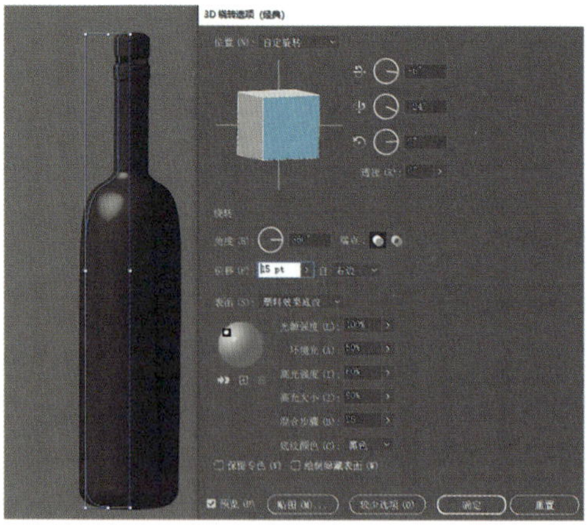

图7-1-21　“3D绕转选项（经典）”面板

（4）点击“贴图”选项，“表面”选择19/30，“符号”选择前面保存的正面标签，勾选“预览”，调整贴图的大小和位置，完善细节，效果如图7-1-22所示。重复以上的步骤，完成反面标签的贴图效果，如图7-1-23所示。

（5）制作立体阴影效果。

选择“椭圆工具”，绘制一个椭圆，设置描边色为无色。点击“渐变工具”，设置填充色为渐变色，“类型”选择径向渐变，长宽比为30%，设置成由不透明度50%的黑色渐变为不透明度0%的黑色，渐变效果如图7-1-24所示。将椭圆置于酒瓶底层，按住快捷键Ctrl+F，原位复制一份，进行等比例缩放，将填充色由不透明度70%的黑色渐变为不透明度0%的黑色，调整好位置，加强酒瓶的立体阴影效果，如图7-1-25所示。

图7-1-22 “贴图”选项设置

图7-1-23 最终效果图

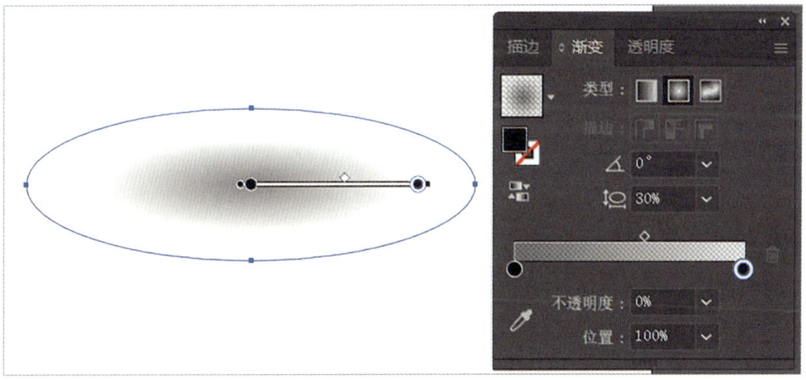

图7-1-24 “渐变”面板

图7-1-25 阴影效果展示

（6）选择菜单栏中的“文件”→“存储”，或者按Ctrl+S快捷键，选择文件格式为AI格式，保存源文件。选择菜单栏中的“文件”→“导出”→“导出为”，选择文件格式为JPEG或PNG，导出图像，最终输出效果如图7-1-26、图7-1-27所示。

7.1.5　任务拓展

任务一 掌握Illustrator软件中制作饮品类包装的相关技巧后，可以尝试完成下面的青梅酒包装设计案例。

（1）任务效果图（图7-1-28至图7-1-30）：

图7-1-26　红酒包装整体效果

图7-1-27　红酒包装细节效果

图7-1-28　青梅酒正面标签

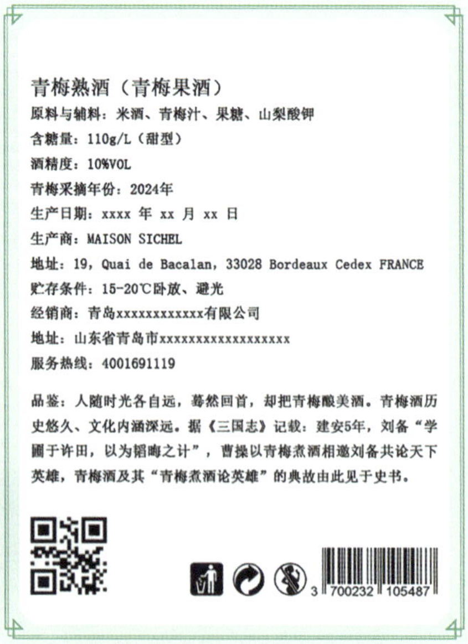

图7-1-29　青梅酒反面标签

图7-1-30 效果参考图

（2）青梅酒包装设计关键步骤：

- 新建一个宽度为8.5cm，高度为15cm，颜色模式为RGB，光栅效果为300ppi的文档；
- 分别使用“钢笔工具”“宽度工具”“形状生成器工具”等绘制包装图案；
- 选择“文字工具”对包装中的文本信息进行排版设计；
- 使用“矩形工具”组等基础图形工具进行品牌标志设计和边框效果的制作；
- 分别使用“符号”面板、3D“绕转（经典）”效果、“贴图”选项等进行瓶型立体效果制作；
- 包装的色彩与青梅酒的成分口味相呼应，确保图案效果生动有趣，整个包装清爽干净，设计简洁明快。

任务二 各类饮品包装设计。

除了瓶装，杯装和罐装也是常见的液体饮料包装形式，如图7-1-31、图7-1-32所示，每种包装形式都有其独特的优点和适用范围，消费者可以根据自己的需求购买。选择一个杯装或罐装的饮品包装形式进行设计创作。

- 明确当下饮品行业包装的设计风格，并掌握各类饮品包装的设计要点与制作方法；
- 设置饮品包装瓶贴尺寸，利用“钢笔工具”“文字工具”等设计包装的标志、主图形以及产品信息，最后按照包装平面图制作立体效果；
- 设计要求简洁大气，图文搭配编排合理，视觉效果强烈。

图7-1-31 杯装饮品

图7-1-32 罐装饮品

实训任务7.2 水果包装设计

7.2.1 任务描述

利用Illustrator软件中“矩形工具”、“钢笔工具”、“填色和描边”工具、“文字工具”、“符号”面板、“贴图”效果、3D“凸出和斜角（经典）”效果、“贴图”选项、“风格化（S）”效果等，设计一款水果包装。

7.2.2 任务目标

（1）掌握常用纸盒包装的结构以及制图符号。

（2）能够利用纸盒包装的基础知识绘制包装平面图和效果图。

（3）能使用Illustrator软件设计制作纸盒包装。

①能熟练运用“钢笔工具”“填色和描边”工具等进行包装矢量图形的绘制；

②能熟练运用“文字工具”对包装中的文本信息进行排版设计；

③能熟练运用“符号”面板、3D“凸出和斜角（经典）”效果、“贴图”选项、“风格化（S）”效果进行包装成品效果制作。

7.2.3 知识准备

1.“风格化（S）”效果

在Illustrator的“效果”→“风格化（S）”菜单下，有多种能为图形、文字等对象添加独特风格与视觉效果的功能。其中，最常用的是“投影”“内发光”和“外发光”，其效果类似于Photoshop中“图层样式”所产生的效果。

（1）参数的设置与介绍。

点击相应的“风格化（S）”命令后，会显示对应的参数面板。以“投影”为例，勾选“预览”后，即可通过调整相应参数，实时查看效果，如图7-2-1所示。

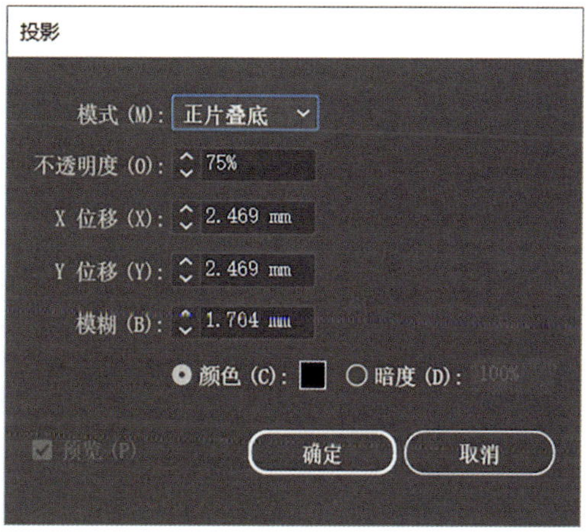

图7-2-1 “投影”参数面板

- **模式：**用于设置投影与下方图层的混合模式，常见的有正常、正片叠底、滤色等多种模式。不同的混合模式会使投影与背景的融合效果产生差异，比如“正片叠底”模式通常会使投影颜色更自然地融入背景，而“滤色”模式可能会让投影看起来更亮、更独特，可根据设计需求选择合适的模式来达到理想的融合效果。

• **不透明度：** 该参数决定了投影的透明程度，取值范围从0%到100%。数值越高，投影越不透明，颜色越深；数值越低，投影越透明，看起来越淡。通过调整不透明度，可以使投影看起来更加真实或营造出不同强度的光影效果。

• ***X*位移和*Y*位移：** 这两个参数用于控制投影在水平方向（*X*轴）和垂直方向（*Y*轴）上相对于原始对象的位置。正值会使投影向右（*X*位移）或向下（*Y*位移）移动，负值则会使投影向左或向上移动。通过精确调整位移值，可以让投影的位置与对象的光照方向和空间位置相匹配。

• **模糊：** 此参数用于设置投影的模糊程度。数值越大，投影的边缘越模糊，看起来越柔和；数值越小，投影的边缘越清晰。适当的模糊值可以让投影更符合真实的光影效果，比如远处的投影或在柔和光线下的投影通常会有较高的模糊度。

• **颜色：** 可以通过点击颜色框来选择投影的颜色。默认情况下，投影颜色通常是黑色，但在实际设计中，可以根据需要将其更改为其他颜色，以匹配设计的整体色调和风格。

（2）参数的再次调整

在Illustrator中，若对已添加的投影效果参数不满意，需要再次调整，可以通过“窗口”→“外观”，在面板中找到“投影”单击并再次编辑投影效果，如图7-2-2所示。

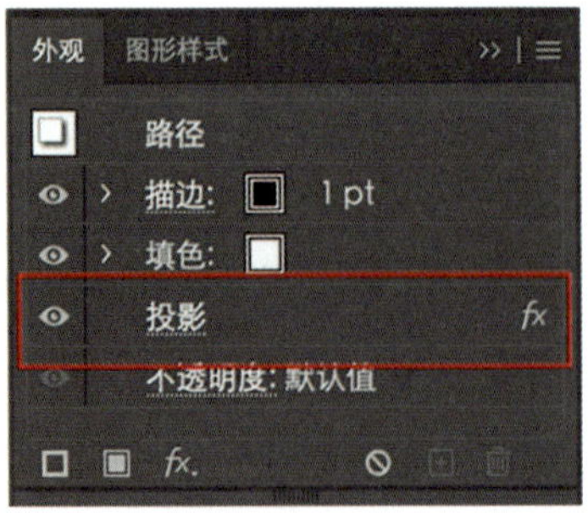

图7-2-2 “外观”面板中的“投影”参数选择

2. 纸盒包装设计基础知识

纸盒包装是指产品在流通过程中，为保护产品、方便储运、促进销售，采用纸质材料对产品所进行的包装。纸盒包装是应用最广泛的一种包装方式，具有取材容易、重量轻、容易印刷、设计成型容易、成本低廉等特点，被广泛用于商品的销售包装和运输包装中。纸盒包装可按照材料、形状、结构方式以及成型后是否可以折叠进行分类。按不同材料，可分为瓦楞纸盒、白板纸盒、箱板纸盒等。按不同形状，可分为方形纸盒、圆形纸盒、多边形纸盒、异形纸盒等。按不同结构方式，可分为摇盖纸盒、扣盖纸盒、手提式纸盒、抽屉式纸盒。按成型后是否可以折叠，可分为固定纸盒和折叠纸盒。

（1）刀版图的概念。

包装设计刀版图是指在进行包装设计时所使用的刀版图纸，用于确定包装的形状、结构和样式等方面，如图7-2-3所示。刀版图对于包装行业来说具有重要的意义，能够帮助设计师以最高效、最准确的方式完成包装设计，提高包装的质量和效率。

（2）刀版图的制作过程。

首先，根据产品的特点和需求，确定包装的尺寸和形状。在确定尺寸和形状时，需要考虑产

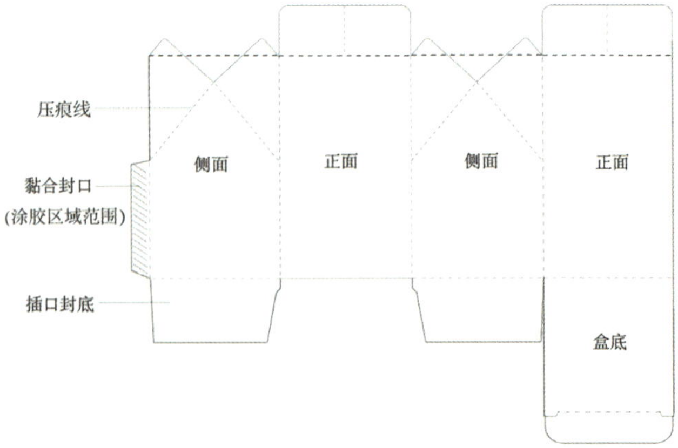

图7-2-3 刀版图

品的大小、重量、形状等因素，以及包装的可承载能力和稳定性。然后，使用Illustrator软件绘制包装的展开图外观。最后，进行包装的产品名称、logo、图形、说明文字等信息的排版。

（3）常用包装设计制图符。

了解包装设计常用的制图符，才能了解包装材料的切割方式和组合方式，从而能够更好地进行包装设计和改进。最常见的裁切、折叠和开槽符号，如图7-2-4所示，其中实线也称裁切线，代表需要彻底裁切的部分；虚线也称为压痕线，表示包装需要折叠的地方；圆点符号代表包装中需要打孔的位置。

除此之外，还有一些有规律的斜线，表示包装中需要进行封合的部分，如图7-2-5所示。

3. 纸盒包装上常见标识的含义

在使用纸盒包装的过程中，能够看到上面有非常多的标识，这些标识所代表的意思也是不同的，能够提示人们包装内部存放的物品是什么，在运输的过程中要怎么摆放，如图7-2-6所示。

（1）轻拿轻放标识。

一个杯子的标识：在拿起货物时需要轻拿轻放，里面的货物可能是易碎品，需注意。

（2）向上摆放标识。

一根横杠上面有两个箭头：在拿物品的时候需要向上，一般包装内的货物是比较贵重的，像家电之类的，都会有这样明显的标识。

（3）防潮防湿标识。

一把雨伞上面有雨水：需要防潮，要将物品存放在比较干净、干燥的地方，包装内的物品也属于干制品。

（4）防晒防高温标识。

一个太阳：纸箱包装内的物品需要注意做好防晒工作，需要放在比较阴凉的地方。

（5）防止挤压标识。

一根竖杠，两侧有相对的两个箭头：包装内的物品容易被磕碰、挤压，需注意。

4. 设计思路

（1）设计背景及要求：井冈蜜柚是产自江西吉安市的蜜柚品种，以“树美、花香、果亮、汁甘”而著称，个小敦实、清脆化渣、芳香诱人、营养丰富，被誉为“天然罐头”。为助力井冈蜜柚产业发展壮大，全面提升吉水县知名度和美誉度，设计师需要为井冈蜜柚设计一款包装，要求向消费者传递“天然、优质、营养”的观念，达到提升品牌形象的目的。

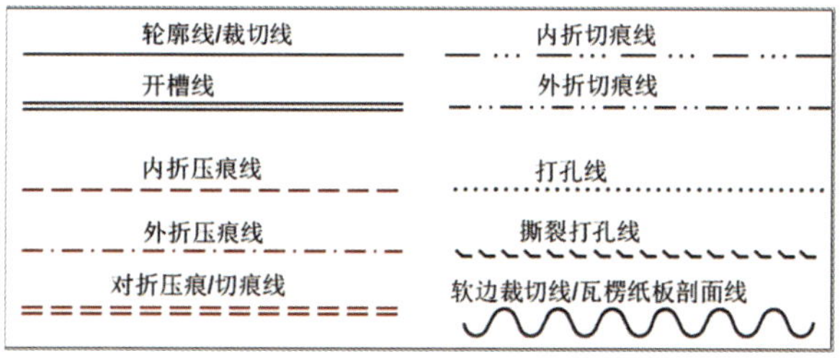

图7-2-4 裁切、折叠和开槽符号

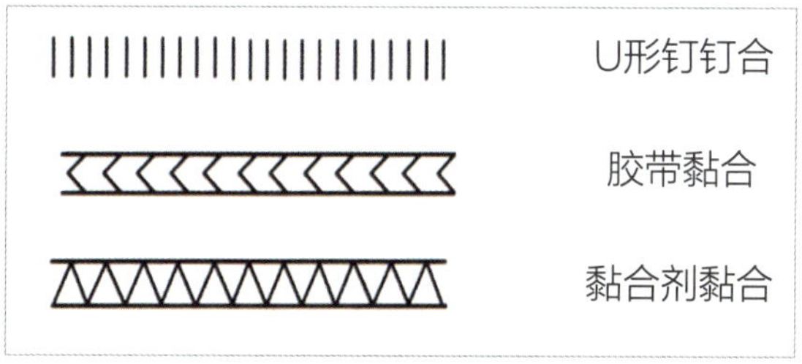

图7-2-5 封合符号

图7-2-6 纸盒常见图标

（2）风格选择：使用井冈蜜柚的实物图与插画的形式结合，突出绿色食品理念，更加直观体现吉水青山绿水、蜜柚成林的景色。包装色彩上使用绿、金二色作为设计的主色调，绿色代表吉水绿色生态的环境，金色是从蜜柚中提取的色彩，体现到了收获时节，吉水一片生机勃勃的景象，蜜柚清甜飘香。整体配色清新自然，符合该产品天然、绿色、健康的定位。文字是整个包装不可或缺的部分，为了体现包装的美观度，可在包装正面突出显示“吉水蜜柚”文字。为体现蜜柚的品质，还可以用“生态栽培，绿色营养”进行辅助说明。

（3）包装结构：本项目选择纸盒作为井冈蜜柚的包装材料，以6个果实为计数单位。在包装结构上，充分考虑到便携性、稳定性与美观性。水果包装对防挤压、防高温、防阳光直射等方面的要求很高，可将蜜柚包装分为内包装和外包装两个部分，内包装用于盛装蜜柚，起到保护产品的作用，如图7-2-7所示。使用瓦楞纸和白卡纸制作外包装，便于外出携带，如图7-2-8所示。

7.2.4 设计实施

1. 绘制包装插图

实训任务7.2
操作视频

在设计“井冈蜜柚”水果包装前，需要先绘制包装中可能用到的插画，以便后期绘制平面结构图。选择菜单栏中的“文件”→“新建”，或者按快捷键Ctrl+N，在“新建文档”对话框中，设置文档的宽度为23cm，高度为15cm，颜色模式为RGB，光栅效果为300ppi，并设置文档名称为“蜜柚包装插画”，单击“创建”按钮，新建一个文档。

（1）选择“钢笔工具”，设置描边色为无色，填充色为绿色，进行山峦的绘制。为了体现层次感，采用不同的颜色填充，有深绿色（#079A51）、草绿色（#25B245）、浅绿色

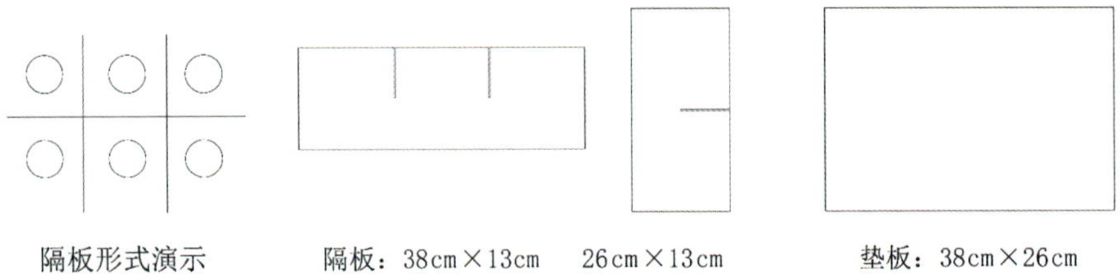

图7-2-7 内包装结构

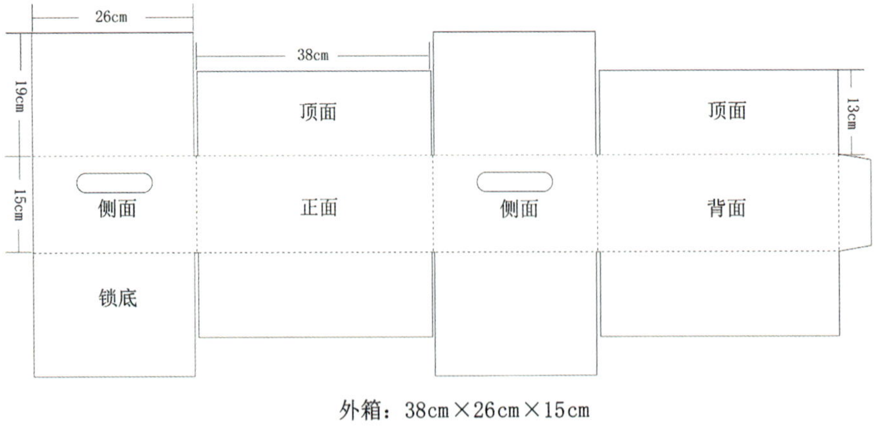

图7-2-8 外包装结构

（#7DDB7D）。设置描边色为无色，填充色为白色（#FFFFFF），绘制云朵，体现吉水绿水青山、生机盎然的景色。直线绘制，按住Shift键；单边调节曲线，按住Alt键；取消钢笔绘制，按住Ctrl；点击空白处，或按住键盘上的Esc键或回车键。注意仔细调整钢笔路径，绘制效果如图7-2-9所示。

（2）置入素材图片（图7-2-10），点击上方的嵌入按钮，让图片变成可编辑的状态。鼠标右击，选择“排列”→“后移一层”，将实物照片置于插画的后方，调整好合适的位置，如图7-2-11所示。

（3）将插画图层的不透明度调整为50%，点击选择“钢笔工具”，对框选图片中需要抠出来部分的边缘，使用“钢笔工具”进行描绘，建立描点和路径，路径需要连接成一个闭合的选区。接着选择左侧工具栏中的“选择工具”，将插画图层的不透明度调回100%。拖动鼠标，将背景和路径选中，右击，在弹出的选项中选择下方的“建立剪切蒙版”，即可完成抠图，如图7-2-12所示。通过这一步可以建立实物照片与手绘插图的层次效果，使整个包装插图更为融洽美观。

2. 绘制包装平面结构图

完成包装插画的绘制后，即可绘制包装的平面结构图。选择菜单栏中的“文件”→“新建”，设置文档的宽度为155cm，高度为57cm，出血为3mm，颜色模式为RGB，光栅效果为300ppi。

（1）建立参考线。

参考线可以帮助对齐文本和图形对象，和网格一样，参考线无法被打印出来。点击“视图”→“标尺”，显示标尺，拖动建立水平和垂直的参考线。

（2）绘制结构图。

选择“钢笔工具”，绘制外包装路径，设置描边色为黑灰色（#231815），填充色为无色，粗细为2pt。使用相同的方法，绘制出主体轮廓，在最右侧绘制一个宽为5cm的黏合封口，使用“直接选择工具”调整切口，如图7-2-13所示。

选择“钢笔工具”，将描边设置为虚线，

图7-2-9 蜜柚包装插画

图7-2-10 蜜柚实物照片

图7-2-11 调整图层顺序

图7-2-12 建立剪切蒙版

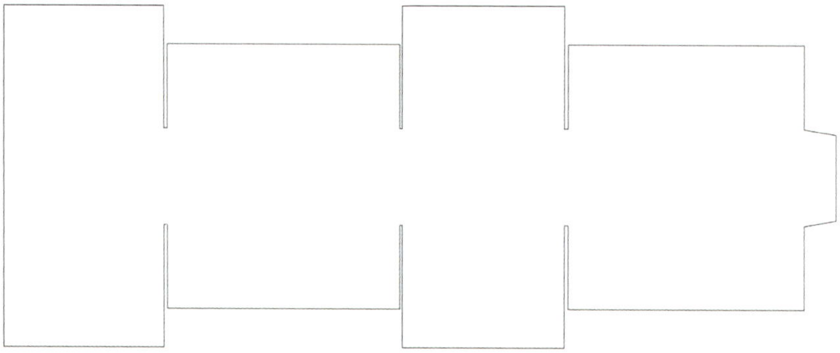

图7-2-13 主体轮廓

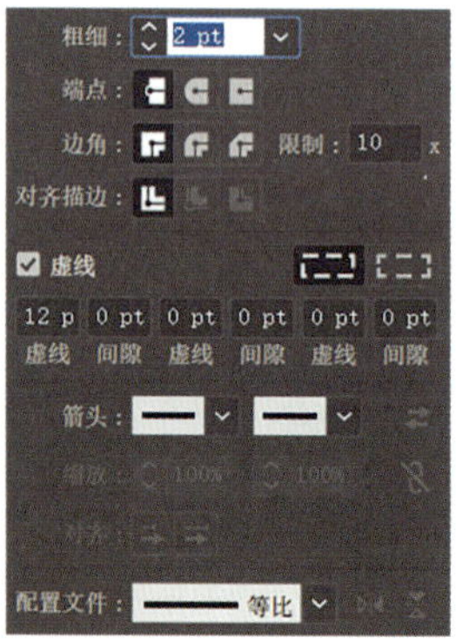

图7-2-14 设置描边属性

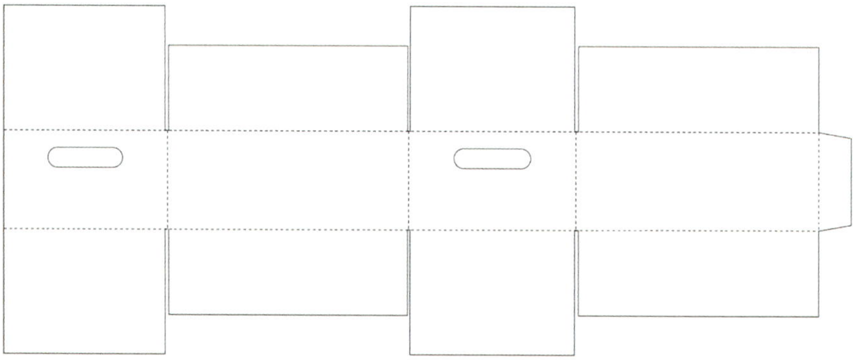

图7-2-15 包装平面结构图

如图7-2-14所示，在外包装路径的中间绘制虚线，便于明确包装的压着线，方便后期打版。选择“矩形工具”，绘制一个宽度为12cm、高度为3cm的矩形，使用“直接选择工具”选中四角锚点，向内拖动，使矩形四角变成圆角，整体效果如图7-2-15所示。

3. 包装盒正面排版

（1）选择包装外轮廓线，按快捷键Ctrl+C复制图形，再按快捷键Ctrl+F在原位置上方粘贴图形，将复制的图形的描边色设置为无色，填充色设置为绿色（#179B3A），鼠标右击，选择“排列”→“后移一层”，将其置于包装结构线的后方。

（2）选择“矩形工具”，绘制一个填充色为金色（#E5C03B），描边色为无色，宽度为0.5cm、高度为15cm的矩形，移动到合适的位置。选择“文字工具”，字体推荐使用“江西拙楷”，输入准备好的文案信息，调整大小排列至合适的位置，如图7-2-16所示。点击菜单中的“效果”→“风格化（S）”→“投影”，打开“投影”面板，打开颜色面板，选择投影的颜色（#04532D），右侧的“暗度”也可以对投影进行渲染。通过调整不透明度、位移以及模糊的数值来调节投影效果，勾选“预览”可以实时查看效果，如图7-2-17所示。

（3）选择“矩形工具”，绘制一个填充色为浅绿色（#C1E27E），描边色为无色，宽度为2.6cm、高度为2.6cm的矩形，使用“直接选择工具”点选下方两个锚点，向内拖动，使矩形下方两个角变成圆角，置入品牌标志图片，调整好位置。置入准备好的产品卖点图标，输入产地等相关文字信息，调整版面细节。主视面排版效果如图7-2-18所示。

4. 包装盒侧面排版

（1）打开素材文件，将其中的绿色食品图标、质量安全图标、条形码图标、纸盒常见图标等素材依次拖动到图像中，调整大小和位置。说明性文字用于说明产品特点、性能功效、公司

图7-2-16 产品名称设计

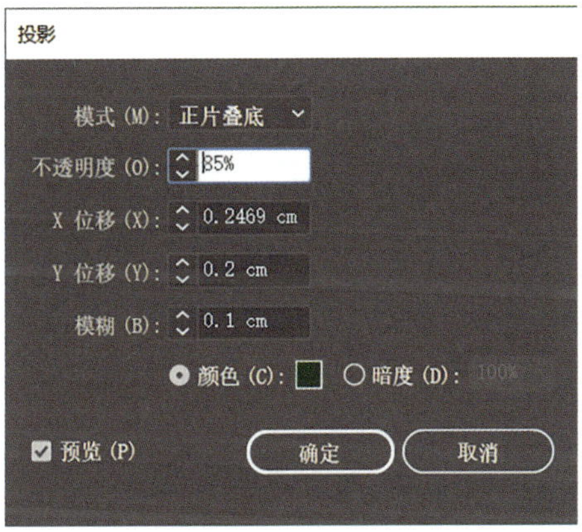

图7-2-17 投影效果设置

图7-2-18 主视面排版效果

地址等，各板块的文字字体、颜色、大小要统一。选择“文字工具”，字体设为“黑体”，白色，大小为20pt，输入准备好的文案信息，调整排列至合适的位置，如图7-2-19、图7-2-20所示。

（2）选择主视面包装信息，按Ctrl+C快捷键复制图形，再按Ctrl+F快捷键在原位置上方粘贴图形，移动到包装背面。鼠标右击，选择“排列”→“置于顶层”，将包装平面结构线置于最顶层，调整好合适的位置，最终包装平面展开图效果如图7-2-21所示。

5. 包装盒3D贴图效果

在进行包装设计展示的时候，3D模型贴图的使用是相对比较频繁的，有助于用户了解包装中产品的最终呈现效果，带来更好的作品展示体验。Illustrator中的3D“凸出和斜角（经典）”效果命令，可以通过挤压平面对象的方法，为平面对象增加厚度，从而创建立体对象。在3D“凸出和斜角选项（经典）”对话框中，通过设置位置、透视、凸出厚度、端点、斜角、高度等选项，可以创建出具有凸出和斜角效果的逼真立体图形。

（1）打开“窗口”菜单，点击“符号”，调出“符号”面板，将前面制作完成的正面和侧面排版效果拖入“符号”面板中，如图7-2-22所示，分别保存好名称，方便后面查找，如图7-2-23所示。

（2）选择“矩形工具”，设置填充色为绿色（# 06A33A），描边色为无色，尺寸与包装盒正面大小一致，宽度为38cm，高度为15cm。

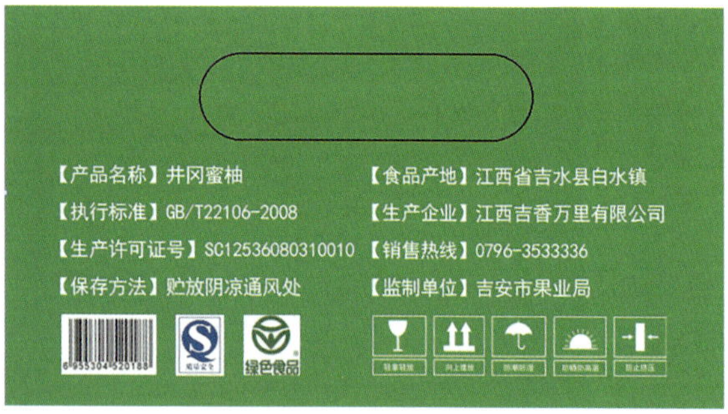

图7-2-19 侧面排版效果一

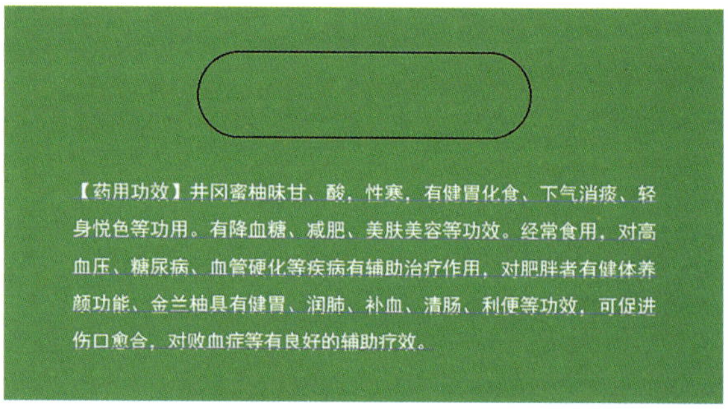

图7-2-20 侧面排版效果二

图7-2-21 包装平面展开图

（3）点击“效果”菜单，选择“3D和材质”中的“3D经典”，点击“凸出和斜角（经典）”效果，调整位置参数，绕X轴旋转-13°，绕Y轴旋转-28°，绕Z轴旋转-6°，凸出厚度为780pt，调整容器宽度，如图7-2-24所示。

（4）点击左下角“贴图”选项，“表面”选择“1/6”，“符号”选择前面保存的“正面排版效果”，勾选预览，调整贴图的大小和位置，如图7-2-25所示。重复以上的步骤，“表面”选择3/6，“符号”选择前面保存的“侧面排版效果”，调整贴图的大小和位置，完善细节，效果如图7-2-26所示。

（5）点击“确定”，进入“3D凸出和斜角选项（经典）”面板，对位置进行微调，点击更多选项，调整光源位置，使其效果更加真实，最终效果如图7-2-27所示。

图7-2-22 “符号”面板效果

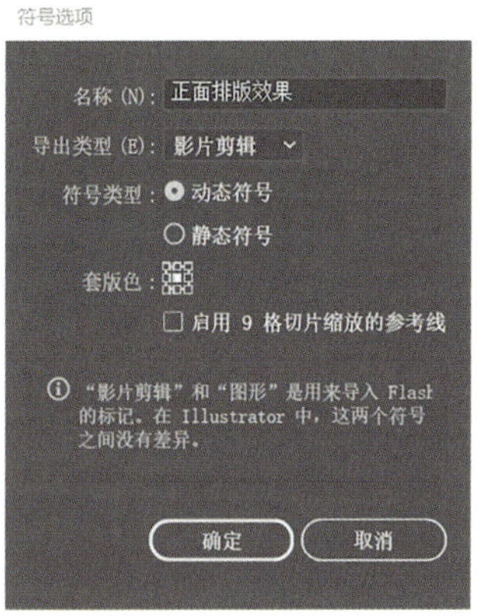

图7-2-23 “符号选项”面板

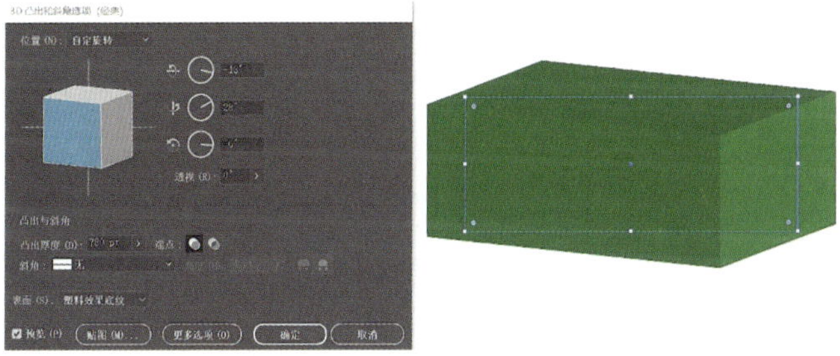

图7-2-24 “3D凸出和斜角选项（经典）”面板

图7-2-25 正面贴图面板数值

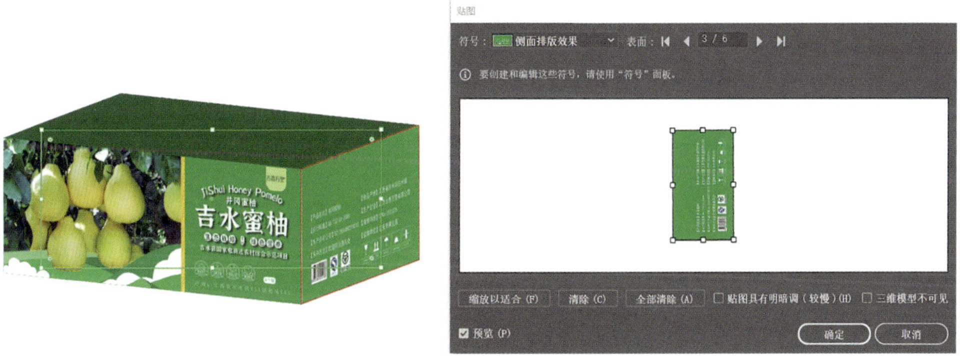

图7-2-26 侧面贴图面板数值

（6）拖入背景素材图，调整到合适的大小和位置，鼠标右击，选择“排列”→“后移一层”，将其置于包装盒的后方。点击菜单中的“效果”→“风格化（S）”→“投影”，通过调整不透明度、位移以及模糊的数值来调节投影效果，勾选预览可以实时查看效果，如图7-2-28所示。

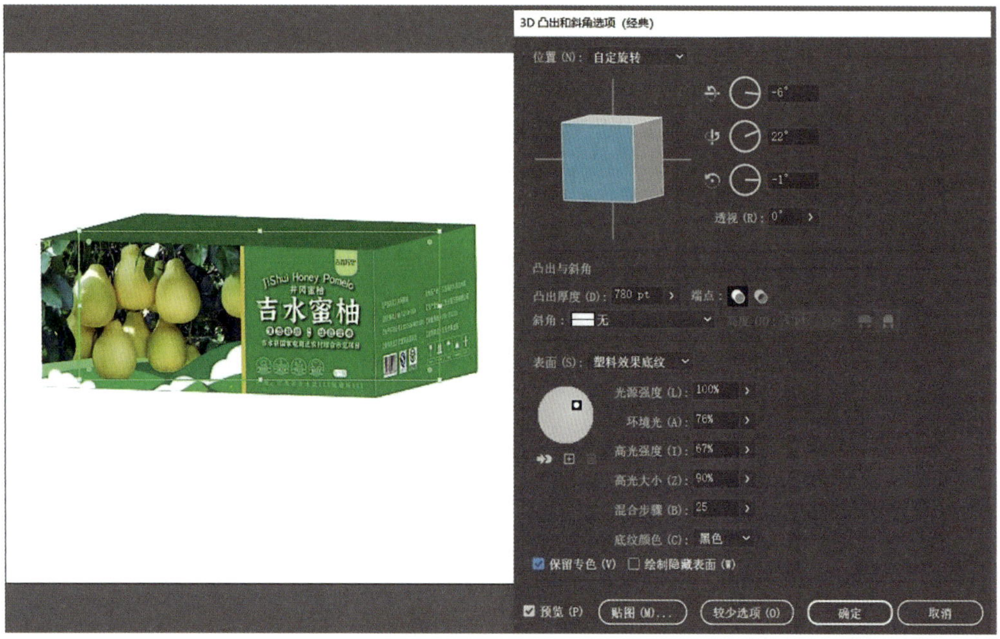

图7-2-27 最终效果图

图7-2-28 蜜柚包装整体效果

7.2.5 任务拓展

掌握Illustrator软件制作水果包装盒的相关技巧后，现在可以尝试为“狗牯脑茶”设计一款包装。要求在充分考虑防氧化、防潮、防高温、防阳光直射等因素的前提下，包装兼具美观性与实用性。

（1）任务效果图（图7-2-29、图7-2-30）：

图7-2-29　茶叶包装展开图

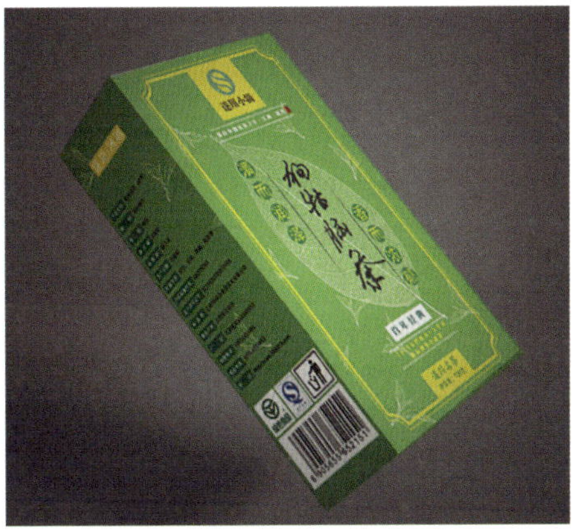

图7-2-30　茶叶包装效果图

（2）茶叶包装设计关键步骤：

- 新建一个宽度为38.5cm，高度22.5cm，颜色模式为RGB，光栅效果为300ppi的文档；
- 使用“钢笔工具”等绘制包装结构的外轮廓和包装主图案；
- 使用“矩形工具”组等基础图形工具进行品牌标志设计和边框效果的制作；
- 选择“文字工具”对包装中的文本信息进行排版设计；
- 分别使用“符号”面板、3D“凸出和斜角（经典）”效果、“贴图”选项等进行包装的立体效果制作；
- 该款绿茶香气清新高雅、汤色澄亮清碧、滋味鲜爽浓醇、回味甘爽悠长。因此，在设计茶叶包装时，使用绿色作为主色，同时为了丰富颜色，可以将黄色作为辅助色，使整个包装颜色对比强烈，更具美观性。

项目8

书籍、杂志设计

书籍设计也常被称作书籍装帧，是一个内容丰富且多维的视觉艺术设计领域。它不仅仅局限于书籍的封面和内页版式设计，而是全面涵盖了从书籍初稿构思到最终出版的整个设计流程。在这一过程中，设计师需要细致考量书籍的开本、装帧形式、外观设计、版面布局以及纸张等，这些精心设计的元素相辅相成，共同构成了书籍的整体风貌。

杂志设计相较于书籍设计而言，更具有动态张力与实验精神。它突破了单一叙事框架，以灵活多变的版面语言，通过跳跃的图文组合、大胆的色彩碰撞与多元化的材质运用，为读者呈现持续的视觉惊喜，在有限的页码中构建兼具信息密度与美学质感的阅读场景，是兼具实用价值与艺术表现力的文化载体。

本项目将以文化类书籍封面设计和居家类杂志内页设计为实际案例，结合Illustrator软件中的相关工具，详细介绍封面设计、内页排版的设计方法和制作技巧。通过这些案例，学习者不仅能够学习到具体的设计技术，还能深入理解书籍、杂志设计过程中艺术与技术的结合。

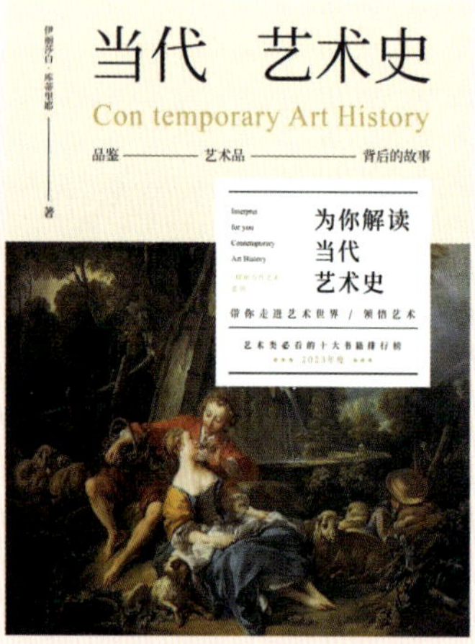

实训任务8.1　文化类书籍封面设计

8.1.1　任务描述

利用Illustrator软件中的“选择工具”“直接选择工具”“矩形工具”组、“文字工具”等，设计制作《艺术通史》图书封面。

8.1.2　任务目标

（1）能使用Illustrator软件中的基本功能进行书籍封面设计。

①能熟练使用“选择工具”“直接选择工具”对图形、路径、锚点进行选择和调整。

②能熟练运用“文字工具”进行文字的制作，其中包括字体种类、样式、大小、字间距、行间距等参数的调整。

③能熟练运用“矩形工具”组、“钢笔工具”对所需的图形进行绘制操作。

④能熟练运用“填色和描边”工具对绘制的图形进行颜色、描边的调整。

⑤能熟练运用“剪切蒙版”对图片进行编辑，裁剪为所需要的形状。

⑥能熟练运用“效果”→“风格化（S）”→“投影”命令来制作文字投影效果。

（2）掌握书籍封面设计的思路和制作方法，设计出贴合作品主题且符合当代审美的书籍封面。

8.1.3　知识准备

1．书籍封面设计

书籍的封面就是书籍内容的外在体现，目的在于吸引人们看到并翻开这本书。一本书，首先被接触的就是封面，封面不仅要传达出书籍的主题、作者等基本信息，还体现着整本书的格调和品位。读者无论是从远处偶尔一瞥，还是在书架上仔细搜寻，或是捧在手中赏读，都往往是从封面开始，这就要求设计者要格外注重封面的创意和设计，把视觉形象和文字内涵进行完美的结合，为统一的视觉目的服务。

（1）书籍封面的结构组成。

一个完整的图书封面是由面封、封底、书脊和勒口构成的，如图8-1-1所示。

面封是整个书籍设计中最重要的部分，书名、作者名、出版社名及装饰图形等主要信息都集中在这里。

封底是面封设计的一个补充，两者是互为整体的关系，一般放置书籍的条形码、书号及价格。

书脊是靠近书籍装订的地方，连接书籍的面封和封底，是书籍成为立体形态的关键部位，在整个封面构成中起着比较重要的作用。如果将书籍放在书架上，书脊就成了信息浓缩的封面，该位置一般放置书名、作者名、出版社名等。

勒口是指面封和封底在翻口处向里转折的延长部分，在该位置可以放置作者的简介或是书籍的介绍，但现在许多书籍都不设勒口。

（2）书籍封面中的文字。

封面字体选择的原则就是字体风格与整体版面的风格及主题内容相一致。设计师要根据书籍整体设计的内容与要求来确定。不同的字体有不同的特征和不同的视觉传达效果。宋体字形方正，横平竖直，横细竖粗，棱角分明，适用于书刊正文排版；仿宋体有宋体结构、楷书笔法，粗细一致，清秀挺拔，多用于诗歌的排版；黑体字形端庄，横平竖直，笔画等粗，均匀醒目，多用于书刊中的书名、标题排版；楷书的笔画结构稳定，柔和匀称，美观大方，一般用于标题字、小学课本及婴幼儿读物。设计者要认真研究字体形态，以便能正确使用，配合书籍整体设计的需要，如图8-1-2至图8-1-4所示。

（3）书籍封面中的图形。

封面中的图形，包括摄影图像、插图和图案，有写实的，有抽象的，还有写意的。封面图形的设计要力求新颖别致、创意准确，与全书的风格相一致。在视觉上既要有一定的冲击力，又

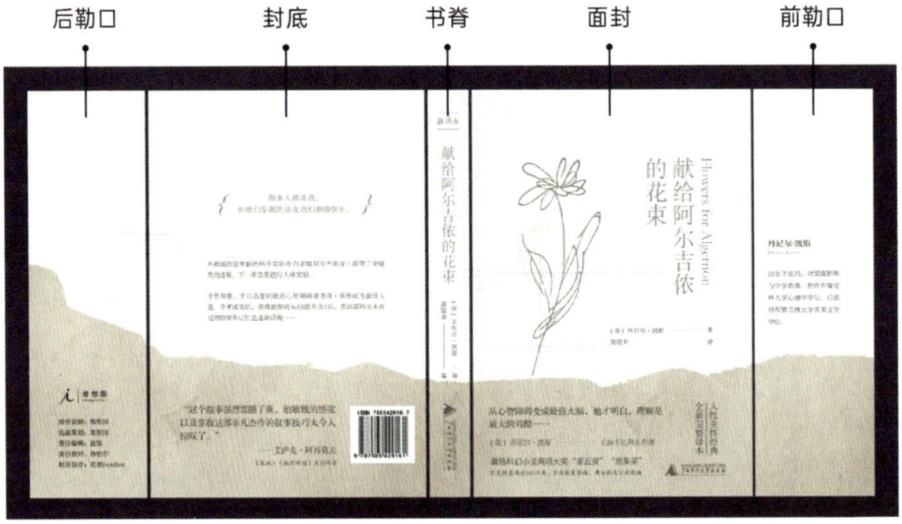

图8-1-1 封面的结构组成

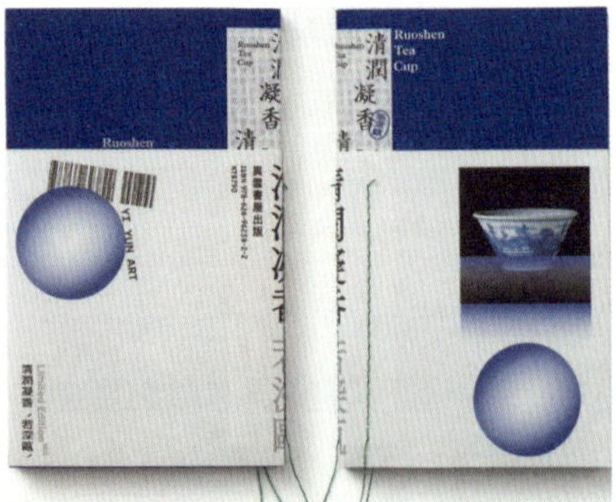

图8-1-2 《清润凝香：若深瓯》/叶忠宜

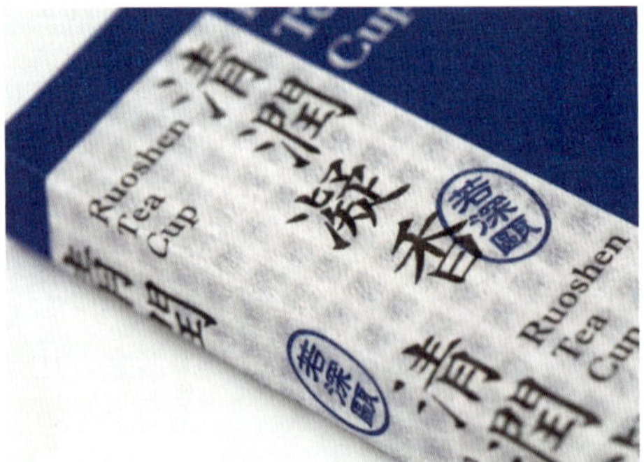

图8-1-3 《清润凝香：若深瓯》书名字体部分

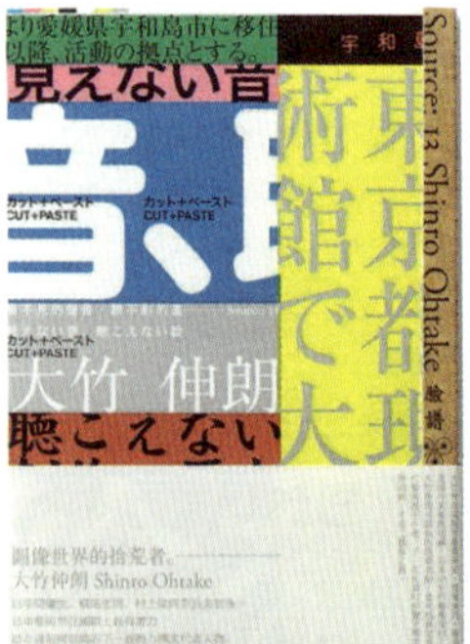

图8-1-4 书籍封面设计/王志弘

要起到辅助标题、更好地传达书籍信息的作用。除此之外，处理好画面远景、中景、近景的关系，形成较为丰富的空间层次变化，也能使书籍封面在视觉上更胜一筹，如图8-1-5、图8-1-6所示。

2. 书籍的开本

（1）开本的概念。

纸张有国际和国内两个标准，国际标准是大度纸，而国内标准是正度纸，一张分切好的平版原纸被称为全开纸。在不浪费纸张、便于印刷和装订生产的前提下，把全开纸裁切成面积相等的若干小张，这个张数为开本数。开本的绝对值越大，开本实际尺寸越小。如16开即为全张纸开切成16张同等大小的开本，以此类推（图8-1-7）。

（2）常用的书籍开本尺寸。

确定开本也是图书封面设计的基础，一个合格的书籍设计者必须掌握书籍印刷中一些常用的开本尺寸，以便正确设置封面尺寸。常用书籍开本尺寸见表8-1-1。

以上尺寸为书籍的成品尺寸，在设置画布时，我们应在四边加上3mm长度的出血，以便于后期的印刷裁切。

（3）确定书籍开本大小需要考虑的因素。

书籍开本的设计要根据书籍的不同类型、内容、性质来决定。不同的开本会带来不同的审美情趣，不少书籍因为开本选择得当，使形态上的创新与图书的内容相得益彰，受到读者的欢迎。开本设计是进行书籍设计的第一步，是书刊装帧设计者首先考虑的问题，设计师要根据书刊的用途和性质，选择设计合适的开本。

选择开本的大小，要考虑以下因素：①书刊的性质和专门用途以及图表和公式的繁简和大小等。②文字的结构和编排体裁以及篇幅的多少。③使用材料的合理程度。④整套丛书开本形式统一。

经典著作、理论类书籍、学术类书籍，一般多选用32开或大32开，此开本庄重、大方，适于案头翻阅。科技类图书及大学教材因容量较大，文字、图表多，适合选用16开。中小学生教材及通俗读物以32开为宜，便于携带、存

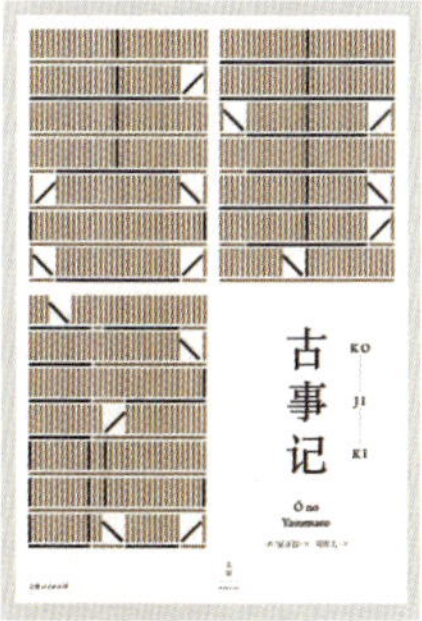

图8-1-5 《古事记》书籍封面设计/王志弘

图8-1-6 《如何欣赏电影》《如何聆听爵士乐》书籍封面设计

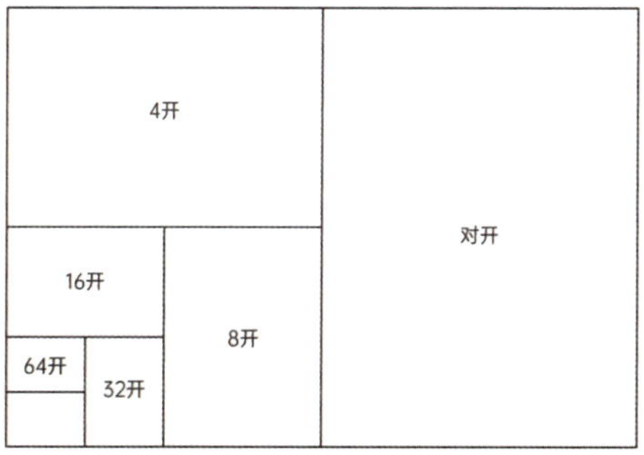

图8-1-7 开本与纸张的规格

表8-1-1 常用书籍开本尺寸 单位：mm

开本	全开纸	对开	4开	8开	16开	32开
大度	889×1194	860×580	420×580	420×285	210×285	210×140
正度	787×1092	760×520	370×520	370×260	185×260	185×130

放。儿童读物多采用小开本，如64开，小巧玲珑。大型画集、摄影画册，有6开、8开、12开、大16开等。期刊一般采用16开和大16开，大16开是国际上通用的开本。

8.1.4 设计实施

实训任务8.1
操作视频

1. 文件设置

选择菜单栏中的“文件”→“新建”，或者按快捷键Ctrl+N，在“新建文档”对话框中，设置文档的宽度为210mm、高度为285mm、画板数量为1，颜色模式为CMYK，光栅效果为300ppi，并设置文档名称为“文化书籍封面设计”，单击“创建”按钮，新建一个文档。

2. 图片处理

（1）在菜单栏中点击“文件”→“置入”，选中背景图素材后置入。置入图片后按Shift键等比例缩放图片至合适的大小，如图8-1-8所示。

（2）选择“矩形工具”，在画板空白处单击，将矩形属性面板中的宽度设置为210mm、高度设置为285mm，填充色设置为白色（#FFFFFF），并设置描边色为无色。

（3）选中新建的矩形，在右侧的“对齐”面板中选择“对齐画板”，执行水平居中和垂直居中，如图8-1-9所示。

（4）选中矩形和图片，执行“剪切蒙版”（快捷键Ctrl+7），或者选择菜单栏中的“对象”→“剪切蒙版”→“建立”，效果如图8-1-10所示。

3. 封面背景处理

（1）选择“矩形工具”，在画板空白处单击，将矩形属性面板中的宽度设置为105mm、高度为285mm，填充色为深红色（#7F1D1E），并设置描边色为无色。

（2）选择“矩形工具”，在画板空白处单击，将矩形属性面板中的宽度设置为16mm、高度为285mm，填充色为深红色（#7F1D1E），并设置描边色为无色。在右侧“外观”面板中，点击“不透明度”，“图层叠加模式”设置为滤色，不透明度设置为50%，如图8-1-11所示。

（3）选择“矩形工具”，在画板空白处单击，将矩形属性面板中的宽度设置为210mm、高度设置为8mm，并设置填充色为深红色（#7F1D1E），描边色为无色，效果如图8-1-12所示。

图8-1-8　置入背景图片素材，并调整到合适大小

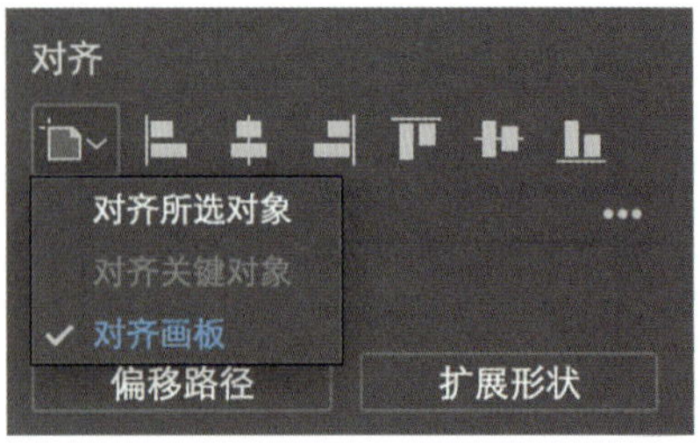

图8-1-9　“对齐”画板

4. 文字处理

（1）选择“直排文字工具”，在画板空白处单击，分别输入文字“艺术”“通史”。在右侧“字符”面板中选择“思源宋体”，字体样式“Bold”，字体大小112pt，字间距250pt，如图8-1-13所示。填充颜色为粉红色（#EB6F75）。

（2）选择菜单栏中的“效果”→“风格化（S）”→“投影”，为标题文字设置投影，如图8-1-14所示，模式设为“正片叠底”，不透明度设为50%，X位移、Y位移均为1mm，模糊为0mm，颜色为深红色（#A92339），勾选“预览”，点击确认。效果如图8-1-15所示。

（3）选择“文字工具”，在画板空白处单击，输入文字“销量百万册艺术通识经典”，在右侧“字符”面板中选择“思源宋体”，字体样式“SemiBold”，字体大小18pt，行间距25pt，字间距150pt。在“段落面板”中选择“居中对齐”，填充颜色为粉红色（#EB6F75）。

（4）选择“文字工具”，在画板空白处单击，输入文字“各国艺术专家联手打造的艺术鉴赏向导”“［英］史蒂芬·法辛编著”，在右侧“字符”面板中选择“思源宋体”，字体样式“SemiBold”，字体大小11pt，字间距200pt，填充颜色为粉红色（#EB6F75）。

（5）选择“文字工具”，在画板空白处单击，分别输入文字“Art The Whole Story”，

图8-1-10　执行“剪切蒙版”后效果

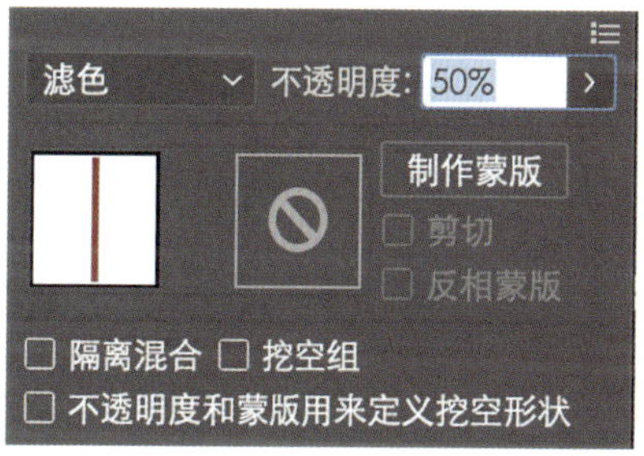

图8-1-11　“图层叠加模式”设置

图8-1-12　封面图片背景制作

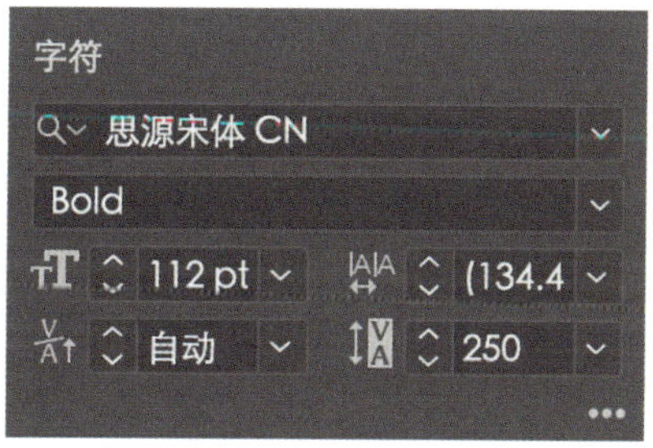

图8-1-13　“字符”面板

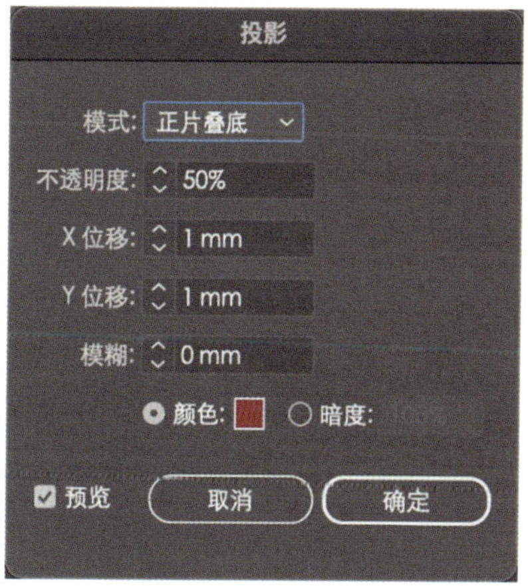

图8-1-14　“投影”面板

在右侧“字符”面板中选择“Times New Roman”，字体大小为24pt，行间距为54pt，字间距为1150pt。在“段落”面板中选择“左对齐”，填充颜色为粉红色（#EB6F75），并将不透明度设置为50%，效果如图8-1-16所示。

5. 细节图标装饰

（1）选择“椭圆工具”，在画板空白处单击，将矩形属性面板中的宽度设置为39mm、高度设置为39mm，填充色为无色，并设置描边色为粉红色（#EB6F75），描边粗细为2pt。

（2）选择“椭圆工具”，在画板空白处单击，将矩形属性面板中的宽度设置为35mm、高度设置为35mm，填充色为无色，并设置描边色为粉红色（#EB6F75），描边粗细为1pt，如图8-1-17所示。

（3）使用“文字工具”，在画板空白处单击，输入文字“经典全新修订版”，在右侧“字符”面板中选择“思源宋体”，字体大小为14pt，字体样式为Medium，行间距为18pt，填充颜色为粉红色（#EB6F75）。

（4）使用“文字工具”，在画板空白处单击，输入文字“New”，在右侧“字符”面板中选择“Times New Roman”，字体大小为20pt，填充颜色为粉红色（#EB6F75），如图8-1-18所示。

（5）使用“钢笔工具”，绘制两条线段，填充色为无色，并设置描边色为粉红色（#EB6F75），描边粗细为0.85pt，如图8-1-19所示。

（6）使用“星形工具”，同时按住Shift键和Alt键，绘制3个标准五角星，如图8-1-20所示。

（7）使用“选择工具”，框选以上所有icon元素，右键单击“编组”或使用快捷键Ctrl+G，在右侧“变换”面板中设置旋转角度为30°，如图8-1-21所示，效果如图8-1-22所示。

6. 保存并输出文件

选择菜单栏中的“文件”→“存储”，或者按Ctrl+S快捷键，选择文件格式为AI格式，保存源文件。同时选择菜单栏中的“文件”→“导出”→“导出为”，勾选“使用画板”，选择文件格式为JPEG或PNG，点击“导出”，导出图像，最终输出效果如图8-1-23所示。

图8-1-15 书名字体投影效果

图8-1-16 封面字体排版

图8-1-17 绘制圆形描边

图8-1-18 图标字体

图8-1-19 绘制装饰线段

图8-1-20 绘制五角星

图8-1-21 设置倾斜角度

图8-1-22 icon 旋转效果

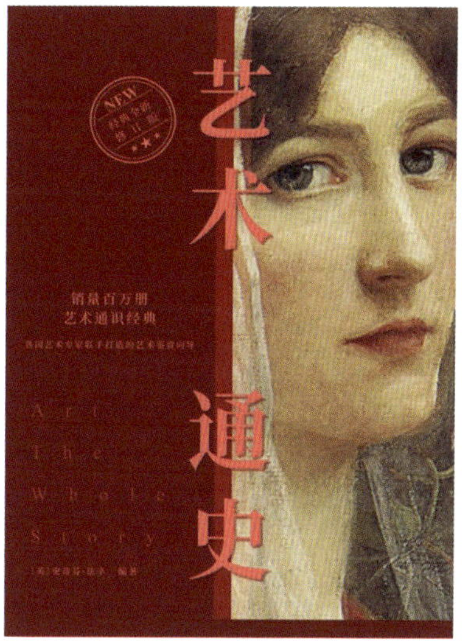

图8-1-23 《艺术通史》封面最终效果图

8.1.5 任务拓展

任务一 使用所学工具临摹《当代艺术史》书籍封面。

（1）任务效果图（图8-1-24）：

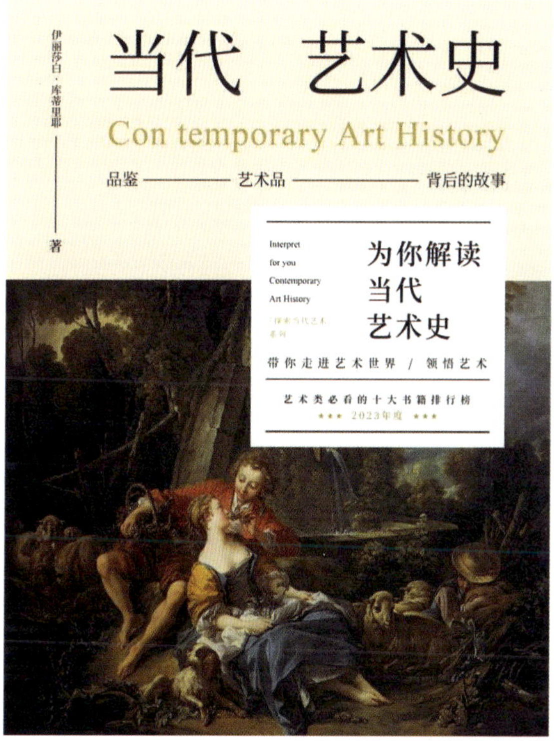

图8-1-24 《当代艺术史》书籍封面

（2）绘制关键步骤：

- 新建一个宽度为210mm、高度为285mm、颜色模式为CMYK，光栅效果为300ppi的文档；
- 在菜单栏中点击“文件”→“置入”，选中背景图片素材，等比例缩放至合适大小，使用“剪切蒙版”进行裁剪；
- 使用“矩形工具”绘制背景色块，注意绘制图层的前后顺序；
- 使用“文字工具”输入文字内容，在“字符”面板中设置合适的字体、字符样式、字体大小、字间距、行间距等参数；
- 在“段落”面板中选择合适的段落文字对齐方式；
- 使用“钢笔工具”进行细节装饰元素的绘制，注意描边的粗细及颜色设置。

任务二 科技类图书封面设计。

设计一个吸引人的科技类图书封面，该封面应能够反映书籍的主题和内容，同时吸引目标读者群体的注意。封面设计应当具有视觉冲击力，能够在同类目书籍中脱颖而出。

设计要求：

①主题和内容表达。

• 封面设计需明确反映科技主题，如人工智能、机器学习、未来科技等。

• 应包含图书标题、副标题（如果有）、作者名字和任何必要的标签或徽章。

②视觉元素。

• 使用现代、简洁的设计风格，以符合科技主题。

• 可以使用抽象图形、符号或科技元素（如电路板、代码片段、机器图像等）。

• 色彩选择应当强调现代感和科技感，推荐使用冷色调（如蓝色、灰色），配以高对比的色彩点缀。

③版式和组织。

• 确保所有文本元素的可读性，特别是书名和作者名。

• 文本和图像应有良好的对比和空间分布，避免过于拥挤或失衡。

④技术规格。

• 封面尺寸：210mm × 285mm。

• 色彩模式：CMYK。

• 分辨率：不低于300ppi。

家居类杂志内页设计

8.2.1 任务描述

利用Illustrator软件中的“选择工具”“直接选择工具”“矩形工具”组、“剪切蒙版”“文字工具”等，对《房屋装饰》杂志内页进行排版设计。

8.2.2 任务目标

（1）掌握Illustrator软件中段落文本及杂志内页排版的基础知识。

（2）能使用Illustrator软件中的基本功能进行杂志内页的排版。

①能熟练使用“选择工具”“直接选择工具”对图形、路径、锚点进行选择和移动调整。

②能熟练运用“对象”→“路径”→“分割为网格”将矩形划分为排版所需的参考网格，为图文排版提供精确参考。

③能熟练运用“文字工具”进行标题、段落文字的制作，其中包括字体种类、样式、大小、字间距、行间距等参数的调整。

④能熟练运用“段落”面板中的命令对段落文字进行排版，其中包括对齐方式、首行左缩进、段间距、避头尾集等参数的调整。

⑤能熟练运用“矩形工具”组、“钢笔工具”对所需的图形进行绘制操作。

⑥能熟练运用“填色和描边”工具对绘制的图形进行颜色、描边的调整。

⑦能熟练运用“剪切蒙版”对图片进行编辑，将其裁剪为需要的蒙版形状。

（3）掌握杂志内页的设计排版思路和制作方法，设计出贴合作品主题且符合当代审美的杂志内页。

8.2.3 知识准备

1. 段落文本

（1）段落文本的概念。

在Illustrator中，段落文本是指被放置在文本框内，以段落形式组织的文本内容。这种文本格式与单行文本形成对比，单行文本是直接在画布上点击创建的，每次点击只能输入一行文本，而段落文本则允许用户在一个可调整大小的文本框内输入多行文本，并对其进行复杂的格式化和排版。

（2）段落文本的制作与格式调整。

- **绘制文本区域：**选择“文字工具”，或按快捷键T，将“文字工具”的指针移动到文档中的空白区域，单击并拖动，创建一个文本区域（也称为文本框），这个区域将定义文本的范围和形状。
- **输入或粘贴文本：**在创建的文本区域内，可以直接输入文本，或者从其他程序（如Word、记事本）中复制并粘贴文本。

• **文本溢出与串接：** 如果最初绘制的文本区域太小，无法容纳所有文本，则会出现文本溢出的情况。此时，可以通过调整文本区域的大小或将文本进行串接，使用“选择工具”单击文本框右下角的红色十字框，在空白处单击，就会自动绘制一个和原本段落文本框一样大小的新的段落文本框，并将没有显示完的剩余内容继续在新的段落文本框中显示，如图8-2-1所示。

如果想要中断串接，双击串接两端的端口，文本就会流回之前的文本框内。

（3）调整段落文本格式。

“字符”面板、“段落”面板知识点参考实训任务5.1音乐节文字海报设计中的“知识准备”。

2. “路径”下的“分割为网络”功能

在Illustrator中，“分割为网格”是一项用于将封闭路径转换为网格的实用功能，可以将一个封闭图形按照设定的行数和列数，分割成规则的网格状，帮助设计师进行精确的布局设计，使元素的排列更加整齐、有序。

（1）操作方法。

Step1：绘制封闭路径

选择合适的绘图工具，如“矩形工具”“椭圆工具”等，在画布上绘制出需要进行分割的封闭路径图形。例如，使用“矩形工具”绘制一个矩形。

Step2：打开“分割为网格”对话框

选中绘制好的封闭路径对象，然后在菜单栏中依次点击“对象”→“路径”→“分割为网格”，即可打开“分割为网格”对话框。

（2）参数设置。

点击“分割为网格”命令后，会显示对应的面板，如图8-2-2所示，设置参数时，可以勾选“预览”按钮，实时查看分割效果。

数量： 在“行”和“列”的数值框中输入相应的数值，或者单击微调按钮，来设置想要的行数和列数。

高度/宽度： 用于设置行或列的高度与宽度尺寸。

栏间距/间距： 用于设置行与行或列与列之间的距离。

总计： 用于设置行与列间距和数值总和的尺寸。

添加参考线： 勾选该复选框，软件会按照相应的表格自定义参考线，方便更精准地进行设计。

3. 杂志的概念及设计流程

杂志，又称期刊，有固定刊名，以期、卷、号或年、月为序，它根据一定的编辑方针，将众多作者的作品汇集成册定期出版。杂志的开本种类非常丰富，一般可分为8开（420mm×285mm）、16开（大16开为210mm×285mm，正16开为185mm×260mm）、32开（203mm×140mm）。在我国使用最广泛的就是大16开

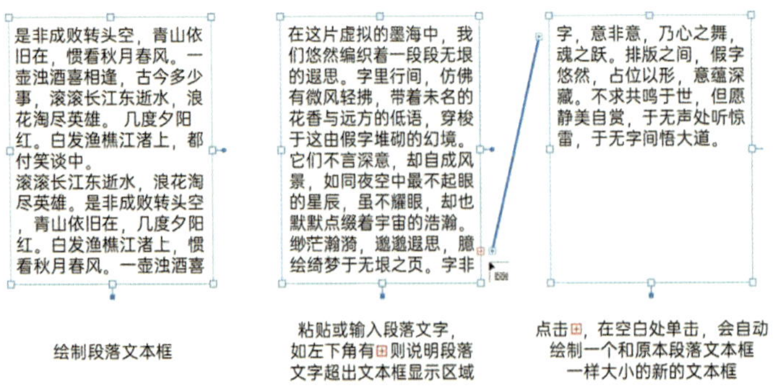

图8-2-1 将段落文本框进行串接

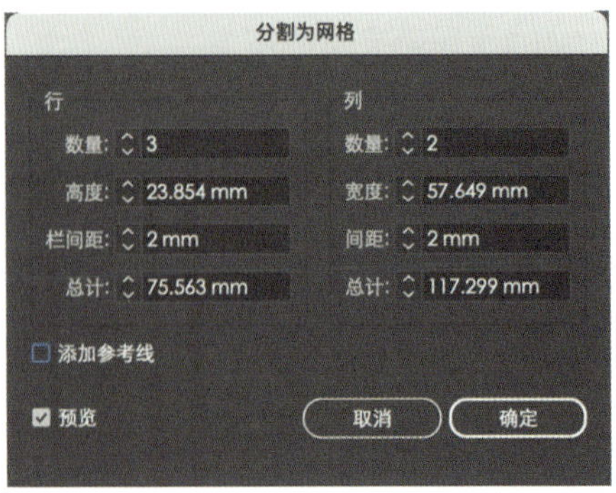

图8-2-2 “分割为网格”面板设置

（210mm × 285mm）。

杂志设计的流程，主要包含以下几个步骤：

（1）确定杂志基调。

根据杂志的行业属性、市场定位、受众群体等因素，找出表现的重点，确定杂志的基调（图8-2-3）。

（2）确定开本形式。

（3）确定封面的版式风格。

根据杂志定位指定封面风格，刊名的字体设计和封面设计是设计的重点（图8-2-4）。

（4）确定内页的版式风格。

确保内页各大板块设计风格的统一性，并在此基础上进行板块独特性的创新与设计。字体的大小与内容板块的编排要符合杂志的阅览特性和专业属性，使板块结构更有节奏感，保证阅读的流畅性。

（5）确定图片的类型。

根据杂志的主要内容选择图片类型。以适合版面风格，体现版面内容为重点。图片的精度原则上必须保持在300dpi以上，以保证印刷质量。

（6）具体设计。

将杂志的主题、形式、材质、工艺等特征进行综合整理，并进行具体的设计。

4. 杂志内页的版式构成要素

（1）版心与版面。

版心直接影响着版面的容量和视觉效果，四周的留白要适量。版心是页面中主要内容所在的区域，即文字和图形放置的区域。版心的大小称为版心率，一般来说，版心率越高，视觉张力就越大，版面会更丰富与热闹；反之，版心率越小，给人感觉就越典雅与简洁，版面也会更有格调（图8-2-5）。

（2）排列与分栏。

杂志的正文通常自左向右横排，符合人们的视觉习惯，可以提高阅读的质量和速度。通常不宜排通栏，一般分为双栏或三栏等。分栏版型的作用除了设定用以配置内文的栏数，也肩负着参考线的功能，使图片等元素能够以栏为基准来配置。只要遵守以栏作为基础的版型，即可让整本书的排版呈现统一感（图8-2-6至图8-2-8）。

图8-2-3 国外杂志作品

图8-2-4 《时尚芭莎》《VOGUE》杂志封面

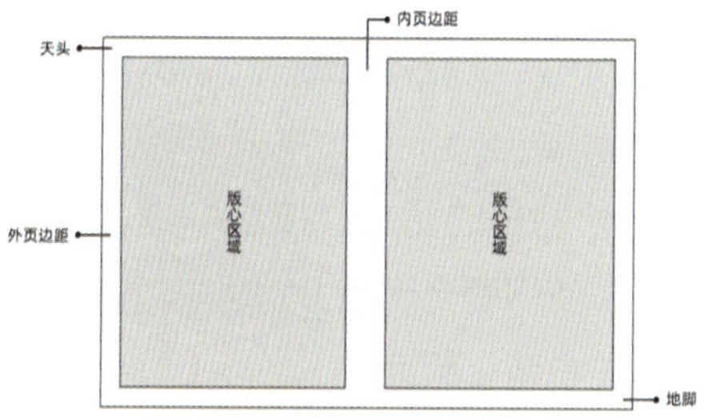

图8-2-5 版心与版面

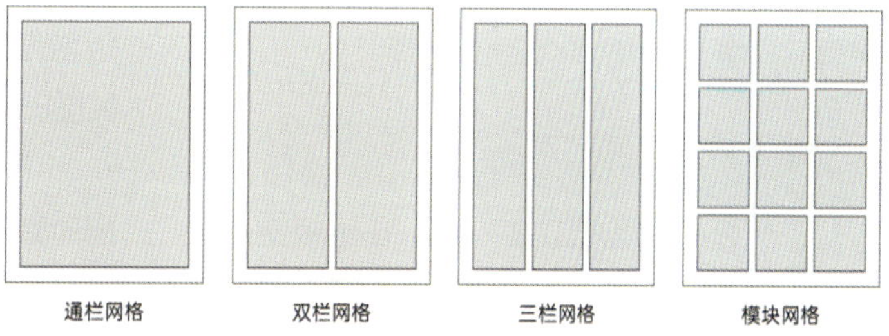

图8-2-6 常见的网格系统

图8-2-7 网格系统应用实例一

图8-2-8 网格系统应用实例二

（3）字体与字号。

杂志正文中宋体、黑体的使用频率较高。标题字体与正文字体的风格既要相互呼应，又要有所区别。杂志正文的字号通常设置为8～10号字体，标题的字号要根据具体内容而定。

8.2.4 设计实施

1. 文件设置

选择菜单栏中的“文件”→“新建”，或者按快捷键Ctrl+N，在“新建文档”对话框中，设置文档的宽度为420mm、高度为285mm，画板数量为1，颜色模式为CMYK，光栅效果为300ppi，并设置文档名称为“杂志内页设计”，单击“创建”按钮，新建一个文档。

实训任务8.2
操作视频

2. 参考网格的建立

（1）选择“矩形工具”，在画板空白处单击，因为页边距设置为15mm，所以将“矩形”属性面板中的宽度设置为180mm、高度为255mm，填充色为无色，并设置描边色为无色，注意对齐画板左侧区域，如图8-2-9所示。

图8-2-9 绘制初始网格矩形

（2）选择菜单栏中的“对象”→“路径”→“分割为网格”，在“分割为网格”属性面板中，将行、列的数量分别设置为6、4，栏间距、间距均设置为5mm，勾选“预览”，点击确认，如图8-2-10所示。

（3）选中分割好的网格，按住Alt键，向右拖动复制一个，使得两个网格分别居中对齐、水平对齐画板的左右两个版面。

（4）选中两个网格，选择菜单栏中的“视

图”→“参考线”→“建立参考线”，作为后续排版参考，如图8-2-11所示。

3. 绘制页眉、页码

（1）选择“钢笔工具”，以网格的最左侧为起点，最右侧为终点，绘制一条直线路径，设置填充颜色为无色，描边颜色为深灰色（#252625），描边宽度为1pt。

（2）选择“文字工具”，在画板空白处单击，输入文字“房屋装饰HOUSE DECOR”，在右侧“字符”面板中选择字体“思源黑体”，字体样式为Light，字体大小为8pt，字间距为250pt，填充颜色为黑色（#000000），如图8-2-12所示。

（3）选择“矩形工具”，在网格底部绘制矩形，并设置填充色为橙色（#F0853E），描边色为无色。

（4）选择“文字工具”，在画板空白处单击，输入页码“3”，在右侧“字符面板”中选择“思源黑体”，字体样式为Regular，字体大小为8pt，填充颜色为白色（#FFFFFF），如图8-2-13所示。

（5）重复以上步骤，绘制右侧页眉及页码。

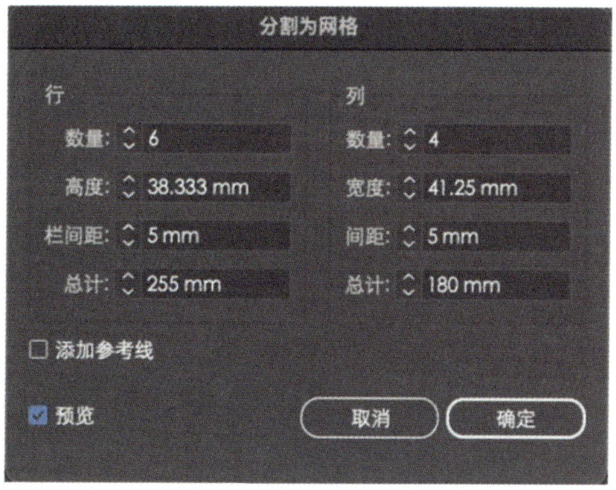

图8-2-10 “分割为网格”面板设置

图8-2-11 建立网格参考线

图8-2-12 页眉部分文字及装饰线条（左侧）

图8-2-13 页码部分文字及装饰线条（左侧）

4. 正文图片排版

（1）点击菜单栏中的“文件”→“置入”，置入主体背景图片素材，按住Shift键等比例缩放图片至合适的大小，根据网格的位置进行摆放。

（2）点击菜单栏中的“文件”→“置入”，置入剩余图片素材，按住Shift键等比例缩放图片至合适的大小，根据网格的位置，在画面右下角进行摆放，如图8-2-14所示。

（3）如果遇到图片的大小不一致的情况，可以使用“剪切蒙版”进行裁剪。使用“矩形工具”，参考网格位置，绘制合适大小的矩形，填充色为灰色（#8E8E8E），并设置描边色为无色，如图8-2-15所示。同时选中矩形和图片，保证灰色矩形一定在图片的上层，使用快捷键Ctrl+7，进行裁剪。如需撤销，可以单击鼠标右键，选择“释放剪切蒙版”，对蒙版矩形进行调整或者重新绘制，效果如图8-2-16所示。

图8-2-14 置入背景及装饰图片

图8-2-15 绘制矩形示意图片占位

图8-2-16 对图形执行“剪切蒙版”命令

5. 正文文字排版

（1）选择“文字工具” T，在画板空白处单击，输入文字“童梦缤纷：创意无限的儿童空间装饰艺术”，在右侧“字符”面板中选择“思源黑体”，字体样式为Medium，字体大小为24pt，填充颜色为黑色（#000000），如图8-2-17所示。

（2）选择“矩形工具” ▢，绘制正方形，并设置填充色为橙色（#F0853E），描边色为无色。

（3）选择“文字工具” T，在画板空白处单击，输入文字“文/杰西卡·莫里斯”，在右侧“字符”面板中选择“思源黑体”，字体样式为Regular，字体大小为11pt，填充颜色为橙色（#F0853E），如图8-2-18所示。

（4）选择“文字工具” T，在画板空白处根据网格参考线绘制一个文本框，如图8-2-19所示。将段落文字全部复制粘贴进去，如图8-2-20所示。因为复制的段落文字内容超过了文本框的显示区域，所以此时会在文本框右下方出现一个红色方框，如图8-2-21所示，使用“选择工具” ▶，单击红色的“文本溢出”提示框。在右侧空白处单击，会出现一个和刚才文本框大小一致的文本框，并且文字内容是刚才文本框内文字的剩余内容，如图8-2-22所示。

图8-2-17 输入标题

图8-2-18 输入作者

图8-2-19 绘制段落文本框

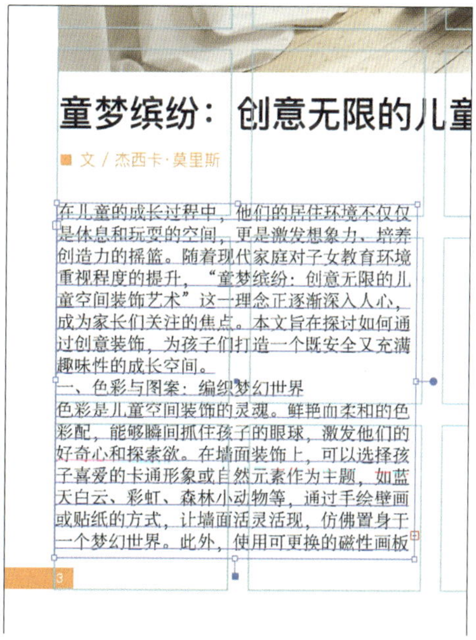

图8-2-20 粘贴段落文字

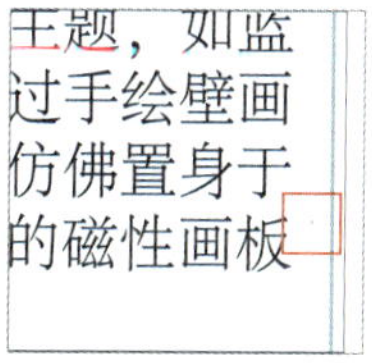

图8-2-21 文本溢出提示

（5）同理，在右侧页面中继续重复上一步，若还是出现红色方框，则可以使用“选择工具”▶调整第三个文本框的边界，以保证所有的文字内容都显示出来。

（6）选择“文字工具”T，在刚才三个段落文本框中任意双击，按Ctrl+A键，全部选中段落文字，在右侧“字符”面板中选择“思源黑体”，字体样式为Light，字体大小为10pt，行间距为15pt，填充颜色为黑色（#0000000）。在“字符”面板下方找到“段落”面板，选择“两端对齐，末行左对齐”▤，再点击▭，调整段落首行缩进字符的数值为20pt，避头尾集选择“严格”，效果如图8-2-23所示。

（7）选择“文字工具”T，单独选中段落中的二级标题，在右侧“字符”面板中将字体样式改为Medium，其余参数不变。

（8）选择“钢笔工具”✒，在左侧页面的两个段落中，绘制一条直线路径，设置填充颜色为无色，描边颜色为深灰色（#252625），描边宽度为1pt，如图8-2-24所示。

6. 保存并输出文件

选择菜单栏中的“文件”→“存储”，或者按Ctrl+S快捷键，选择文件格式为AI格式，保存源文件。选择菜单栏中的“文件”→“导出”→“导出为”，勾选“使用画板”，选择文件格式为JPEG或PNG，点击“导出”，导出图像，最终输出效果如图8-2-25所示。

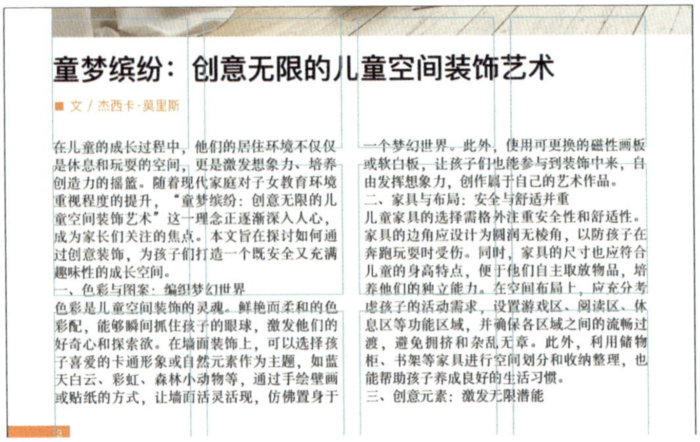

图8-2-22 衔接段落文本

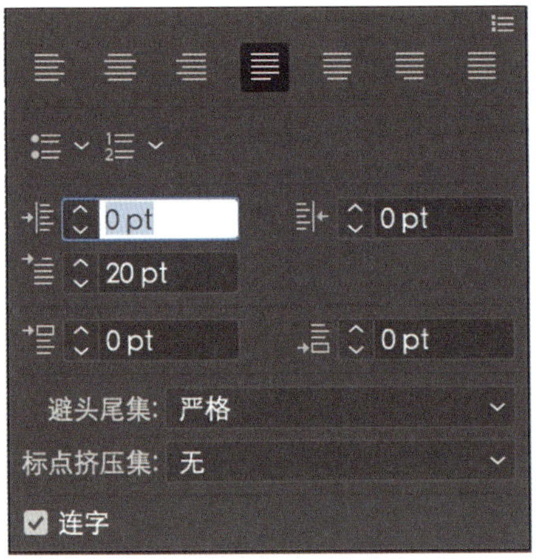

图8-2-23 更改段落文字属性参数

图8-2-24 绘制段落中间分栏线条

图8-2-25　最终效果图

8.2.5　任务拓展

任务一 使用所学工具临摹时尚杂志的内页。

（1）任务效果图（图8-2-26）：

图8-2-26　时尚杂志内页

（2）绘制关键步骤：

- 新建一个宽度为420mm、高度为285mm、颜色模式为CMYK，光栅效果为300ppi的文档；
- 使用“矩形工具”绘制版心，选择菜单栏中的“对象”→“路径”→“分割为网格”，将矩形分割为参考网格；
- 可以先绘制矩形进行图片占位示意，再将图片置入文档中，操作时注意顺序，矩形在上，图片在下，需要同时选中才能进行“剪切蒙版”命令；
- 使用“文字工具”输入文字内容，在“字符”面板中设置合适的字体、字符样式、字体大小、字间距、行间距等参数；
- 英文标题可分为两层，一层黑色，一层白色，通过绘制左右两个剪切蒙版来显示对应的部分；
- 在“段落”面板中设置首行缩进、段前间距、避头尾集等参数；
- 使用“钢笔工具”进行细节装饰元素的绘制，注意描边的粗细及颜色设置。

任务二 美食类杂志内页排版设计。

设计一本美食类杂志的内页，展示内容包括但不限于食谱、餐厅评论、美食文化探索等。内页排版应图文布局合理，具有特色，便于阅读，并具备视觉美感。使用不少于5张图片。

设计要求：

①内容展示。

- 美食文化相关文章，配以相关图片或插图。

②视觉元素。

- 使用高质量的食物摄影图片，确保图片色彩鲜明、诱人。
- 应用统一而吸引人的色彩方案，反映出美食的丰富多彩。
- 利用图形和边框元素增强页面布局的视觉效果。

③版式和组织。

- 文本和图像应有良好的布局平衡，避免页面显得过于拥挤或空旷。
- 使用多样的版式设计，如单栏、双栏或特色框架，以增加页面的动态感。
- 确保所有的设计元素都有助于增强内容的表达和读者的阅读体验。

④技术规格。

- 封面尺寸：420mm × 285mm。
- 色彩模式：CMYK。
- 分辨率：不低于300ppi。

模块4 UI设计

项目9

图标设计

App，即应用程序，是专为智能手机、平板电脑、智能手表等移动设备设计的软件。这些软件能够利用设备的特性和操作系统提供的功能，为用户提供丰富多样的服务和体验。界面设计即UI设计，是App开发中不可或缺的重要环节，它直接影响用户的操作体验和产品的美观度。UI设计包括图标、界面布局、交互元素的设计，以及颜色、字体、间距等视觉细节的优化。良好的UI设计不仅能提升用户的使用效率，还能增强产品的吸引力和品牌辨识度。

在应用程序（App）开发中，控件（Widget）是用户界面（UI）的基本组件，用于创建交互式的元素，如按钮、文本框、滑块、列表等。控件是构成应用界面的基石，允许用户与应用进行交互。控件的使用和布局构成了用户界面设计的核心，而控件的视觉设计，即图标设计则会直接影响应用的用户体验。精心设计的图标不仅具有美观性，更通过直观的视觉线索增强用户的操作直觉，从而提高用户满意度和留存率。因此，开发者在设计每个图标的外观时，需要细致考虑应用的目标与用户的具体需求。

本项目将通过扁平化图标、2.5D图标以及底部导航栏三个任务，学习制作简单的用户界面控件，帮助学习者对界面设计形成一个初步认识，为后续的项目开展打下基础。

实训任务9.1 扁平化图标设计

9.1.1 任务描述

利用Illustrator软件中“移动工具”“直接选择工具”“矩形工具”组、“填色和描边”工具、“形状生成器工具”等，绘制扁平化图标。

9.1.2 任务目标

（1）掌握Illustrator软件中图形设计和图标设计的基础知识。

（2）能使用Illustrator软件中的基本功能绘制扁平化图标图形。

①能熟练使用“选择工具”“直接选择工具”对图形、路径、锚点进行选择和移动调整。

②能熟练运用“矩形工具”组、“钢笔工具”对所需的图形进行绘制操作。

③能熟练运用“填色和描边”工具对绘制的图形进行颜色、描边的调整。

④能熟练运用“形状生成器工具”对选中的图形进行编辑操作。

（3）掌握扁平化图标的设计思路和制作方法，设计出符合当代审美、具有创意的扁平化图标。

9.1.3 知识准备

1. 图标的概念

图标，也称icon，是介于用户和图形界面之间的一个视觉载体。优秀的图标设计能够带给用户良好的视觉体验与操作体验，同时被不同语言、不同文化的人群所理解。

图标是一种视觉图形元素，用来执行应用程序已经定义的操作，表现为图标、文字、图标与文字结合等形式。常见的图标视觉形式有：面性图标、线性图标、线面结合图标、立体图标等（图9-1-1）。

图标可以增加界面的美观性和视觉吸引力，使界面更加具有吸引力和可读性。但同一界面中存在的图标数量不宜过多，视觉表现形式需要相对统一，否则会对用户的信息识别造成一定的困扰。

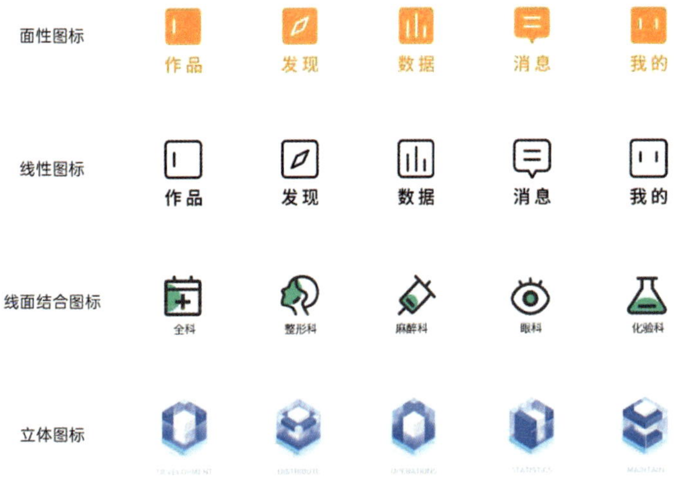

图9-1-1 常见的图标形式

2. 图标控件的设计原则

在App中设计图标时，有几个关键原则需要遵循，以确保图标既美观又实用。

（1）信息传达，简洁明了。

图标设计应简单易懂，具备高辨识度，同时规避复杂的细节元素。即便在较小的尺寸展示下，也应确保图标清晰可见，以便用户能够迅速且准确地识别。

（2）功能呈现，具象化识别。

高品质的图标应在第一时间内让用户了解产品的属性和功能。设计时应高度提炼产品特色，选取最能代表产品属性的图形元素，并突出这些元素。

（3）视觉强化，色彩对比。

使用鲜明的颜色和对比度，确保图标在不同背景下清晰可见。同时，避免使用过多的颜色，以保持视觉上的简洁。

（4）风格统一，设计一致。

图标的设计风格、绘制方法应保持一致，包括颜色、线条粗细、形状和阴影等，以确保整个图标组合的视觉体验统一。

3. 尺寸与栅格

（1）移动端常见图标尺寸为（单位为像素，即px）：12×12、16×16、24×24、32×32、48×48、64×64、128×128、512×512、1024×1024。其中，48×48为常规图标的设计尺寸。

（2）图标的设计规范使用栅格（keyline）规范，通过这种规范作为设计指导，来保持图标视觉上的一致性和平衡感（图9-1-2）。在UI界面设计中，网格大小必须是4或8的倍数（根据安卓和iOS设计规范，安卓是8的倍数，iOS是4的倍数），以此保证不同尺寸下的适配问题。使用24×24的网格尺寸时，需要预留2px的出血

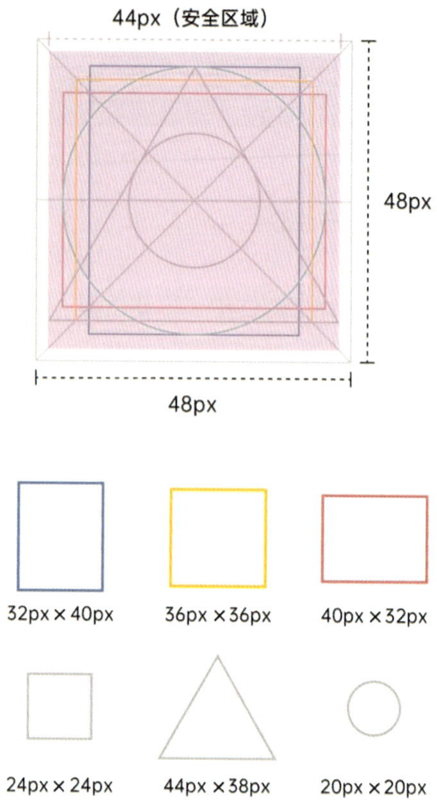

图9-1-2 图标栅格关键线

线。如果有其他尺寸的图标，如48×48，可在24×24的基础上增加1倍，根据自己设计的需要以此类推。每一种尺寸中包含“安全区域”和“裁剪区域”，安全区域中要采用相应的关键线来约束图标。异形图标在设计时需要根据实际视觉效果做调整，主要保证图标在视觉上的统一。

9.1.4 设计实施

1. 文件设置

实训任务9.1
操作视频

选择菜单栏中的“文件”→“新建”，或者按快捷键Ctrl+N，在“新建文档”对话框中，设置文档的宽度和高度均为256px，画板数量为1，颜色模式为RGB，光栅效果为72ppi，并设置文档名称为“扁平化图标控件”，单击“创建”按钮，新建一个文档。

2. 绘制“相机”图标机身部分

（1）选择“矩形工具”，在画板空白处单击，将“矩形”属性面板中的宽度和高度分别设置为192px、150px，选择“直接选择工具”，框选绘制的矩形，将上方“矩形”状态栏中的“边角”数值设置为10px，并设置填充色为浅灰色（#E6E9ED），描边色为无色，如图9-1-3所示。

（2）选择“矩形工具”，在画板空白处单击，将“矩形”属性面板中的宽度和高度分别设置为192px 、96px，并设置填充色为深灰色（#6E838D），描边色为无色，如图9-1-4所示。

（3）选择“矩形工具”，绘制相机的快门键，在画板空白处单击，将“矩形”属性面板中的宽度和高度分别设置为42px、10px，并设置填充色为深灰色（#6E838D），描边色为无色。选择“直接选择工具”，框选上方两个锚点，在上方“锚点”的状态栏中将矩形的“边角”数值设置为4px，如图9-1-5所示。

（4）选择“椭圆工具”，绘制相机的闪光灯，在画板空白处单击，将“椭圆”属性面板中的宽度和高度均设置为10px，并设置填充色为黄色（#FEBA0D），描边色为无色，如图9-1-6所示。

3. 绘制“相机”图标镜头部分

（1）选择“椭圆工具”，在画板空白处单击，将“椭圆”属性面板中的宽度和高度均设置为106px，并设置填充色为浅灰色（#F5FBFF），描边色为无色，如图9-1-7所示。

（2）选择“椭圆工具”，在画板空白处单击，将“椭圆”属性面板中的宽度和高度均设置为86px，并设置填充色为深灰色（#8CA3B0），描边色为无色，如图9-1-8所示。

（3）选择“椭圆工具”，在画板空白处单击，将“椭圆”属性面板中的宽度和高度均设置为64px，并设置填充色为灰蓝色（#41627A），描边色为无色，如图9-1-9所示。

（4）选择“椭圆工具”，在画板空白处单击，将“椭圆”属性面板中的宽度和高度均设置为42px，并设置填充色为灰蓝色（#2A4152），描边色为无色，如图9-1-10所示。

图9-1-3 相机机身绘制一

图9-1-4 相机机身绘制二

图9-1-5 快门绘制

图9-1-6 闪光灯绘制

图9-1-7 相机镜头绘制一

图9-1-8 相机镜头绘制二

图9-1-9 相机镜头绘制三

图9-1-10 相机镜头绘制四

（5）选择“椭圆工具”，在画板空白处单击，将“椭圆”属性面板中的宽度和高度均设置为64px，填充色为无色，描边色为白色，在右侧属性栏中的“描边”面板中将“宽度”设置为8px，点击“描边”，出现相关选项的对话框后，将描边的“端点”“边角”设置为圆角，如图9-1-11所示。选中圆形，按住Shift键，配合“自由变换工具”，旋转45°，或在右侧“变换”面板中，将旋转角度设置为45°。使用“直接选择工具”，选中圆形右下的锚点，删除，如图9-1-12所示，并复制一个圆形在一旁备用。

（6）选中刚才复制的备用圆形，保留描边设置，将填充色设置为白色，使用“钢笔工具”，将断开的锚点进行连接，如图9-1-13所示。在右侧属性栏中的“外观”面板中，将“不透明度”设置为50%，效果如图9-1-14所示。

（7）选择“矩形工具”，绘制相机的快门键，在画板空白处单击，将“矩形”属性面板中的宽度和高度均设置为22px，并设置填充色为浅灰色（#F5FBFF），描边色为无色。使用“直接选择工具”，框选右侧的两个锚点，在上方“锚点”的状态栏中将矩形的“边角”数值设置为11px，如图9-1-15所示。

（8）选择“椭圆工具”，在画板空白处单击，将“椭圆”属性面板中的宽度和高度均设置为10px，并设置填充色为深灰色（#6E838D），描边色为无色，如图9-1-16所示。

4. 绘制“相机”图标镜头的投影部分

（1）选择“矩形工具”，在画板空白处单击，将“矩形”属性面板中的宽度和高度分别设置为106px、120px，并设置填充色为浅灰色（#D3DFF0），描边色为无色。选中矩形，按住Shift键，配合“自由变换工具”，旋转45°，或在右侧属性栏中的“变换”面板中，将旋转角度设置为45°，与相机镜头相切，如图9-1-17所示。在“外观”面板中点击“不透明度”，将图层叠加模式由“正常”更改为“正片叠底”，如图9-1-18所示。

（2）选中之前绘制的镜头部分，将其“编组”（不包含绘制的投影和相机机身），或按快

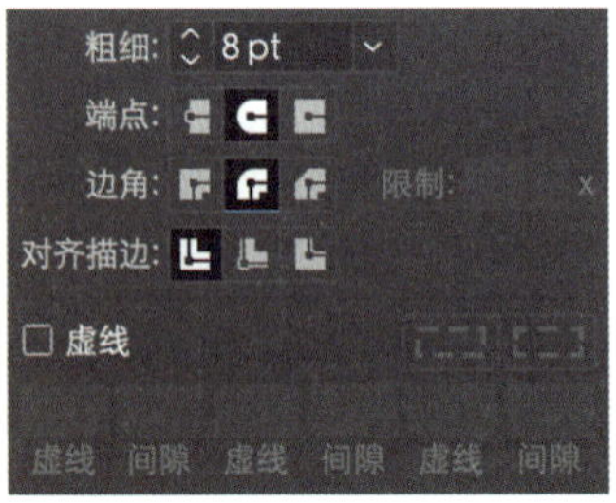

图9-1-11　镜头描边属性设置

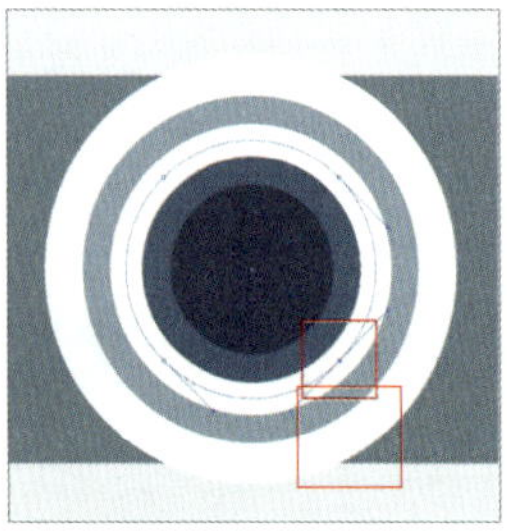
图9-1-12　删除右下方锚点

图9-1-13　使用钢笔工具连接锚点

图9-1-14　设置不透明度

图9-1-15　相机镜头装饰一

图9-1-16　相机镜头装饰二

图9-1-17　绘制投影矩形与镜头相切

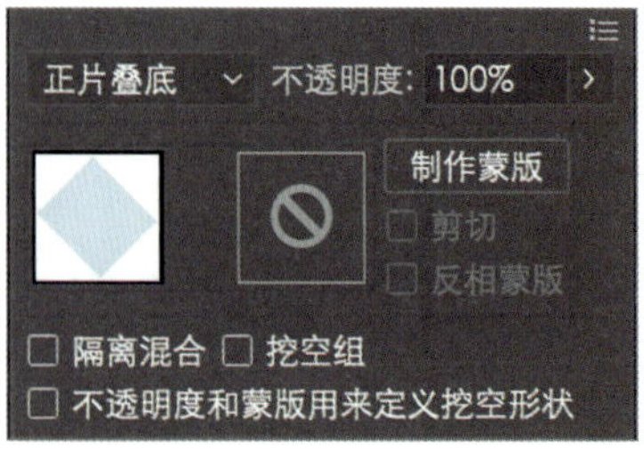

图9-1-18　设置投影图层叠加模式

捷键Ctrl+G，右键单击，选择“排列”→“置于顶层”，如图9-1-19所示。

（3）选中相机的机身和投影，使用“形状生成器工具”，按住键盘上的Alt键，将机身外的投影减去（图9-1-20），效果如图9-1-21所示。

5. 绘制“相机”图标的背景部分

选择“矩形工具”，在画板空白处单击，将“矩形”属性面板中的宽度和高度均设置为256px，并设置填充色为灰蓝色（#87CCC9），描边色为无色。使用“直接选择工具”，选中圆角矩形，在上方“锚点”的状态栏中将矩形的“边角”数值设置为32px。

6. 保存并导出

选择菜单栏中的“文件”→“存储”，或者按快捷键Ctrl+S保存文件，选择文件格式为AI格式，保存源文件。选择菜单栏中的“文件”→“导出”→“导出为”，勾选“使用画板”，选择文件格式为JPEG或PNG，点击“导出”，导出图像，最终效果如图9-1-22所示。

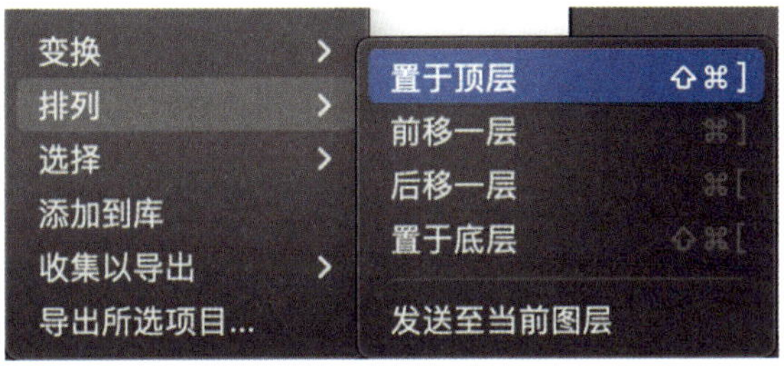

图9-1-19　镜头部分“置于顶层”

图9-1-20　减去多余的投影

图9-1-21　投影效果图

图9-1-22　最终效果图

9.1.5　任务拓展

任务一　使用所学工具临摹如下图标。

（1）任务效果图（图9-1-23、图9-1-24）：

图9-1-23　文件夹图标

图9-1-24　信封图标

（2）绘制关键步骤：

- 新建一个宽度、高度均为256px、画板数量为2，颜色模式为RGB，光栅效果为72ppi的文档；
- 使用“矩形工具”组进行基础图形的绘制；
- 使用“钢笔工具”“直接选择工具”对基础图形进行调整时，要注意“添加锚点工具”只能在形状路径上进行添加；
- 要使用“直接选择工具”先框选对应的锚点，然后才能调整圆角的弧度；
- 使用“形状生成器工具”时，需要有多个矢量形状或者交叉路径，按住Alt键才能减去图形；
- 绘制图标时，注意图层的先后顺序，可以通过右键单击“排列”，或者按Ctrl+[/]键来调整图层的先后顺序。

任务二 食物主题图标创作。

以食物元素为视觉设计主题，如汉堡、比萨、蛋糕等，绘制一组扁平化图标，不少于4个。

设计要求：

①设计风格。

- 采用扁平化设计风格，避免使用任何形式的纹理效果。
- 每个图标应具有独特性，同时保持整体系列的统一风格。
- 强调简洁的线条和鲜明的颜色对比，确保图标在不同背景色、使用场景上均能突出显示。
- 每个图标限用2～4种颜色，以保持视觉的简洁性和一致性。

②技术规格。

- 图标尺寸：256px×256px。
- 色彩模式：RGB。
- 分辨率：72ppi。

实训任务9.2　2.5D图标设计

9.2.1　任务描述

利用Illustrator软件中“移动工具”“直接选择工具”“矩形工具”组、“矩形网格工具”“填色和描边”工具、“3D（经典）”效果等，绘制2.5D图标。

9.2.2　任务目标

（1）掌握Illustrator软件中3D效果和2.5D图标设计的基础知识。

（2）能使用Illustrator软件中的基本功能绘制2.5D图标图形。

①能熟练使用“选择工具”“直接选择工具”对图形、路径、锚点进行选择和调整。

②能熟练运用“矩形工具”组、“钢笔工具”对所需的图形进行绘制操作。

③能熟练运用“填色和描边”工具对绘制的图形进行颜色、描边的调整。

④能熟练使用“渐变工具”对图形的渐变角度、颜色、不透明度等进行调整。

⑤能熟练运用“3D（经典）”效果中的“凸出和斜角（经典）”“旋转（经典）”对图形进行透视处理。

（3）掌握2.5D图标的设计思路和制作方法，设计出符合当代审美、具有创意的2.5D图标。

9.2.3　知识准备

1. 2.5D图标的概念

2.5D的标准说法是Isometric风格，翻译过来就是等距设计，是介于2D和3D之间的一种伪3D图标设计风格。它模拟了3D效果，由物体的正面、光面和暗面三面组成，具有真实、有趣、层次丰富的特点。这种图标设计风格简单理解就是带有3D效果的二维画面，比较接近于人们的视觉习惯，富有立体感（图9-2-1）。

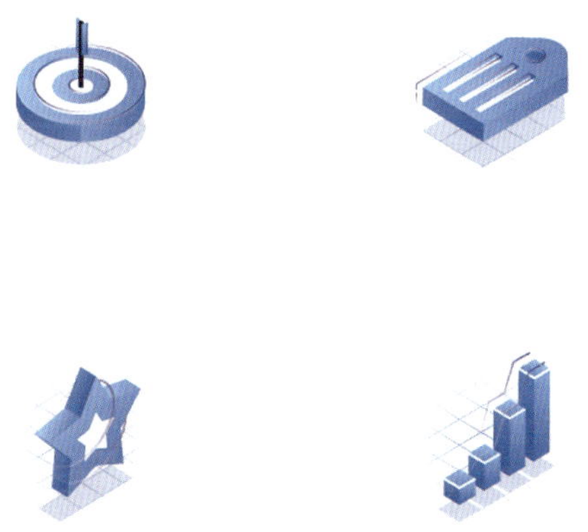

图9-2-1　2.5D图标

2. 2.5D图标控件的设计原则

（1）利用等距视图角度。

2.5D图标的立体感主要是通过透视效果来展现的，但它的透视线永不相交，同方向永远平行，中间夹角为120°，使得图标看起来更加立体和有层次感（图9-2-2）。

（2）保持简洁性。

尽管2.5D图标包含三维元素，但是设计时仍需保持图标的整体简洁，避免过度装饰，确保图标的功能性和识别性不被复杂的视觉效果所掩盖。

（3）明确的视觉层次。

利用阴影、高光和渐变，甚至是对比度高的色彩来创建深度感，使图标元素看起来像是在不同的层次上。这有助于图标看起来更为立体，增强视觉吸引力。

（4）统一的光源方向。

在图标中应用光影效果时，保持一致的光源方向至关重要。这不仅保证了图标组合的视觉协调性，也增强了整体的三维感。

（5）保持一致性。

在设计2.5D图标时，要注意保持整体风格的一致性，包括颜色搭配、线条风格等方面，以确保图标整体看起来和谐统一。

3. 2.5D图标的绘制方法

（1）方法一：参考线绘制法。

先在画板中建立一个三维的轴测参考坐标系，然后配合使用“实时上色工具”填充颜色，以明暗关系来区分不同的面，以此来构建伪3D图形。

参考线绘制方法：首先使用“钢笔”工具绘制一条线，选中线条，按住Alt键，向右拖拽复制，配合快捷键Ctrl+D，连续复制出多条竖线。全选后，使用“旋转工具”旋转60°，勾选“预览”，点击“复制”两次（图9-2-3）。

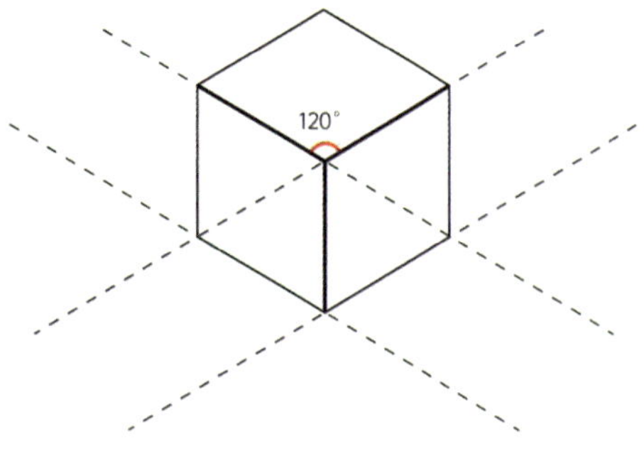

同方向永远平行，中间夹角为120°

图9-2-2 等距视图角度

（2）方法二：Illustrator内置的3D功能。

选择菜单栏中的“效果”→“3D和材质”→“3D（经典）”→“凸出和斜角（经典）...”或“旋转（经典）”（图9-2-4），可在对应的属性面中进行位置（等角方向）、角度、位移等参数的调整和预览，单击确定，应用效果（图9-2-5）。

在应用3D效果后，可以在画布上移动、缩放和旋转3D对象。如果需要对其更改颜色，则需要选中对象，在菜单栏中找到“对象”→“扩展外观”，对3D效果进行栅格化后，再进行后续的操作。

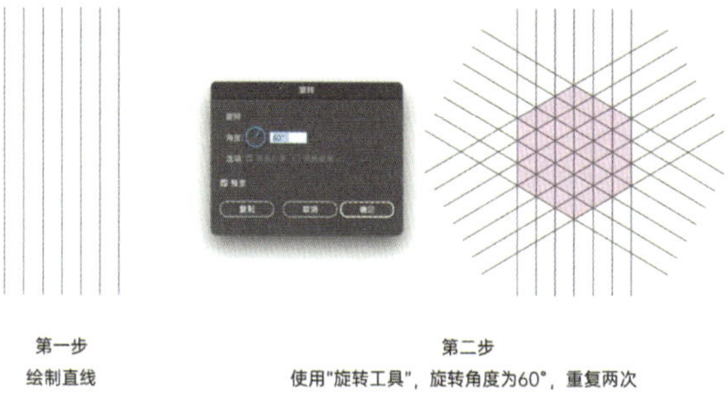

图9-2-3 2.5D参考线绘制方法

图9-2-4 3D（经典）效果——“凸出和斜角（经典）...”和“旋转（经典...）”

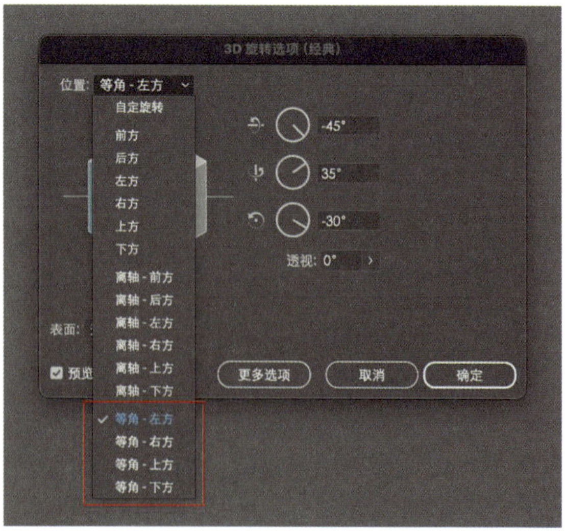

图9-2-5 3D旋转选项（经典）——2.5D图标“位置”方向

（3）方法三：使用等测轴插件，例如2.5D Gemerator 2.0。

9.2.4 设计实施

1. 文件设置

实训任务9.2
操作视频

选择菜单栏中的“文件”→“新建”，或者按快捷键Ctrl+N，在“新建文档”对话框中，设置文档的宽度和高度均为480px，画板数量为1，颜色模式为RGB，光栅效果为72ppi，并设置文档名称为“2.5D图标”，单击“创建”按钮，新建一个文档。

2. 基础图形绘制

（1）选择“矩形工具”，在画板空白处单击，将“矩形”属性面板中的宽度和高度分别设置为140px、120px，如图9-2-6所示。

（2）选择“直接选择工具”，框选整个矩形，将上方“矩形”状态栏中的“边角”数值设置为6px，效果如图9-2-7所示，使用“选择工具”选中矩形，按住Alt键，向右拖拽，复制一个备用。

（3）选择“直线段工具”，单击右键，找到“矩形网格工具”，在画板空白处单击，默认大小的宽度、高度分别为124px、100px，水平分隔线数和垂直分隔线数的数量分别设置为5、4，如图9-2-8所示，描边颜色设置为蓝青色（#84A1B1），如图9-2-9所示。

（4）选择“直接选择工具”，选择网格最外面的边，在右侧“外观”面板中设置描边为1.5pt，选中网格最左上角的锚点并删除，效果如图9-2-10所示。

（5）选择“直接选择工具”，选择网格的内部线条，在右侧“外观”面板中设置描边为0.5pt，效果如图9-2-11所示。

（6）选择“钢笔工具”，在格点上绘制直线，在右侧“外观”面板中设置描边为4pt，端点设置为圆头端点，边角为圆角连接，如图9-2-12所示。设置描边色为亮黄色（#FAD777），如图9-2-13所示。

（7）选择“椭圆工具”，在画板空白处单击，将“椭圆”属性面板中的宽度和高度均设置为16px，并设置填充色为灰蓝色（#84A1B1），

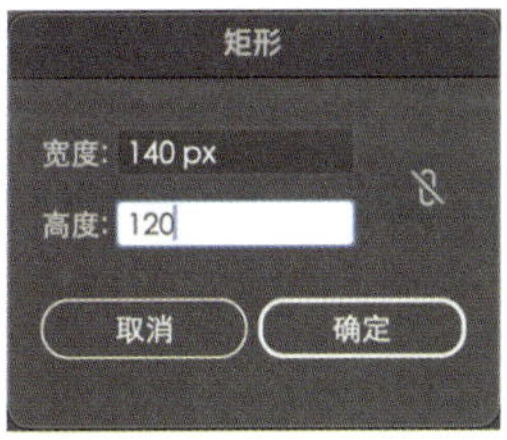

图9-2-6 “矩形”属性面板

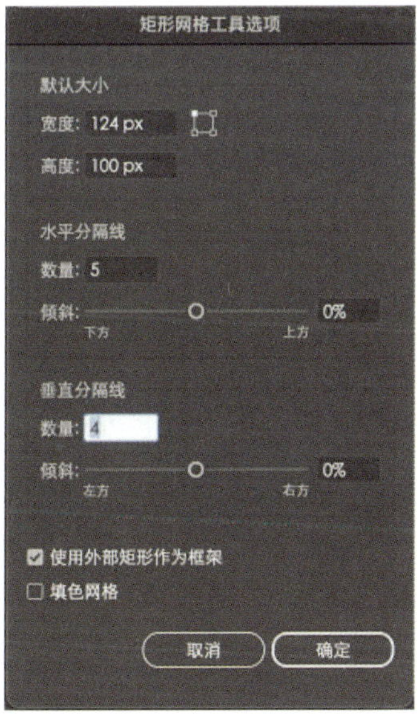

图9-2-8 矩形网格工具设置

图9-2-9 网格描边颜色填充

图9-2-7 矩形圆角效果

图9-2-10 坐标轴绘制

图9-2-11 坐标轴内部网格描边

描边色为无色。在“外观”面板中设置不透明度为20%，如图9-2-14所示。

（8）选择“椭圆工具”，在画板空白处单击，将“椭圆”属性面板中的宽度和高度均设置为10px，并设置填充色为橙黄色（#FFA33E），描边色为无色，如图9-2-15所示。

（9）选中刚才绘制的两个圆形，按住Alt键，向右拖拽，复制3组，并放置在合适的格点位置，如图9-2-16所示。

3. 2.5D效果制作

（1）选中绘制的白色矩形，在菜单栏中找到“效果”→“3D和材质”→“3D（经典）”→“凸出和斜角（经典）”，“位置”选择“等角-左方”，“凸出厚度”设为10pt，参数如图9-2-17所示，勾选“预览”，单击确定，3D效果如图9-2-18所示。

（2）选中绘制的橙色圆形，在菜单栏中找到“效果”→“3D和材质”→“3D（经典）”→“凸出和斜角（经典）”，位置选择“等角-左方”，凸出厚度设为4pt，勾选“预览”，单击确定。

（3）选中刚才绘制的网格、灰蓝色圆形、钢笔绘制的折线，在菜单栏中找到“效果”→“3D和材质”→“3D（经典）”→“旋转（经典）”，位置选择“等角-左方”，参数如图9-2-19所示，勾选“预览”，单击确定，3D效果如图9-2-20所示。

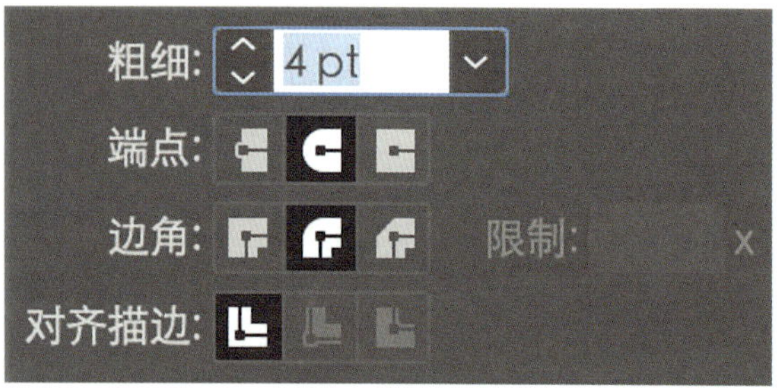

图9-2-12 描边属性设置

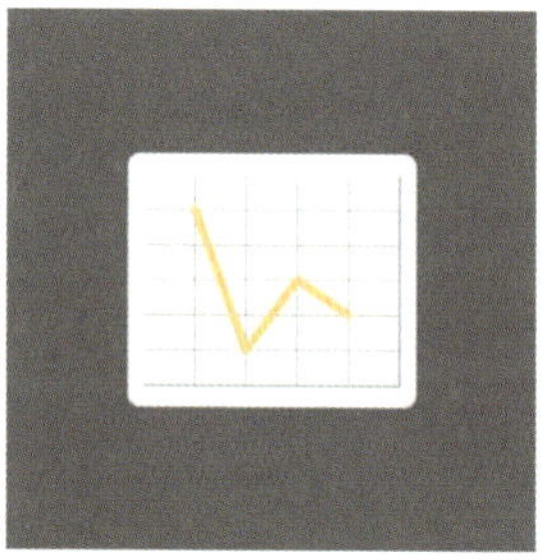
图9-2-13 网格直线绘制效果

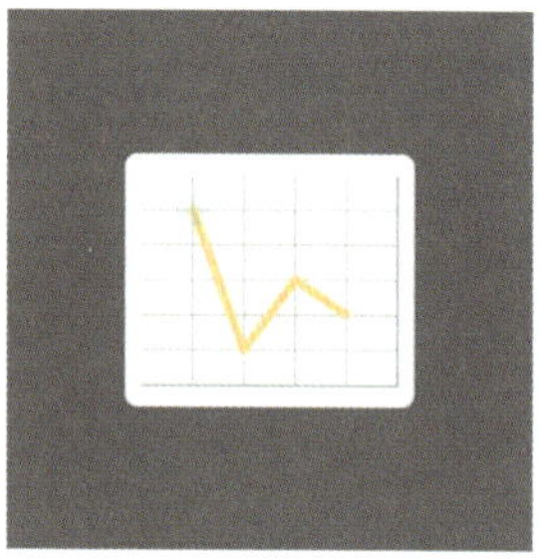
图9-2-14 灰蓝色圆形绘制

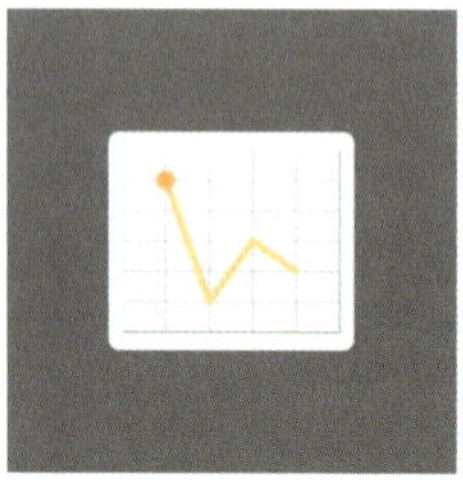
图9-2-15 橙黄色圆形绘制

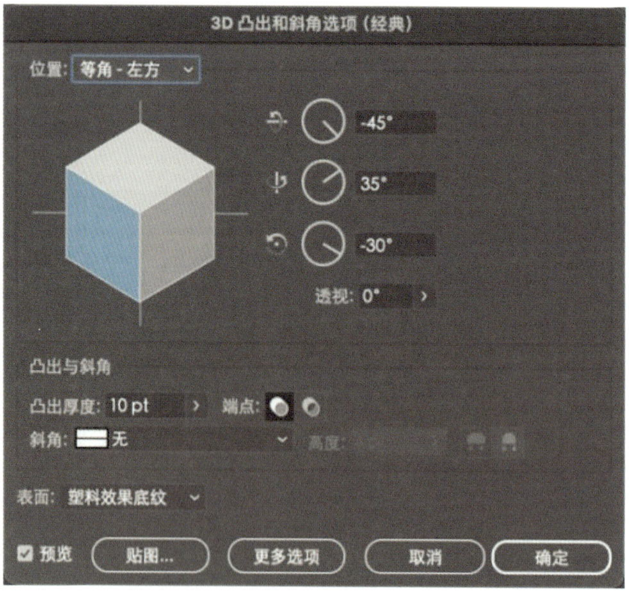

图9-2-17 “3D凸出和斜角选项（经典）”参数

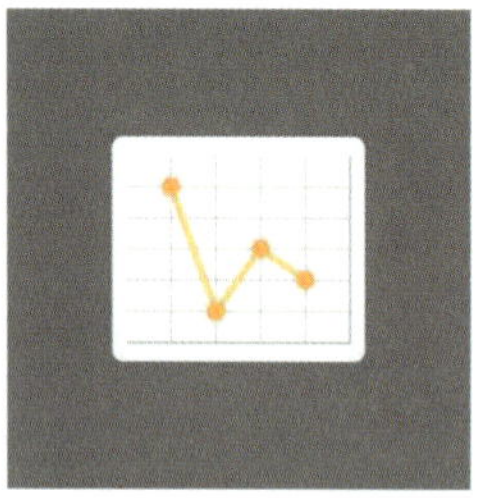
图9-2-16 图表平面效果图

图9-2-18 3D凸出和斜角（经典）效果

（4）将以上元素摆放在对应的合适位置，选中所有元素，在菜单栏中找到“对象”→“扩展外观”，如图9-2-21所示。

4. 颜色细节调整

（1）选择“直接选择工具”，选中矩形的正面，修改填充颜色为浅灰色（#C2D7E4），选中剩余的面，填充颜色设置为浅白色（#EBF8FF），如图9-2-22所示。

（2）选择“直接选择工具”，选中黄色圆形的正面，修改填充颜色为橙黄色（#E7973A），选中剩余的面，填充颜色设置为亮黄色（#FAD777），如图9-2-23所示。

（3）选择“选择工具”，选中矩形，按住Alt键，复制2个矩形，调整到合适的位置，在“外观”面板中将不透明度调整为40%。选中新复制排列在中间的矩形，单击右键，选择“排列”→“置于底层”，如图9-2-24所示。再选中最右侧的矩形，单击右键，选择“排列”→“置于底层”，效果如图9-2-25所示。

5. 背景、投影绘制

（1）选择“矩形工具”，在画板空白处单击，将“矩形”属性面板中的宽度和高度均设置为480px，并设置填充色为蓝青色（#2B99BE），描边色为无色。单击右键，选择“排列”→“置于底层”，如图9-2-26所示。

（2）选择最初复制备用的矩形，在菜单栏中找到“效果”→“3D和材质”→“3D（经典）”→“旋转（经典）”，位置选择“等角-下

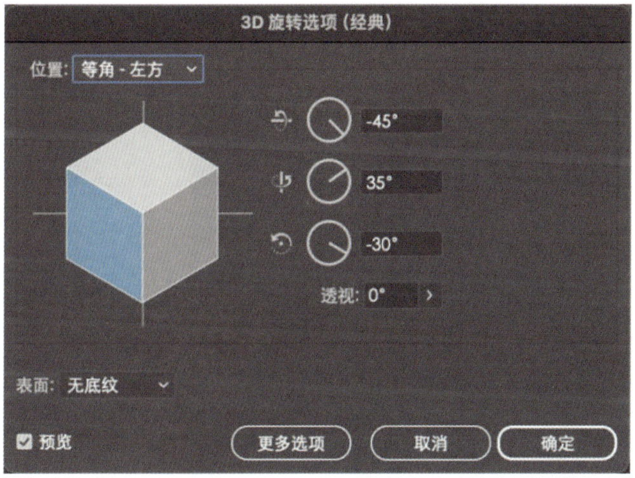

图9-2-19 “3D旋转选项（经典）”参数

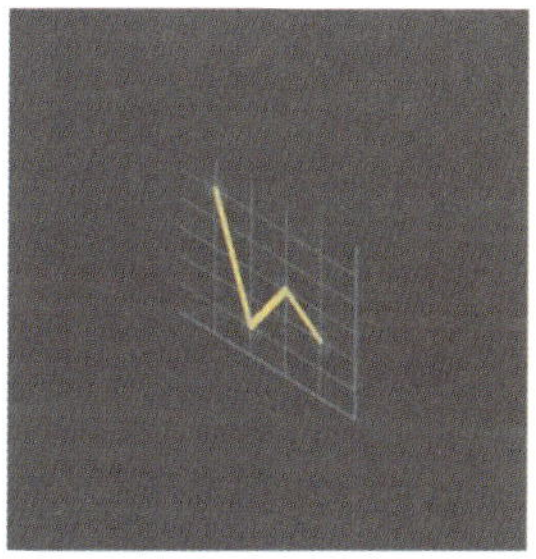

图9-2-20 3D旋转（经典）效果

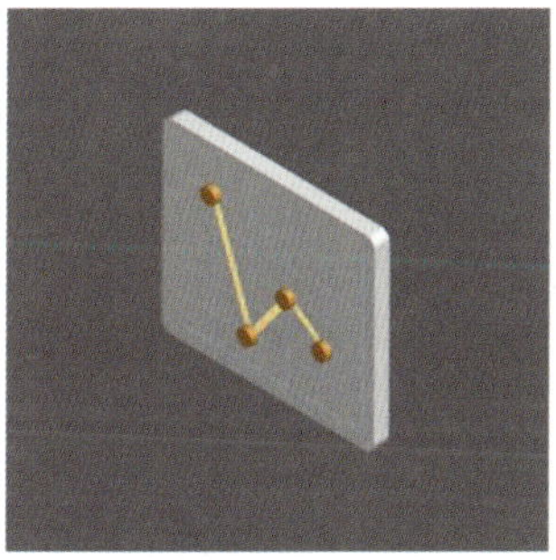

图9-2-21 3D效果图

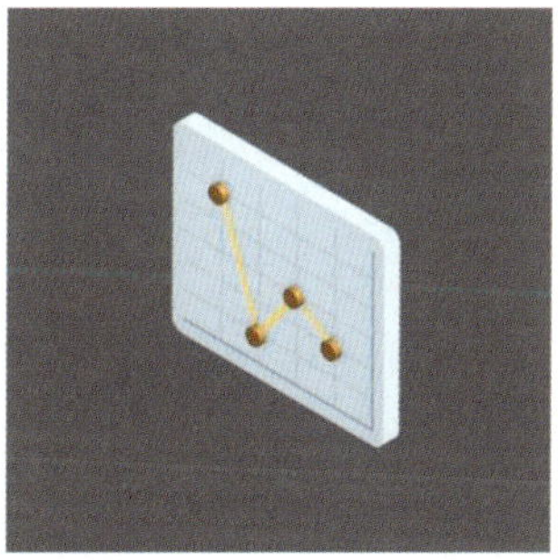

图9-2-22 表格背景颜色调整

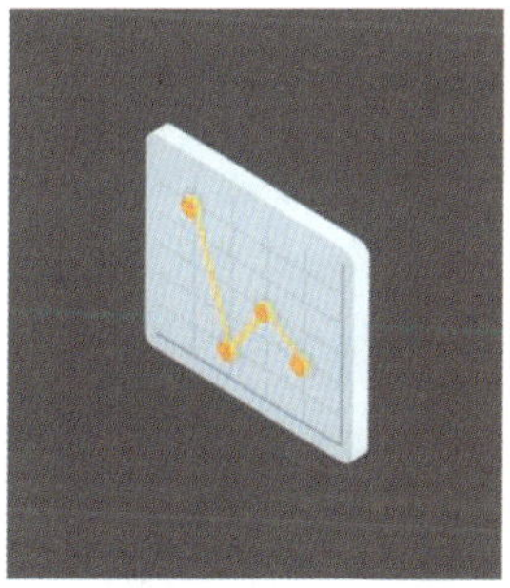

图9-2-23 表格中圆形颜色调整

方”，如图9-2-27所示。填充色设置为蓝青色渐变（#2B99BE），两端渐变滑块不透明度分别为0%、100%，位置分别为50%、100%，角度为90°，参数如图9-2-28所示。在“外观”面板中点击“不透明度”，图层模式选择“正片叠底”，不透明度设置为35%，如图9-2-29所示。

（3）选中投影，右键选择“排列”→“后移一层”或按快捷键Ctrl+]，将投影调整至白色3D面板下方。再选择“直接选择工具”，对投影的锚点位置进行微调。

6. 保存并导出

选择菜单栏中的“文件”→“存储”，或者按Ctrl+S快捷键保存文件，选择文件格式为AI格式，保存源文件。选择菜单栏中的“文件”→“导出”→“导出为”，勾选“使用画板”，选择文件格式为JPEG或PNG，点击“导出”，导出图像，最终输出效果如图9-2-30所示。

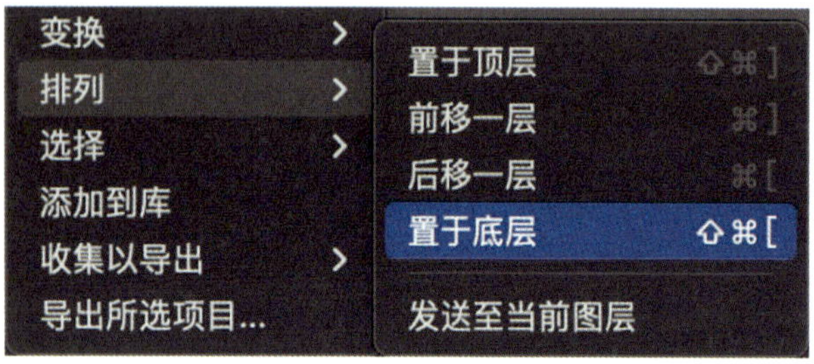

图9-2-24 后侧表格背景置于底层

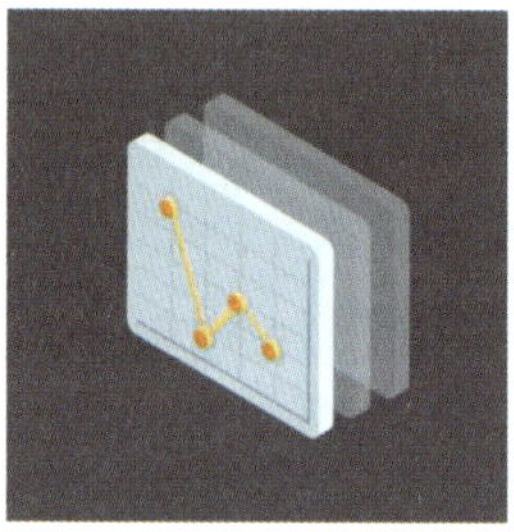

图9-2-25 调整顺序后效果

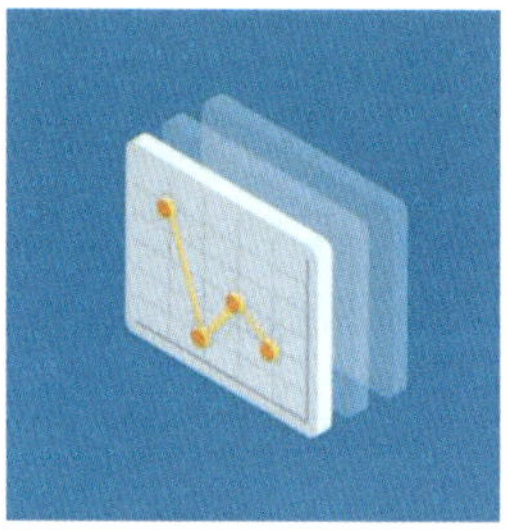

图9-2-26 绘制蓝青色背景

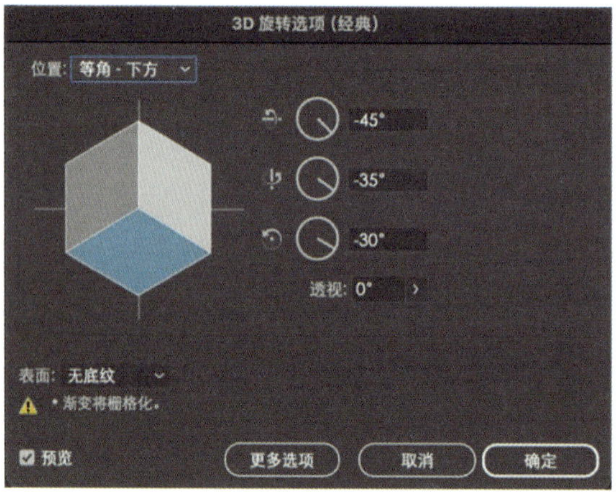

图9-2-27 “3D旋转选项（经典）”参数

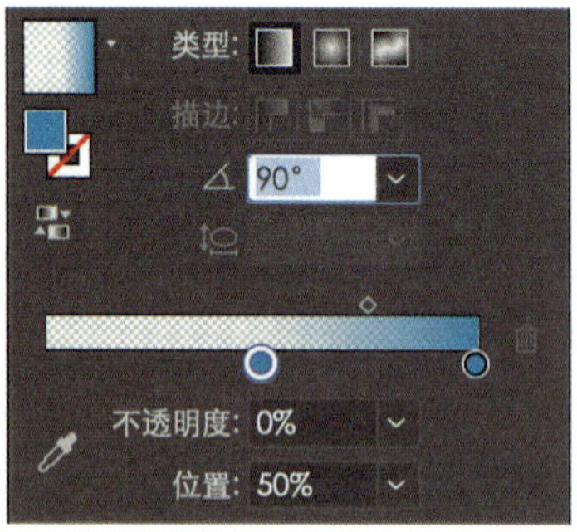

图9-2-28 投影渐变参数设置

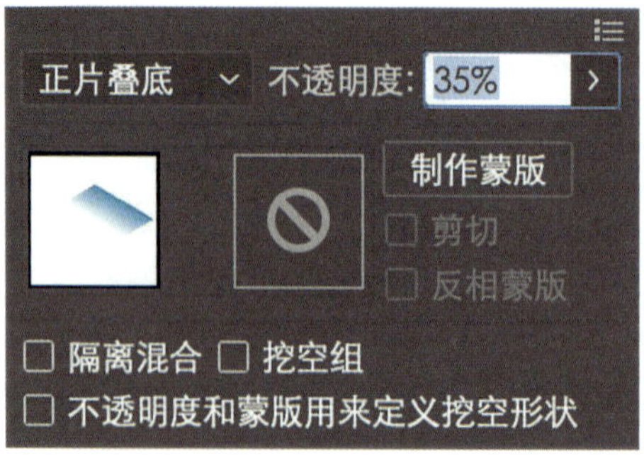

图9-2-29 投影图层叠加模式设置

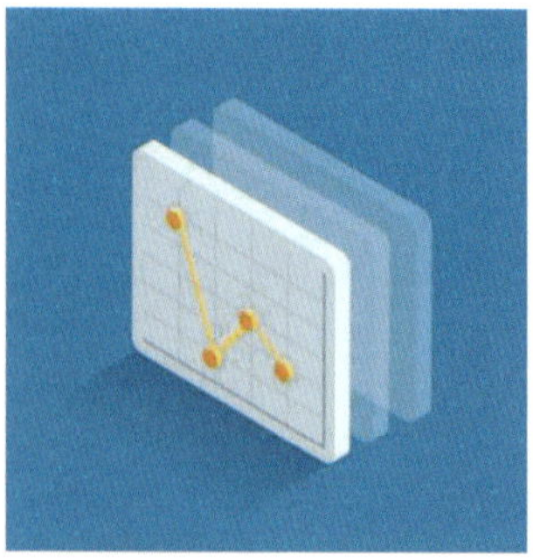

图9-2-30 最终效果图

9.2.5 任务拓展

任务一 使用所学工具临摹如下图标。

（1）任务效果图（图9-2-31）：

图9-2-31 文件图标

（2）绘制关键步骤：

- 新建一个宽度、高度均为256px，颜色模式为RGB，光栅效果为72ppi的文档；
- 使用“矩形工具”组和“钢笔工具”进行基础图形的绘制；
- 要先使用“直接选择工具”框选对应的锚点，然后才能调整圆角的弧度；
- 注意使用3D效果时的位置参数设置，需要对效果图形进行“对象”→“拓展外观”的设置后，才能更改图形的颜色；
- 给图形填充渐变时，要注意渐变的类型、角度、颜色、位置、不透明度等参数；
- 绘制图标时，注意图层的先后顺序，可以通过“排列”或者快捷键Ctrl+]/[来调整图层的先后顺序。

任务二 办公主题图标控件创作。

以办公相关的视觉元素为设计主题，如数据图表、书本、日历、邮件等，绘制一组2.5D图标，不少于3个。

设计要求：

①设计风格。

- 图标需要采用2.5D设计风格，通过添加轻微的阴影、高光和渐变来模拟三维效果。
- 每个图标应具有独特性，同时保持整体系列的统一风格。
- 每个图标使用不超过三种主色调，以保持视觉的简洁性和一致性。

②技术规格。

- 图标尺寸：256px×256px。
- 色彩模式：RGB。
- 分辨率：72ppi。

实训任务9.3　底部导航栏设计

9.3.1　任务描述

利用Illustrator软件中“移动工具”“直接选择工具”“矩形工具”组、“钢笔工具”“填色和描边”工具等，绘制导航栏线性图标。

9.3.2　任务目标

（1）掌握Illustrator软件中图形设计和底部导航栏设计的基础知识。

（2）能使用Illustrator软件中的基本功能绘制导航栏中的图标图形。

①能熟练使用“选择工具”“直接选择工具”对图形、路径、锚点进行选择和移动调整；

②能熟练运用“钢笔工具”对路径添加锚点；

③能熟练运用“直接选择工具”对绘制的基本图形中的锚点进行删减或调整；

④能熟练运用“填色和描边”工具对图像的色相、亮度、描边等进行调整。

（3）掌握导航栏及其图标的设计思路和制作方法，设计出符合当代审美、具有创意的底部导航栏。

9.3.3　知识准备

1. 底部导航栏的概念

底部导航栏（也称为标签栏）是移动端设计中必备的导航类型之一，它通常会固定出现在应用程序屏幕的底部。底部导航栏上通常会安排最重要且频繁操作的功能，让用户在应用程序中的不同界面之间快速切换，方便用户随时都能快速访问。

底部导航栏通常由3～5个主要的功能按钮组成，每个按钮代表应用中的一个核心功能或页面。这些按钮通常配有简洁明了的图标或文字标签，以降低用户的理解成本和记忆负担。在常见的底部导航栏有“图标+文本”“纯图标”和“纯文本”这三种样式，如图9-3-1所示，其中“图标+文本”的形式较为主流，它能够直观地展示功能，同时提供明确的文字说明，从而有效提升用户的操作体验。

图9-3-1　常见的底部导航栏样式

2. 底部导航栏的基本布局结构（图9-3-2）

（1）承载导航元素的控件容器。

（2）激活状态下的文本标签（可选）。

（3）非激活状态下的文本标签（可选）。

（4）激活状态下的图标。

（5）非激活状态下的图标。

3. 底部导航栏分类栏目数量布局

（1）屏幕等分布局。

每个标签的宽度是视图的宽度除以标签项的数量，也就是按照平均分配，即单个列宽=屏幕宽度/分类栏目个数，如图9-3-3所示。

（2）减去左右间距等分布局。

此方法在于把左右的间距减去，即单个列宽=（视图的宽度-左右间距）/分类栏目个数，如图9-3-4所示。这种布局方法有助于标签内容的显示更局中、紧凑。但是标签个数过多的情况下不建议使用，因为距离太近，点击触碰区域过小，容易误触，建议在只有3个或者4个标签时使用。

（3）标签左右间距相等。

此样式适用于标签数量较少（2个或者3个）的场景，这时如果采用屏幕等分方式布局，会使得标签排布在视觉上过于松散。计算方法是先去除中间标签的尺寸，然后再左右平均划分等距，即单个列宽=（总屏幕宽度-标签宽度×标签个数）/间隔栏数，如图9-3-5所示。

图9-3-2 底部导航栏的基本布局结构

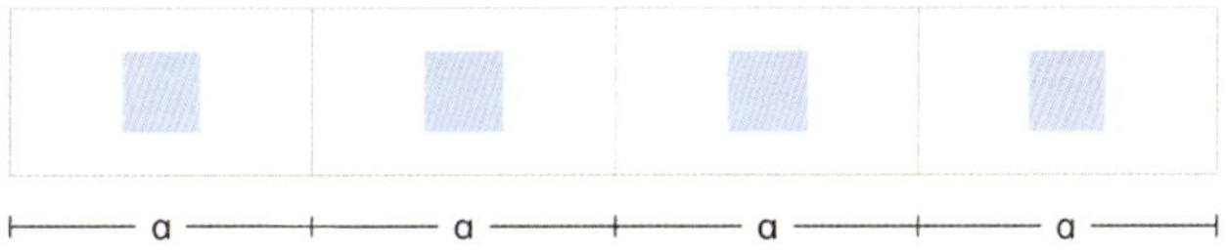

图9-3-3 屏幕等分布局

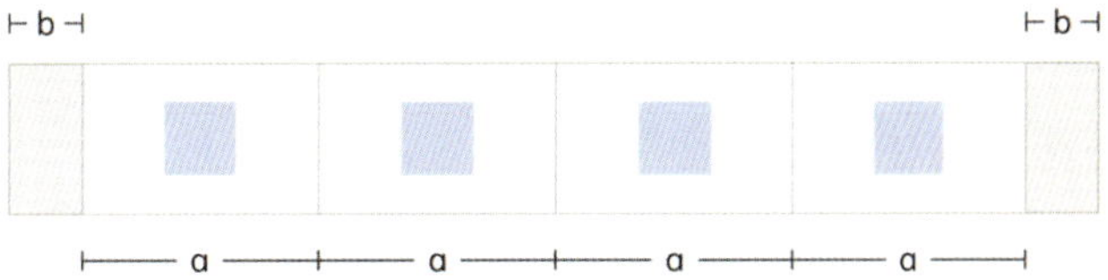

图9-3-4 减去左右间距等分布局

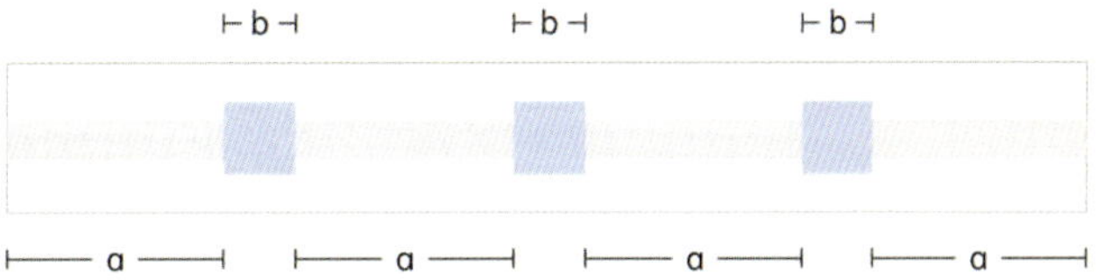

图9-3-5 标签左右间距相等

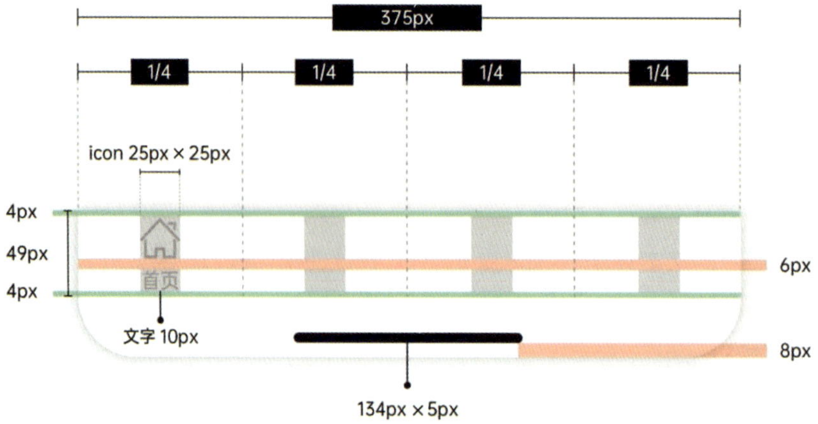

图9-3-6　底部导航栏的排版及设计尺寸规范

最后，在标签项相邻的部分设置一定区域作为不可点击区域，避免用户误操作，其他区域作为可点击区域，如图9-3-6所示。

4. 底部导航栏的设计原则

（1）注重简洁性和功能性。

导航栏应该避免过多的选项和复杂的层级，以减少用户的认知负担，提高导航效率。一般控制在3～5个，确保图标和文本简洁明了，直观反映功能，若超过5个，可能会意外触发错误的选项。

（2）保持视觉和风格的一致性。

保持图标视觉设计的一致性其实非常重要，它是体现App设计专业性的重要方面。尤其是底部导航栏，几乎贯穿了整个App，在不同页面或视图中都需要保持布局、样式、图标和文本的一致性。

（3）避免使用多种颜色。

作为一个对功能性要求较高的控件，导航栏本身是需要传递“触发”和“非触发”的概念的，选中状态和未选中的状态要有明显的差异，这样用户就会感知到哪个标签是被选中的。在设计时要避免使用过多的颜色而丧失基础的状态辨识度，如图9-3-7所示。

（4）文本标签不要截断或换行。

如果选择了“图标+文本”或者“纯文本”样式的图标，应尽量使用单个词汇来予以说明，不要让它被截断或者换行，如图9-3-8所示。

图9-3-7　避免使用多种颜色

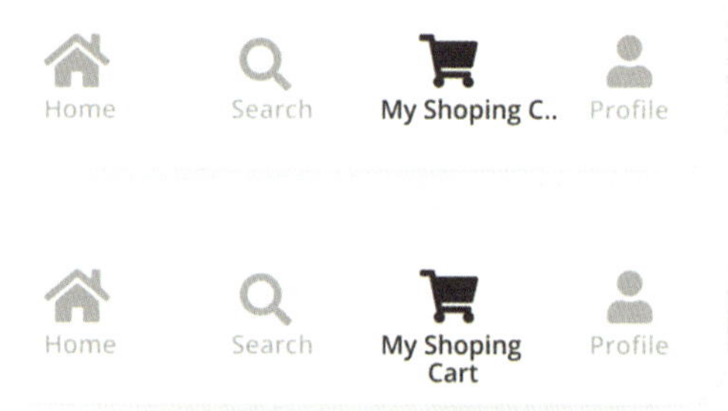

图9-3-8　文本标签不要截断或换行

9.3.4　设计实施

1. 文件设置

选择菜单栏中的“文件”→“新建”，或者按快捷键Ctrl+N，在“新建文档”对话框中，设置文档的宽度和高度分别

实训任务9.3
操作视频

为750px、98px，画板数量为1，颜色模式为RGB，光栅效果为72ppi，并设置文档名称为“导航栏控件”，单击“创建”按钮，新建一个文档。

2. 导航栏中图标位置及参考线距离划分

（1）根据导航栏的平均分配原则，本项目需要绘制4个图标，每个图标的区域为：750px÷4=187.5px。选择“矩形网格工具”，在画板空白处单击，将“矩形网格工具选项”中默认大小的宽度、高度分别设置为750px、8px，水平分隔线为0，垂直分隔线为3，如图9-3-9所示。填充色为浅灰色（#CCCCCC），并设置描边色为青色（#00FFF8），描边粗细为0.5pt，并使描边内侧对齐，如图9-3-10所示。选中绘制的矩形网格，在右侧“对齐”面板中，选择对齐画板、水平居中对齐、垂直顶对齐，如图9-3-11所示。

（2）选择“矩形工具”，在画板空白处单击，将“矩形”属性面板中的宽度和高度均设置为50px，填充色为无色，并设置描边色为青色（#00FFF8），描边粗细为0.5pt，并使描边内侧对齐。

（3）选择“选择工具”，选中刚才绘制的矩形，按住Alt键，向右拖拽复制3次，使得4个矩形分别与刚才的矩形网格居中对齐，如图9-3-12所示。

（4）选择“选择工具”，选中步骤（1）绘制的矩形网格，按住Alt键，向下拖拽复制，在右侧“变换”属性面板中，设置参数为750px、12px，此处注意右侧图标，要解锁“保持宽度和高度比例”，如图9-3-13所示。

（5）选择“选择工具”，选中步骤（1）复制的矩形网格，按住Alt键，向下拖拽复制，选中复制的矩形网格，在右侧“对齐”面板中，选择对齐画板、水平居中对齐、垂直底对齐，如图9-3-14所示。

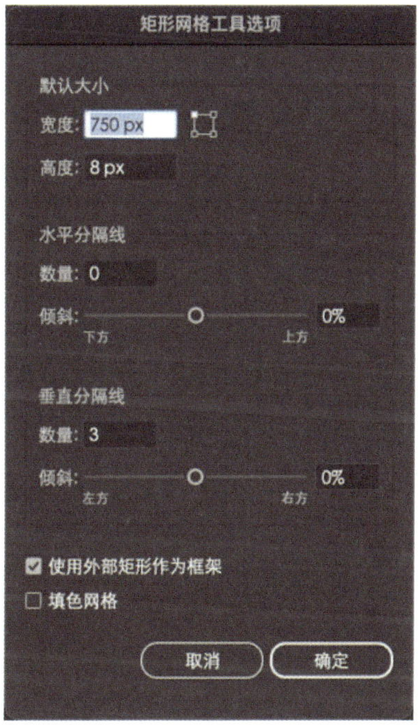

图9-3-9 “矩形网格工具”参数设置

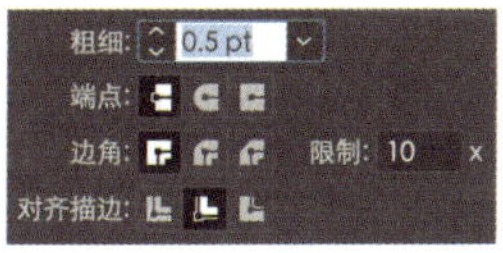

图9-3-10 描边对齐参数设置

图9-3-11 顶部及图标控件布局参考线绘制

图9-3-12 图标控件参考线绘制

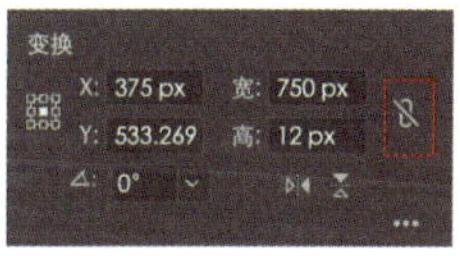

图9-3-13 “变换”面板参数设置

3. “首页”图标的制作（非激活状态）

（1）选择“矩形工具”，在画板空白处单击，将“矩形”属性面板中的宽度和高度设置为50px、28px，并设置填充色为无色，描边色为黑色（#000000），描边粗细设置为3pt，并将“对齐描边”设为“使描边内侧对齐”。

（2）选择“添加锚点工具”，在矩形的上方路径中央添加一个锚点，如图9-3-15所示。

（3）选择“直接选择工具”，选择刚才选中的锚点，按住Shift键并将其移动至刚才绘制的图标控件参考线顶部。再使用“直接选择工具”选中图形，在最上方状态栏中将圆角设置为4px。在设置完圆角后，矩形的高度会有所收缩，可以继续使用“直接选择工具”选中图形上方的锚点，向上移动，使之贴合参考线，效果如图9-3-16所示。

（4）选择“矩形工具”，在画板空白处单击，将“矩形”属性面板中的宽度和高度设置为4px、20px，填充色设置为黑色（#000000），并设置描边色为无色。使用“直接选择工具”，框选图形，框选上方2个锚点，向内拖拽形成圆角，并居中对齐图标参考线，如图9-3-17所示。

（5）选择“文字工具”，在画板空白处单击，输入文字“首页”，选择字体为黑体，字体大小设置为20pt，字间距为0，并居中对齐图标控件，如图9-3-18所示。

（6）使用同样的方法绘制出“信息”“我的”的非激活状态控件。

图9-3-14　底部参考线绘制

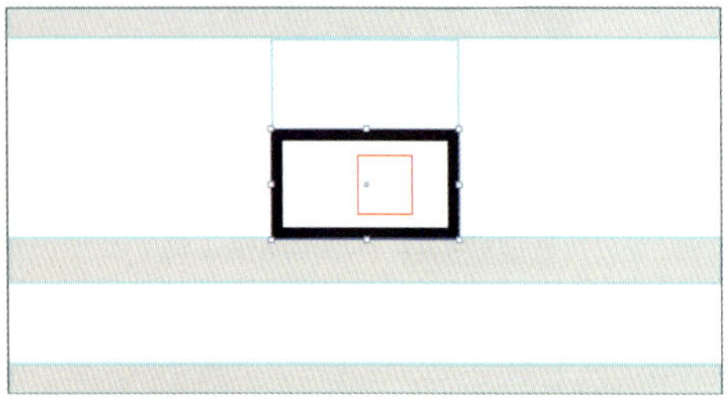

图9-3-15　在矩形上方路径添加锚点

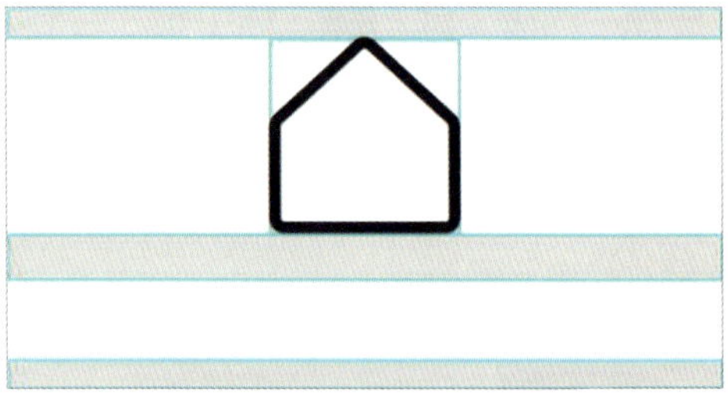

图9-3-16　图标轮廓效果图

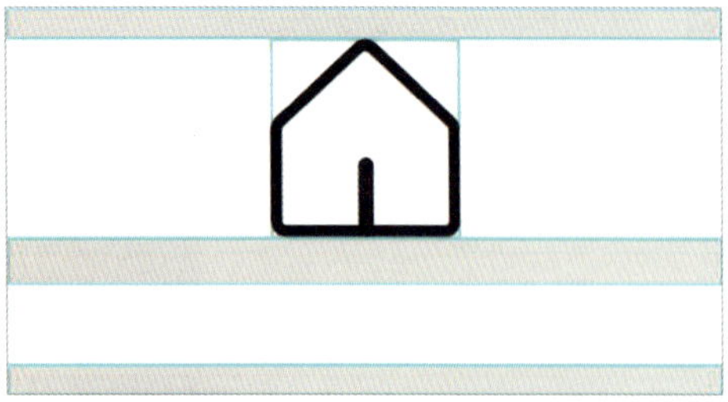

图9-3-17　图标中间装饰线条绘制

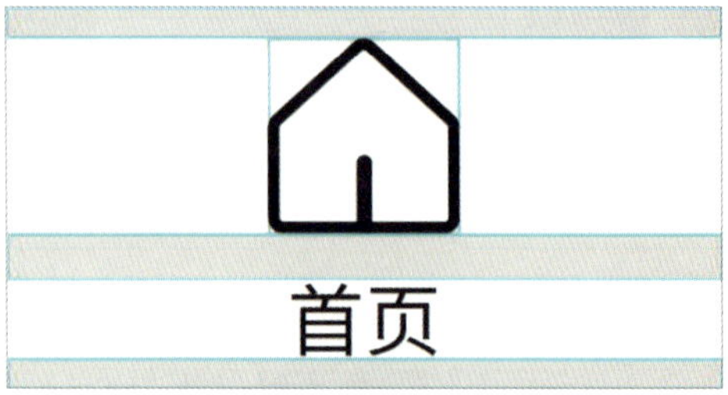

图9-3-18　图标底部注释文字

4.“购物车”图标的制作（非激活状态）

（1）选择“矩形工具”，在画板空白处单击，将“矩形”属性面板中的宽度和高度设置为44px、38px，并设置填充色为无色，描边色为黑色（#000000），描边粗细为3pt，并使描边内侧对齐。

（2）选择“自由变换工具”，在弹出的工具栏中选择“透视扭曲”工具，向线段内侧拖动矩形上方的锚点，绘制成等腰梯形。再使用“直接选择工具”选中图形，在最上方状态栏中将圆角设置为4px，如图9-3-19所示。

（3）选择“矩形工具”，在画板空白处单击，将“矩形”属性面板中的宽度和高度设置为14px、12px，并设置填充色为无色，描边色为黑色（#000000），描边粗细为3pt，并使描边内侧对齐。

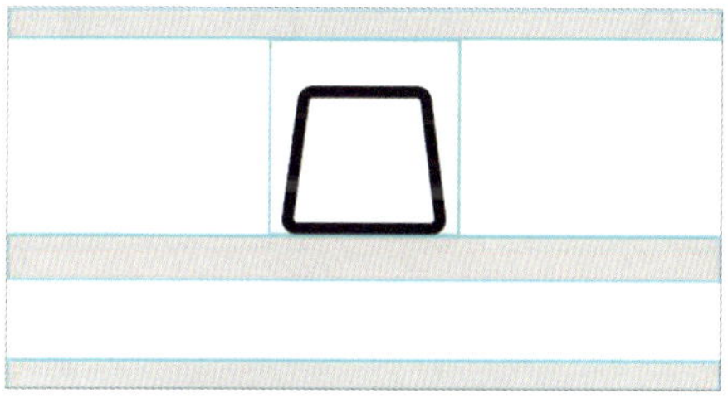

图9-3-19　图标轮廓效果图

（4）选择“直接选择工具”，选中底部路径，按Delete键，删除底部路径。再框选顶部2个锚点，向内拖拽，绘制成半封闭的圆角矩形，与刚才绘制的等腰梯形居中对齐，并且和图标参考线顶对齐，如图9-3-20所示。

（5）选中刚才绘制的半封闭的圆角矩形，选择“镜像工具”，按住Alt键，确认镜像的对称轴位置，在镜像属性面板中，选择“水平”，勾选“预览”，观察镜像位置是否正确，若无误，点击“复制”，如图9-3-21所示。

（6）选择“椭圆工具”，将“椭圆”属性面板中的宽度和高度设置为6px，填充色设置为黑色（#000000），并设置描边色为无色，按住Alt键，向右拖拽复制，如图9-3-22所示。

（7）选择“文字工具”，在画板空白处单击，输入文字“购物车”，选择字体为黑体，字体大小设置为20pt，字间距为0，并居中对齐图标控件，如图9-3-23所示。

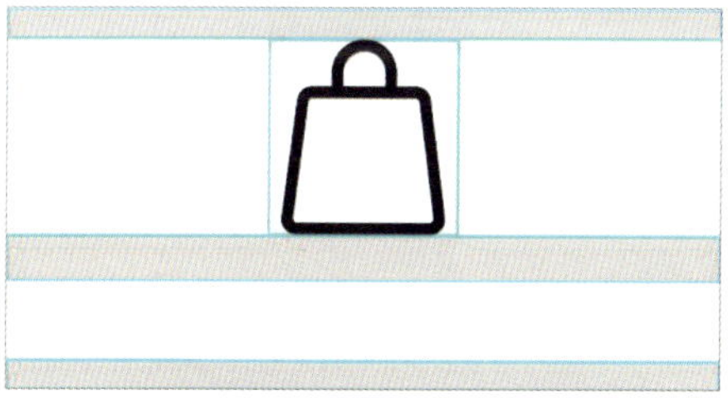

图9-3-20　图标装饰线条绘制

图9-3-21　图标装饰线条镜像

图9-3-22　图标装饰图形绘制

图9-3-23　图标底部注释文字

5. 激活状态图标的制作

（1）选择“画板工具”，选中原始画板，按住Alt+Shift键，向下垂直拖拽，复制一个画板，如图9-3-24所示。

（2）选择“直接选择工具”，选中“首页”的外部轮廓，将填充色设置为橙色（#FF8F3B）、描边设置为无色。再选中内部的装饰竖线，将填充色设置为白色（#FFFFFF），其他属性不变。文字同理，只更改字体的颜色为橙色（#FF8F3B），其他属性不变。

（3）使用同样的方法，绘制剩余的其他控件，如图9-3-25所示。

（4）绘制“消息”控件的右上方信息提示，选择“椭圆工具”，将“椭圆”属性面板中的宽度和高度均设置为26px，并设置填充色为橙色（#FF8F3B），描边色为白色（#FFFFFF），描边粗细为1pt，并使描边内侧对齐。

（5）选择“文字工具”，在画板空白处单击，输入文字“12”，选择字体为黑体，字体大小设置为12pt，字间距为0，并与刚才绘制的圆形描边居中对齐，如图9-3-26所示。

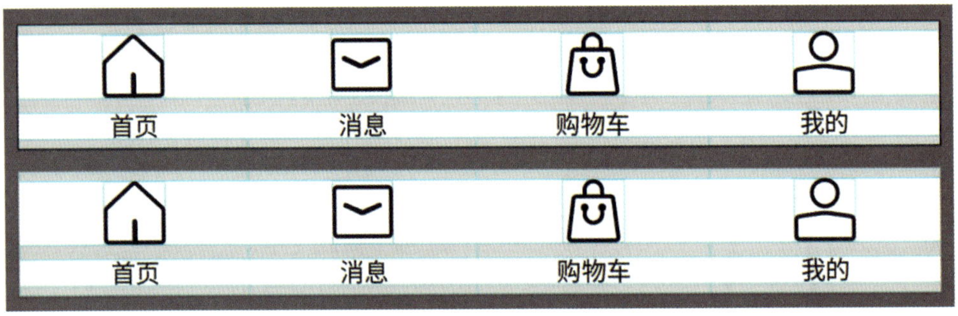

图9-3-24 复制画板

图9-3-25 图标激活状态绘制

图9-3-26 信息图标控件提示绘制

6. 保存并导出

（1）删除绘制的所有参考线。

（2）选择菜单栏中的“文件”→“存储”，或者按快捷键Ctrl+S保存文件，选择文件格式为AI格式，保存源文件。选择菜单栏“文件”→“导出”→“导出为”，勾选“使用画板”，选择文件格式为JPEG或PNG，点击“导出”，导出图像，最终输出效果如图9-3-27所示。

图9-3-27 最终效果图

9.3.5 任务拓展

任务一 绘制外卖主题App的底部导航栏，完成基本布局结构所包含的控件容器和图标样式。

（1）任务效果图（图9-2-28）：

图9-3-28 底部导航栏效果图

（2）绘制关键步骤：

- 新建一个宽度为750px、高度为98px，颜色模式为RGB，光栅效果为72ppi的文档；
- 在正式开始图标绘制前，做好图标区域参考线的绘制；
- 分别使用“矩形工具”组、“钢笔工具”“直接选择工具”进行基础图形的绘制和调整；
- 要先使用“直接选择工具”框选对应的锚点，然后才能调整圆角的弧度；
- 在设置图标描边粗细时注意统一描边的数值，但个别情况下要以视觉效果为准；
- 在绘制激活状态图标时，填充描边的渐变，要注意渐变的类型、角度、颜色（#12B9B4、#02ADBB）、位置、不透明度等参数。

任务二 音乐播放器底部导航栏设计

设计一个直观、易用且符合用户习惯的音乐播放器底部导航栏，以提供流畅的用户体验，确保用户能够快速访问播放器的主要功能。

设计要求：

①设计风格。

• 图标可采用面性图标、线性图标、线面结合图标、立体图标任一风格，但整体系列需保持统一风格。

• 每个图标使用不超过3种颜色的主色调，以保持视觉的简洁性和一致性。

②布局与结构。

• 导航栏应包含至少3个、但不超过5个的主要功能图标。

• 每个图标都应有一个清晰、可识别的图标，以及简短的文字标签。

• 每个图标都要绘制激活状态和非激活状态。

③技术规格。

• 导航栏尺寸：750px × 98px。

• 色彩模式：RGB。

• 分辨率：72ppi。

项目10

App界面设计

界面设计，是指对软件的人机交互、操作逻辑、界面美观性的整体设计。在App界面设计过程中，设计师需要深入理解目标用户群体的需求和偏好，以及应用程序的使用场景，还要考虑到易用性、可访问性和一致性等，确保用户在使用App时能够获得流畅和愉悦的体验。本项目将通过购物App登录界面设计和音乐App首页设计两个任务，帮助学习如何使用颜色、图标、图片和文字等视觉元素来增强界面的表现力和吸引力，创作出既符合功能需求，又具有视觉吸引力的界面。

实训任务10.1 购物App登录界面设计

10.1.1 任务描述

利用Illustrator软件中的“矩形工具”组、“文字工具”“渐变工具”、“效果”菜单等，设计购物App的登录界面。

10.1.2 任务目标

（1）了解App登录界面设计的基本原则和用户交互流程。

（2）掌握Illustrator软件在界面设计中的基本应用能力。

①能够使用“矩形工具”组创建界面的基础框架和输入框；

②能够使用“文字工具”添加界面文本，并设置合适的字体样式和大小；

③能够使用“选择工具”调整界面元素的布局和对齐方式；

④能够使用“渐变工具”为界面添加具有视觉吸引力的背景和颜色；

⑤能够使用“效果”菜单增添视觉效果。

（3）能够设计出既符合品牌风格又具有良好用户体验的登录界面。

10.1.3 知识准备

登录注册页面是App体验中不可或缺的一环，它通常在两种情境下出现：一是用户首次打开App时，系统可能会主动引导用户进行注册或登录，如豆瓣、Keep、简书等App；二是某些App允许用户以访客身份探索部分内容和功能，仅在用户希望使用更高级功能时才提示进行登录或注册，例如淘宝、饿了么、抖音等App。在视觉设计方面，登录注册页面的设计元素包括但不限于以下几种。

（1）品牌标识设计：品牌标识通常以App的logo、吉祥物或标志性的广告语呈现，它不仅增强了品牌识别度，还能在用户心中留下深刻印象。如图10-1-1所示，QQ音乐App的logo在登录页面上十分醒目，即使在用户尚未登录的情况下也能立即识别品牌。

（2）登录按钮：登录按钮设计是引导用户进入App的第一步，确保按钮大小适中，易于用户点击，特别是在触摸屏幕设备上。按钮颜色应与背景形成鲜明对比，以便用户能够快速识别并吸引注意力。按钮应放置在页面上的显著位置，通常是页面的中心或接近底部的位置，以便用户容易找到。如图10-1-2所示，得物App登录按钮设计得足够大，确保用户在触摸屏幕时能够轻松点击，避免误操作。同时也采用了鲜明的颜色，与页面背景形成强烈对比。这种对比不仅使按钮在视觉上突出，也增强了用户对按钮的认知，促使用户进行点击。

（3）文字设计：文字设计在登录注册页面上同样至关重要，它不仅要传达必要的信息，如“欢迎登录”“新用户注册”，还要在视觉上与页面其他元素保持协调。

• **字体选择：** 应考虑品牌的特定风格和界面的特定需求。字体的选择会根据使用设备的不同而有所变化。例如，在中文界面设计中，常见的字体选项包括但不限于黑体、宋体、楷体和等线体。而在英文界面设计中，无衬线字体（如Arial、Helvetica）和衬线字体（如Times New Roman）是常用的字体类型。

• **字号安排：** 字号的尺寸直接影响信息的显著性和层次感。恰当的字号安排能够使界面内容条理清晰、易于理解；而混乱的字号选择则可能导致界面显得杂乱无章，降低阅读的舒适度。

（4）背景设计：背景设计可以是静态的精美图片、动态的插画，或是纯色背景与渐变色，旨在产生吸引人且与品牌形象相符的视觉体验。如图10-1-3所示，网易云音乐的标志性红色被用作背景色，这种鲜艳的色彩不仅能够吸引用户的注意力，而且与音乐的热情和活力相呼应。而图10-1-4中的闪现一下App则采用简约的插画当做背景，能够传递App的调性和氛围，吸引年轻用户群体，让他们感受到App的友好和趣味性。

（5）登录选项提供多种登录方式，如账号密码登录、手机号登录、邮箱登录等，以适应不同用户的偏好。目前市面上的大多数App都趋向于支持多种登录方式，这已成为一种标准做法。如图10-1-5中的爱彼迎（Airbnb）App除了账号密码登录，还支持通过微信、QQ、微博、Apple账号或手机号进行快速登录，这样的设计既方便了用户，也体现了App对不同用户需求的考虑。

10.1.4 设计实施

实训任务10.1
操作视频

1. 文件设置

选择菜单栏中的“文件”→“新建”，或者按快捷键Ctrl+N，在“新建文档”对话框中，设置文档的宽度为750px，高度为1624px，颜色模式为RGB，光栅效果为72ppi，并设置文档名称为“购物App登录界面”，单击“创建”按钮，新建一个文档。

图10-1-1 QQ音乐App登录界面

图10-1-2 得物App登录界面

图10-1-3 网易云音乐App登录界面

图10-1-4 闪现一下App登录界面

2. 单位设置

点击菜单栏中的“编辑”→“首选项”，或者使用快捷键Ctrl + K。在单位设置界面，逐一寻找并选择“常规”“描边”“文字”以及“东亚文字”的相关设置项，并将它们的度量单位更改为“像素”，如图10-1-6所示。

3. 标尺设置

点击屏幕顶部的“视图”菜单，随后在下拉菜单中选择“标尺”选项，以启用标尺功能。

4. 设置状态栏标尺

点击水平标尺并向下拖动，同时观察标尺刻度，对准40px的标记，随后在该位置释放鼠标，即可将参考线准确地放置于画布上。

5. 状态栏绘制

通过“文件”菜单的“置入”功能将信号、Wi-Fi和电量图标素材导入画布。然后，使用“选择工具”对图标进行大小微调。利用“文字工具”，输入时间“9：30”，再使用“对齐”工具，确保文字与图标在状态栏上对齐，如图10-1-7所示，状态栏效果如图10-1-8所示。

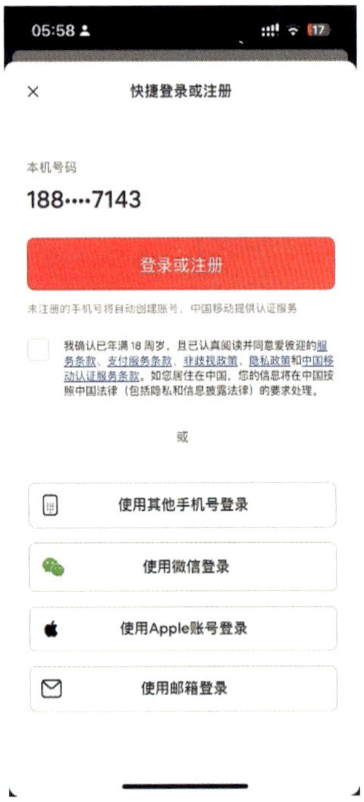

图10-1-5 爱彼迎App登录界面

6. 购物车图标绘制

（1）选择“矩形工具”，绘制一个宽度为74px、高度为50px的矩形，如图10-1-9所示。设置填充色为红色（#EA4B45），并设置描边色为透明，效果如图10-1-10所示。

（2）选择“直接选择工具”，点击矩形下方的两个角点，向内拖动以形成梯形，操作效果参照图10-1-11。接着调整边角，数值为

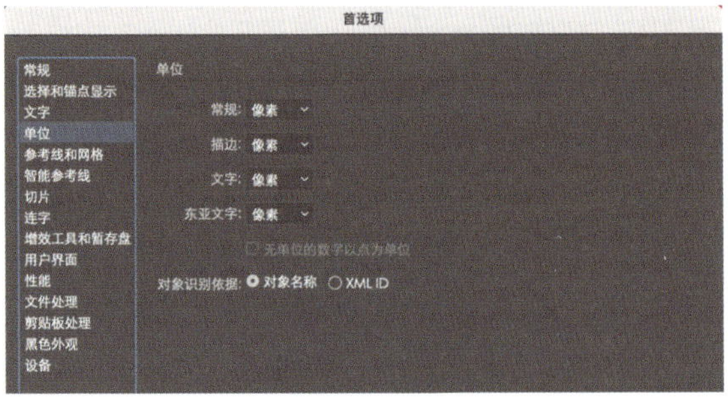

图10-1-6 单位设置

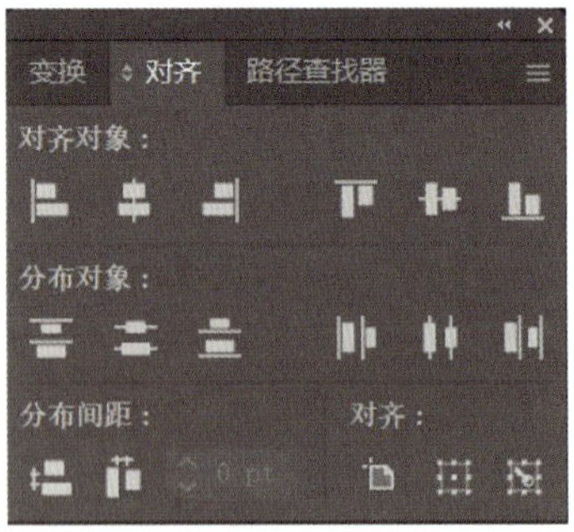

图10-1-7 “对齐”工具

图10-1-8 状态栏效果

5px，如图10-1-12所示。

（3）选择“钢笔工具”，绘制购物车扶手线条，并调整边角数值为5px，如图10-1-13所示。接着使用“椭圆工具”，按住Shift键，绘制两个宽、高均为14px的圆，如图10-1-14所示。最终将之前绘制的梯形正确排列，完成购物车的图标设计，如图10-1-15所示。

7. 用户图标绘制

（1）选择“椭圆工具”，按住Shift键，绘制一个宽、高均为19px的圆圈，设置描边色为粉红色（#FE878F），数值为4px，并设置填充色为透明，效果如图10-1-16所示。接着使用“添加锚点工具”，在圆圈下方添加锚点后删除多余线段，效果如图10-1-17所示。

（2）选择“椭圆工具”，按住Shift键绘制一个宽、高均为30px的圆圈，设置描边色为粉红色（#FE878F），描边粗细为4px，并设置填充色为透明，效果如图10-1-18所示。接着使用“直接选择工具”，选中圆圈下方的锚点后，删除下方半圆，效果如图10-1-19所示。最终将之前绘制的图形正确排列，完成用户的图标设计，如图10-1-20所示。

8. 解锁图标绘制

（1）选择“圆角矩形工具”，绘制一个宽度为30px、高度为22px、圆角半径为6px的矩形，如图10-1-21所示。设置描边色为粉红色（#FE878F），并设置填充色为透明，效果如图10-1-22所示。

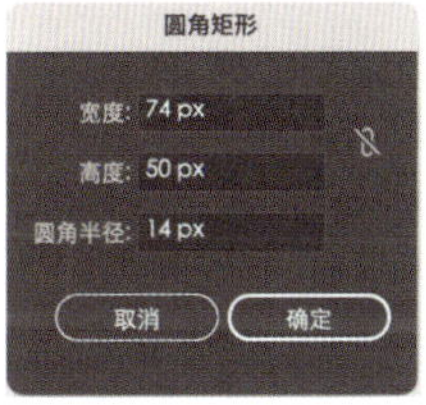

图10-1-9 “矩形”工具

图10-1-10 矩形

图10-1-11 梯形

图10-1-12 设置梯形边角

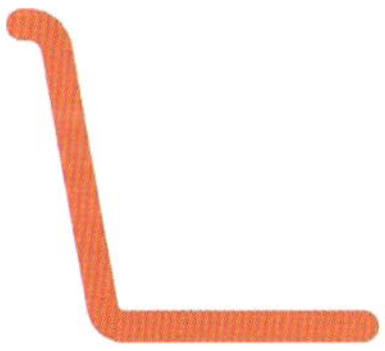

图10-1-13 购物车扶手

图10-1-14 购物车轮子

图10-1-15 购物车图标

图10-1-16 圆圈

图10-1-17 删除多余线段

图10-1-18 圆圈

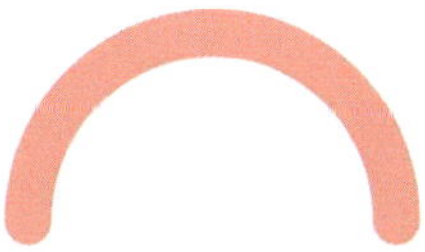

图10-1-19 删除下方半圆

图10-1-20 用户图标

（2）选择“钢笔工具”，绘制一个宽度为0px、高度为5.5px、描边为4px的线段。并设置描边色为粉红色（#FE878F），设置填充色为透明，效果如图10-1-23所示。选择“椭圆工具”，按住Shift键，绘制一个宽、高均为20px的圆圈，设置描边色为粉红色（#FE878F），描边粗细为4px，并设置填充色为透明，效果如图10-1-24所示。

（3）使用“直接选择工具”，选中圆圈下方的锚点后，删除下方半圆弧线，效果如图10-1-25所示。最终，将之前绘制的图形正确排列，完成解锁的图标设计，如图10-1-26所示。

（4）选择“圆角矩形工具”，绘制一个宽度为686px、高度为1245px、圆角半径为40px的矩形，如图10-1-27所示。设置填充色为淡粉色（#FEF1F8），描边色为透明，效果如图10-1-28所示。接着选择“直接选择工具”，选中矩形下方的两个锚点，调整其控制杆，使边角数值变为0，从而将下方的圆角转变为直角，而保持上方的圆角不变，如图10-1-29所示。

（5）复制（Ctrl + C）并粘贴（Ctrl + V）之前绘制的淡粉色矩形，并调整颜色为红色（#EA4B45）。然后使用“直接选择工具”，精确选中矩形下方的线段，向上调整至合适的位置，确保效果符合图10-1-30的示例。选择“圆角矩形工具”，绘制一个宽度为640px、高度为770px、圆角半径为40px的矩形，如图10-1-31所示，设置填充色为白色（#FFFFFF），

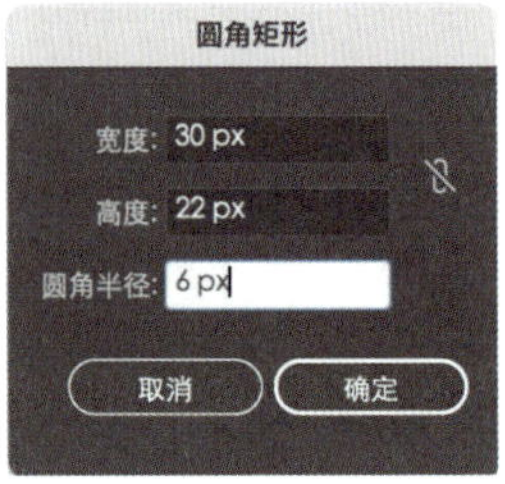

图10-1-21 “圆角矩形”工具

图10-1-22 圆角矩形

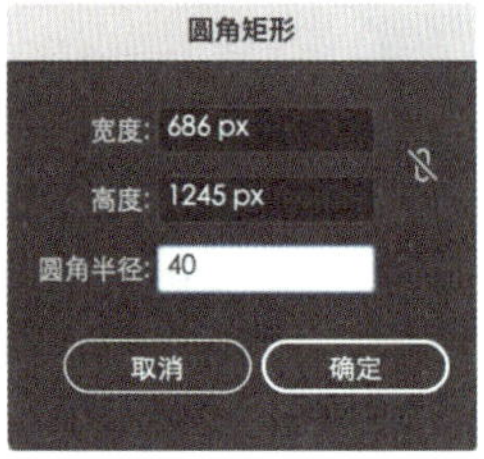

图10-1-27 “圆角矩形”工具

图10-1-23 线段

图10-1-24 圆圈

图10-1-25 上方半圆弧线

图10-1-26 解锁图标设计

图10-1-28 粉色圆角矩形

图10-1-29 调整圆角矩形

描边色为透明。选择白色矩形，通过“效果”菜单选择“风格化（S）”选项中的“投影”。在弹出的对话框中，根据图10-1-32进行投影效果的设置。

（6）选择“椭圆工具”，按住Shift键，绘制一个宽、高均为140px的圆，设置填充色为白色（#FFFFFF），并设置描边色为透明，放置在合适位置，效果如图10-1-33所示。

（7）选择“圆角矩形工具”，绘制两个宽度为554px、高度为104px、圆角半径为52px的矩形，如图10-1-34所示。设置填充色为浅灰色（#F8F8F8），并设置描边色为透明，效果如图10-1-35所示。

（8）选择“圆角矩形工具”，绘制一个宽度为554px、高度为78px、圆角半径为39px的矩形，如图10-1-36所示。接着，为矩形设置一个从左至右的渐变效果，颜色从#FA8F67渐变到#EA4B4，并设置描边色为透明，效果如图10-1-37所示。

（9）复制并粘贴之前绘制的渐变色矩形，参照图10-1-38的指示，调整新复制的矩形，使其填色与描边互换，描边粗细为1px，最终效果应与图10-1-39一致。

（10）使用“文字工具”，依次输入以下内容：“登录”，颜色为#FE878F，字体为思源黑体，字号为50px，字符间距为440px。“手机号/邮箱/会员名”和“请输入密码”，颜色为#D1D1D1，字体为思源黑体，字号为24px，字符间距为0px。“免费注册”和“忘记密码”，颜色为#B2B2B2，字体为思源黑体，字号为24px，字符间距为0px。“登录”，颜色为#FFFFFF，字体为思源黑体，字号为30px，字符间距为740px。“短信验证”，颜色为#FE878F，字体为思源黑体，字号为30px，

图10-1-30　红色矩形

图10-1-31　白色矩形

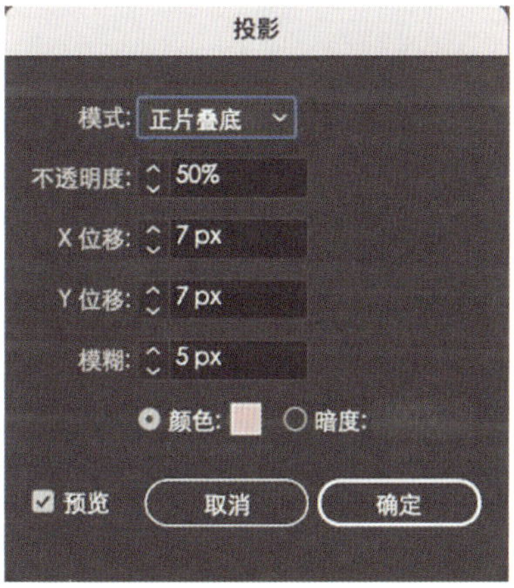

图10-1-32　“投影”设置

图10-1-33　圆的绘制

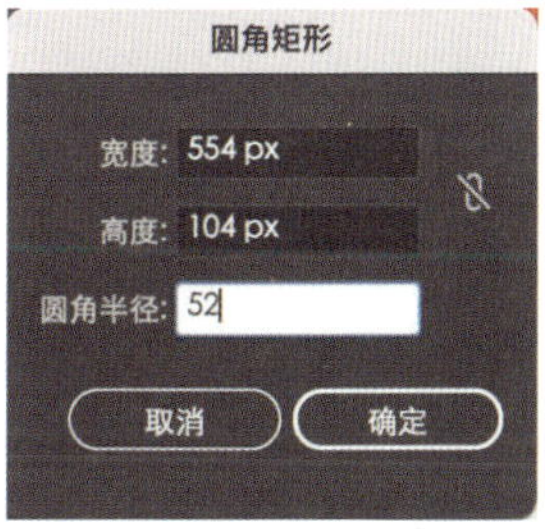

图10-1-34　“圆角矩形”工具

图10-1-35　浅灰色输入框

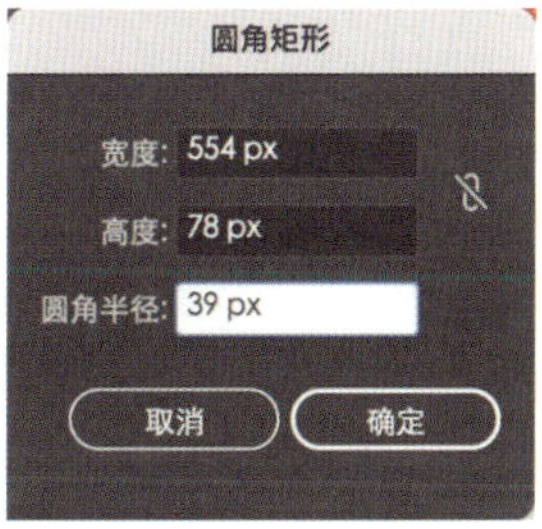

图10-1-36　“圆角矩形”工具

图10-1-37　渐变色登录按钮

图10-1-38 “互换填色与描边”工具

图10-1-39 短信验证登录按钮

图10-1-40 购物App登录界面设计

字符间距为0px。接着，参照图10-1-40，将文本和之前绘制的用户、解锁以及购物车图标放置在界面中的适当位置。确保所有元素的布局符合设计规范，最终完成一个清晰、美观的购物App登录界面设计。

10.1.5 任务拓展

任务一 使用所学工具临摹购物App登录界面。

（1）任务效果图（图10-1-41）：

图10-1-41 购物App登录界面作业练习效果图

（2）绘制关键步骤：

- 新建画布，宽度为750px，高度为1334px，颜色模式为RGB，光栅效果为72ppi；
- 使用“矩形工具”组绘制界面的基本框架，如广告语、登录框、输入框等；
- 利用“文字工具”输入登录界面所需的文本，如“登录”“手机号/邮箱/会员名”“请输入密码”等，并设置合适的字体、颜色和字号；
- 选择“钢笔工具”“椭圆工具”等绘制登录界面所需的图标，如用户图标、解锁图标等，并放置在合适位置。

任务二 节日主题购物App登录界面创作。

选择一个节日，例如春节、七夕节、中秋节等，作为设计的主题，设计一个主题购物App登录界面。

- 元素添加：添加节日特有的装饰元素，如窗花、雪花、灯笼等。确保这些元素与背景协调，且不干扰主要的登录功能；
- 图标设计：设计或导入与节日主题相关的图标，如礼物盒、心形锁等，并放置在界面中的适当位置。图标应简洁且易于识别。

音乐App首页设计

10.2.1 任务描述

利用Illustrator软件中“矩形工具”组、“文字工具”“渐变工具”“效果”菜单、“剪切蒙版”等，设计一个音乐App首页界面。

10.2.2 任务目标

（1）了解音乐App首页界面设计的基本原则，并规划各功能模块的布局。

（2）掌握Illustrator软件在界面设计中的基本应用能力。

①能够使用“矩形工具”组创建界面的基础框架、按钮和播放列表等元素。

②使用“文字工具”添加界面文本，如歌曲名称、图标名称等信息，并设置合适的字体样式和大小。

③使用“选择工具”调整界面元素的位置、大小和布局，确保元素对齐和分布合理。

④使用“效果”来为音乐App首页界面中的图形元素添加投影效果，增强其视觉吸引力和立体感。

（3）设计简洁、美观实用的音乐App首页界面。

10.2.3 知识准备

1. App首页界面设计定义与类型

（1）定义：App首页界面设计是指为移动应用的起始页面创建视觉和交互元素的过程。首页通常是用户打开App时看到的第一个屏幕，它不仅要传达App的功能和品牌信息，还要提供用户导航和操作的起点。

（2）布局类型及特点：App首页的布局类型应与应用的功能特性、内容属性及产品种类紧密对应。设计师在构思之初，必须首先界定产品的主要类别，随后依据产品的核心功能，精心挑选与之相匹配的首页布局策略。

• **模块化网格布局：**此布局采用类似棋盘的规整格状排列，为用户展示丰富的功能入口。通过有序的模块化设计，每个功能区块都可作为一个快速通道，引导用户深入探索App的二级页面。如图10-2-1所示，京东App的首页便采用了模块化网格布局，通过不同大小和颜色的格子展示各类商品分类和促销活动。用户一进入首页，就能直观地看到热门商品推荐、红包提取入口，以及根据用户习惯个性化推荐的商品分类。这种设计不仅提升了用户体验，也优化了用户的购物流程。

• **垂直列表布局：**列表型布局以垂直排列的方式展示信息，可以是纯文本或图文结合的形式。这种设计便于用户快速浏览和筛选同类内容。例如，微信和QQ等通信类App使用列表展示对话消息，而一些新闻或推荐内容也常以列表形式出现在首页的特定区域。

- **视觉卡片布局：** 卡片型布局通过将文字和图片包裹在卡片内，强化了首页内容的区域感和视觉冲击力。如图10-2-2所示，星巴克App的首页即运用了不同尺寸和视觉效果的卡片设计，有效区分了定位、登录、专星送和广告推荐等不同内容区域。

- **连续瀑布流布局：** 瀑布流布局以多栏形式展现，信息呈现如同瀑布般层层跌落，形成视觉上的连续流动。如图10-2-3所示，小红书App首页的瀑布流布局使得内容以一种视觉上连贯的方式展示，用户可以无缝地从一个帖子浏览到另一个帖子。这种连续性增强了用户的浏览体验，减少了页面跳转的需要。

- **混合布局设计：** 鉴于App种类繁多，首页内容的呈现可能需要结合不同的布局形式。设计师需根据产品特性、内容结构和用户需求，灵活地将网格、瀑布流、列表和卡片等布局形式进行组合，创作出既满足功能需求，又具有美学吸引力的首页设计。

2. App首页界面设计要点

（1）品牌识别。

首页应作为品牌故事的延伸，通过一致的视觉元素和设计语言，如色彩、图标和字体，来加强用户对品牌的记忆。如支付宝的首页以其标志性的蓝色和简洁的设计语言，传达出其作为金融科技App的安全性和可靠性。

（2）内容推荐。

App首页应根据用户的个人喜好和行为习惯，提供个性化的内容推荐。如图10-2-4所

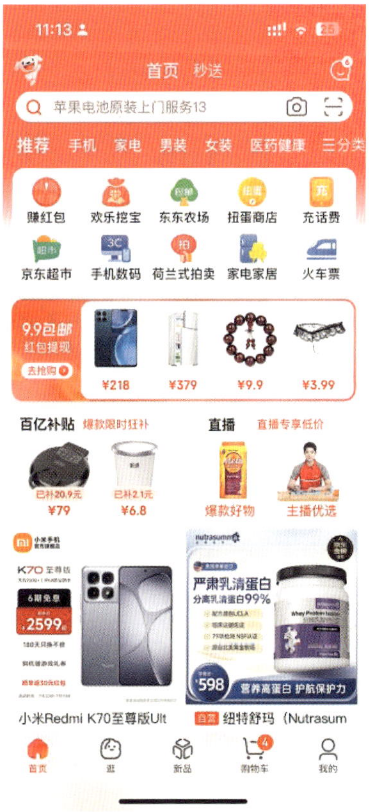

图10-2-1 京东App首页

图10-2-2 星巴克App首页

图10-2-3 小红书App首页

示，抖音通过短视频瀑布流的形式，展示用户可能感兴趣的内容，这种智能推荐系统能够持续吸引用户的注意力，并增加用户的使用时长。

（3）信息层次。

有效的信息层次能够帮助用户快速识别和获取所需信息。如图10-2-5所示，新浪微博的首页设计通过清晰的信息架构，将用户关注的人的动态、推荐内容和热门话题有序地展示出来。这种层次分明的设计让用户能够轻松地浏览和切换不同的信息流而不感到困惑。

（4）导航结构。

App首页的导航结构应直观易懂，使用户能够轻松地找到并使用App的各项功能。如图10-2-6所示，支付宝的首页通过底部导航栏和首页内的快捷入口，提供了对主要功能的直接访问，如理财、视频、消息等，这种直观的导航设计提高了用户的操作效率。

（5）交互组件。

首页的交互组件，如按钮、搜索栏、轮播图等，是用户与App互动的关键。如图10-2-7所示，网易云音乐的首页设计中，搜索栏和播放控件的突出显示，鼓励用户探索和享受音乐。同时，首页的轮播图和个性化推荐歌单，通过动态效果吸引用户点击，提高了用户的参与度和App的互动性。

图10-2-4　抖音App首页

图10-2-5　新浪微博App首页

图10-2-6　支付宝App首页

图10-2-7　网易云App首页

10.2.4　设计实施

1. 文件设置

实训任务10.2
操作视频

选择菜单栏中的“文件”→“新建”，或者按快捷键Ctrl+N，在“新建文档”对话框中，设置文档的宽度为750px，高度为1624px，颜色模式为RGB，光栅效果为72ppi，并设置文档名称为“音乐App首页界面”，单击“创建”按钮，新建一个文档。

2. 单位设置

点击菜单栏中的“编辑”→“首选项”，或者使用快捷键Ctrl+K。在“单位”设置界面，逐一将“常规”“描边”“文字”以及“东亚文字”的度量单位更改为“像素”，如图10-2-8所示。

3. 标尺设置

单击屏幕顶部的“视图”菜单，随后在下拉菜单中选择“标尺”选项，以启用标尺功能。

4. 设置状态栏、边距标尺

状态栏标尺：点击水平标尺并向下拖动，同时观察标尺刻度，对准88px的标记，随后在该位置释放鼠标，即可将参考线准确地放置于画布上。

边距标尺：点击垂直标尺并向下拖动，观察标尺刻度，对准20px的标记，随后在该位置释放鼠标，即可将参考线准确地放置于画布上，效果如图10-2-9所示。

5. 低保真绘制

使用简单的矩形、圆形等基本形状和线条来表示界面元素，确定首页的布局结构，包括状态栏、顶部Tab栏、搜索框、banner图、金刚区、瓷片区（专属推荐）、底部Tab栏，如图10-2-10所示。

6. 状态栏绘制

通过“文件”菜单的“置入”功能，将信号、Wi-Fi和电量图标素材导入画布。然后，使用“选择工具”对图标进行大小微调。利用“文字工具”，输入时间“10：30”，再使用对齐工具，

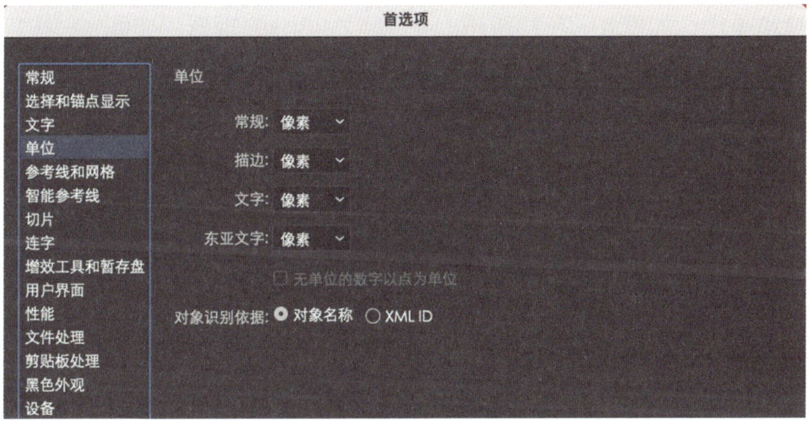

图10-2-8 单位设置

图10-2-9 状态栏、边距标尺设置

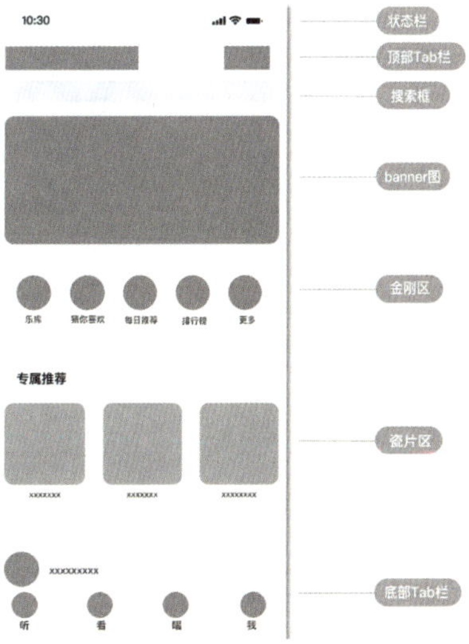

图10-2-10 低保真绘制

确保文字与图标在状态栏上对齐，如图10-2-11所示，状态栏效果如图10-2-12所示。

7. 顶部Tab栏绘制

（1）文字内容：使用“文字工具”依次输入以下内容：“音乐”，颜色为黑色（#000000），字体推荐使用“苹方-简”，字号为52px，字符间距为0px。“音频”和“小说”，颜色为灰色（#A1A4AB），字体为“苹方-简”，字号为32px，字符间距为0px。

（2）展开导航图标：使用“椭圆工具”并按住Shift键，绘制三个宽、高均为16px的正圆，设置描边为4px。接着，点击“描边”选项，将对齐描边设置为“使描边内侧对齐”，以确保图标的精确和美观，如图10-2-13所示。然后，使用“矩形工具”绘制一个宽、高均为12px的矩形，同样设置描边为4px，并将其旋转90°以形成所需的形状。最后，将圆形和矩形组合，展开导航图标，如图10-2-14所示。

（3）抽屉导航图标：使用“直线段工具”绘制3条宽度为28px的线段，组合得到如图10-2-15所示效果。

（4）将文字与两个图标精确放置于界面的合适位置，确保布局和谐，符合图10-2-16所示的顶部Tab栏设计。

8. 搜索框绘制

（1）文字内容：使用“文字工具”输入“欢庆中国年”，颜色为灰色（#A1A4AB），字体为“苹方-简”，字号为25px，字符间距为0px。

（2）矩形框：选择“圆角矩形工具”，绘制一个宽度为626px、高度为56px、圆角半径为28px的矩形，如图10-2-17所示。设置填充色为灰色（#FE878F），并设置描边色为透明，效果如图10-2-18所示。

（3）麦克风图标：选择“圆角矩形工具”，

图10-2-11 “对齐”工具

图10-2-12 状态栏效果

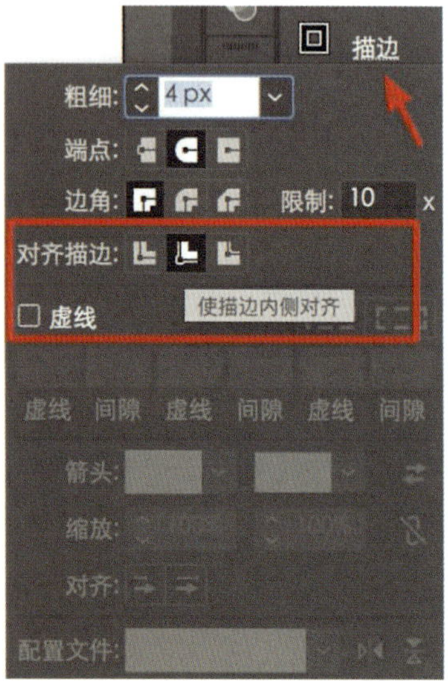

图10-2-13 对齐描边设置

图10-2-14 展开导航图标

图10-2-15 抽屉导航图标

图10-2-16 顶部Tab栏

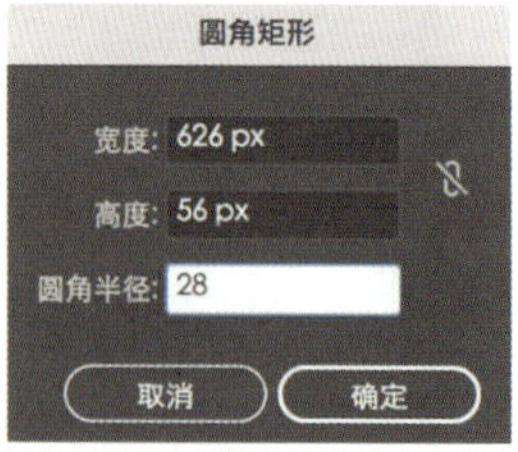

图10-2-17 “圆角矩形”工具参数设置

图10-2-18 圆角矩形

绘制一个宽度为13px、高度为23px、圆角半径为6.5px的矩形，设置其描边为3px，黑色（#000000），并保持其填充色为透明，效果如图10-2-19所示。随后，选择“钢笔工具”，在画布上点击确定弧线起始点，拖动鼠标绘制半圆弧线，确保弧线半径合适后释放鼠标，以3px描边完成绘制，如图10-2-20所示。再次选择“钢笔工具”，绘制垂直的2条线段，完成麦克风图标的绘制，如图10-2-21所示。

（4）放大镜图标：选择“椭圆工具”，按住Shift键，绘制一个宽、高均为20.5px的圆形，设置其描边颜色为灰色（#A1A4AB），描边宽度为2px，并将圆形的填充色设为透明，如图10-2-22所示。随后，使用“钢笔工具”绘制一条宽度为0px、高度为6px的线段，确保其描边宽度同样为2px。将圆形与线段进行水平居中对齐，如图10-2-23所示。然后选中它们并整体旋转45°，完成放大镜图标的设计，如图10-2-24所示。

（5）最终将文字、矩形框与两个导航图标精确放置于界面的合适位置，确保布局和谐，得到如图10-2-25所示的完整搜索框。

9. banner图绘制

选择“圆角矩形工具”，绘制一个宽度为710px、高度为320px、圆角半径为24px的矩形，如图10-2-26所示。将矩形的填充色设为灰色（#A1A4AB），描边色设为透明，以符合图10-2-27中的效果。随后，导入所需素材图，将其置于矩形下方，同时选择素材图与矩形，鼠标单击右键，执行“建立剪切蒙版”操作，以确保素材图仅在矩形区域内显示，完成图10-2-28中的布局设计。

10. 金刚区绘制

（1）文字内容：使用“文字工具”输入“乐库”“猜你喜欢”“每日推荐”“排行榜”“更

图10-2-19 圆角矩形框

图10-2-20 弧线

图10-2-21 麦克风图标

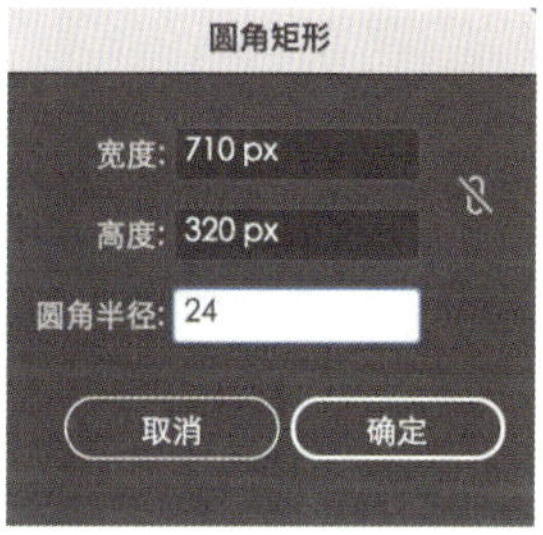

图10-2-26 “圆角矩形”工具

图10-2-22 圆形

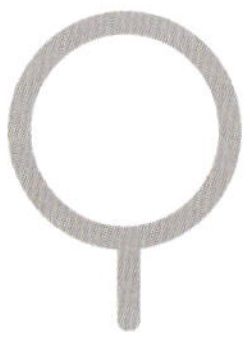

图10-2-23 圆形与线段

图10-2-24 放大镜图标

图10-2-27 矩形框

图10-2-25 搜索框

图10-2-28 banner图

多”，颜色为灰色（#434343），字体为“苹方-简”，字号为26px，字符间距为0px。

（2）矩形框：选择“圆角矩形工具”，绘制一个宽度为710px、高度为214px、圆角半径为24px的矩形，如图10-2-29所示。设置填充色为白色（#FFFFFF），并设置描边色为透明，效果如图10-2-30所示。

（3）金刚区图标：选择“椭圆工具”，并按住Shift键绘制五个宽、高均为88px的圆形，设置填充颜色为蓝色（#A2EAFE），描边色为透明，以符合图10-2-31中的样式。接着，单击“文件”菜单，选择“置入”，将金刚区的图标素材导入到设计中，完成图标的制作和素材的整合，如图10-2-32所示。

（4）最终将文字、圆形与金刚区图标精确放置于界面的合适位置，确保布局和谐，得到如图10-2-33所示的完整搜索框。

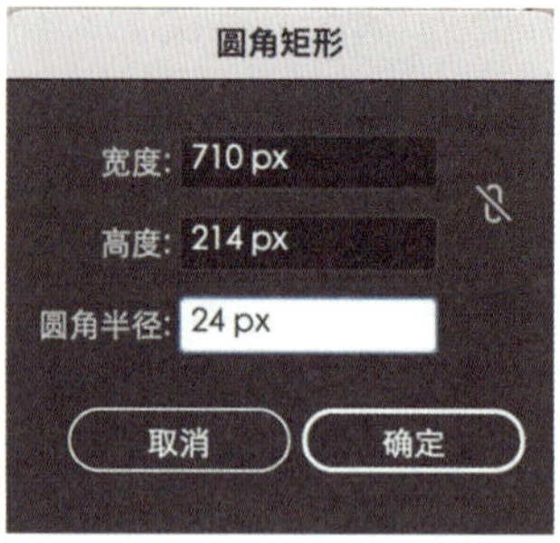

图10-2-29 “圆角矩形”工具

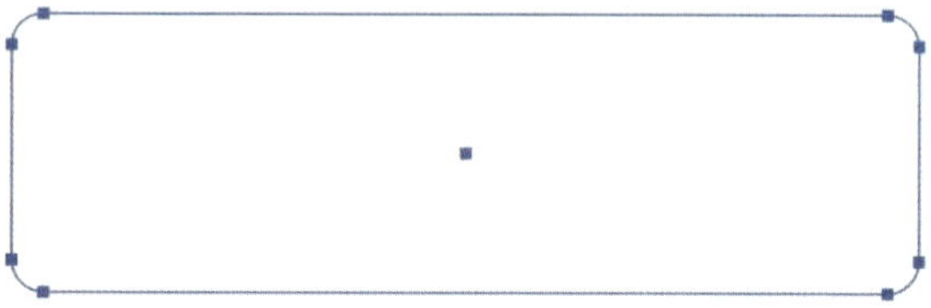
图10-2-30 矩形框

图10-2-31 五个圆形

图10-2-32 金刚区图标

图10-2-33 金刚区

11. 瓷片区（专属推荐）

（1）矩形框：选择“圆角矩形工具”，绘制一个宽度为710px、高度为660px、圆角半径为24px的矩形。设置填充色为白色（#FFFFFF），并设置描边色为透明，效果如图10-2-34所示。继续选择“圆角矩形工具”，绘制六个宽度为205px、高度为205px、圆角半径为22px的矩形。设置填充色为灰色（#FFFFFF），并设置描边色为透明，效果如图10-2-35所示。随后，导入所需素材图，将其置于矩形下方，同时选择素材图与矩形，鼠标右键执行建立剪切蒙版操作，以确保素材图仅在矩形区域内显示，完成如图10-2-36所示的布局设计。

（2）文字内容：使用“文字工具”输入“专属推荐”，颜色为黑色（#000000），字体为“苹方-简”，字号为32px，字符间距为0px。继续使用“文字工具”，输入“全网热播歌，单曲循环不会倦”“那些喜欢听却想不起名字的歌”“2024年全网火爆热歌200首”，颜色为灰色（#434343），字体为“苹方-简”，字号为22px，字符间距为0px。

（3）图标：选择“椭圆工具”，按住Shift键，绘制两个宽、高均为8px的圆形，设置其填充颜色为灰色（#A1A5A4），并将描边色设为透明，如图10-2-37所示。随后，使用“钢笔工具”绘制一条折线，如图10-2-38所示。

（4）最终将矩形框、文字、图标精确放置于界面的合适位置，确保布局和谐，得到图10-2-39所示的完整瓷片区。

12. 音乐播放框

（1）矩形框：选择“圆角矩形工具”，绘制一个宽度为710px、高度为90px、圆角半径为44px的矩形。设置填充色为灰紫色（#F1F0FE），并设置描边色为透明，效果如图10-2-40所示。

（2）CD图形：选择“椭圆工具”，按住Shift键，绘制一个宽、高均为88px的圆形，设置其填充颜色为深紫色（#A1A5A4），并将描边色设为透明。继续选择“椭圆工具”，按住Shift键，绘制一个宽、高均为28px的圆形，设置其填充颜色为蓝色（#2283DA），并将描边色设为透明，如图10-2-41所示。随后，选中蓝色圆形，在“效果”菜单中选择“风格化（S）”选项中的“投影”。在弹出的对话框中，根据图10-2-42进行投影效果的设置，得到如图10-2-43所示的效果。

（3）文字内容：使用“文字工具”输入“MellowDitty 让每一刻更悠扬”，颜色为深灰色（#434343），字体为“苹方-简”，字号为26px，字符间距为0px。

（4）点击“文件”菜单，选择“置入”功能，将所需的图标素材添加到界面中。随后，根据设计需求和界面布局，将图标素材拖动到界面上的合适位置，确保其与其他元素协调一致，最终完成矩形框、CD图形、文字内容的放置，如

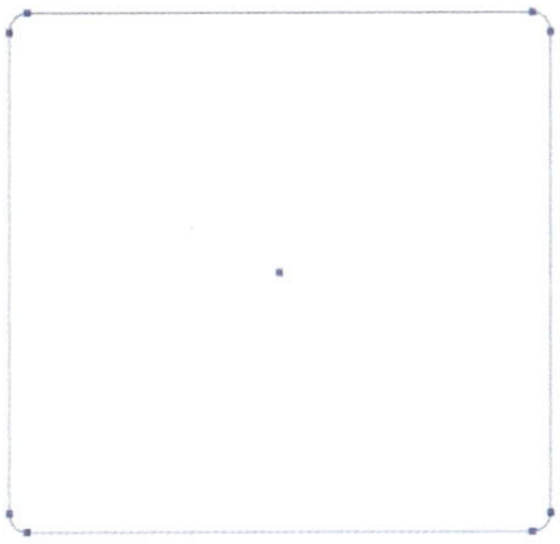

图10-2-34 白色圆角矩形

图10-2-35 灰色圆角矩形

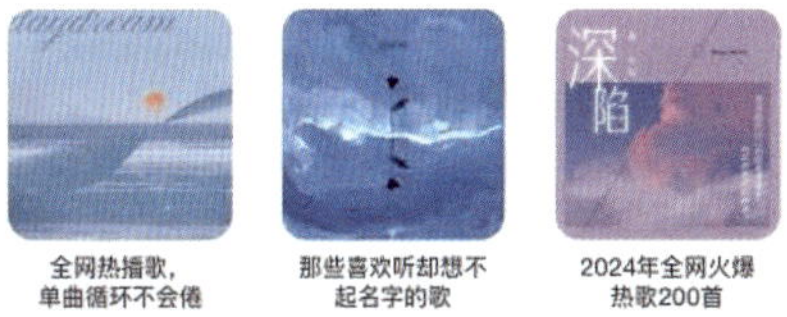

图10-2-36 瓷片区图片

图10-2-37 两个圆形

图10-2-38 折线图标

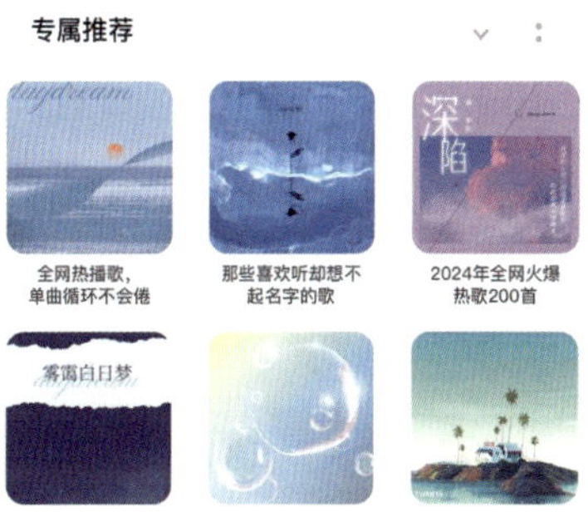

图10-2-39 瓷片区

图10-2-40 圆角矩形

图10-2-44所示。

13. 底部Tab栏

选择“矩形工具”，绘制一个宽度为74px、高度为248px的矩形，设置填充色为白色（#FFFFFF），描边色为透明，并将其置于音乐播放矩形框下方，效果如图10-2-45所示。随后，使用“文字工具”输入“听”“看”“唱”“我”，颜色为深灰色（#434343），字体为“苹方-简”，字号为26px，字符间距为0px。接着，点击“文件”菜单，选择“置入”功能，将“听”“看”“唱”“我”四个图标素材添加到界面中，如图10-2-46所示。

如图10-2-47所示，将顶部Tab栏、搜索

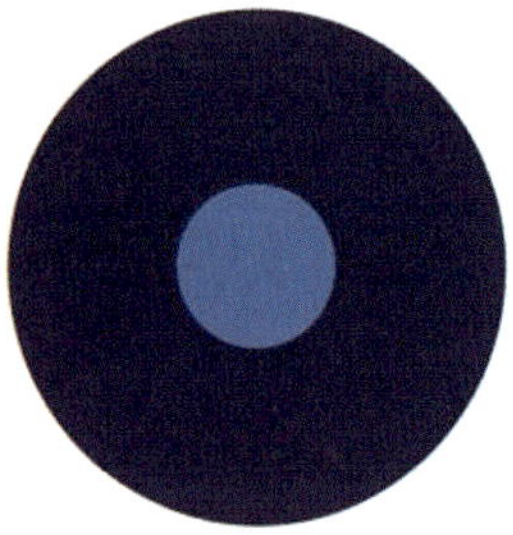

图10-2-41 CD图形

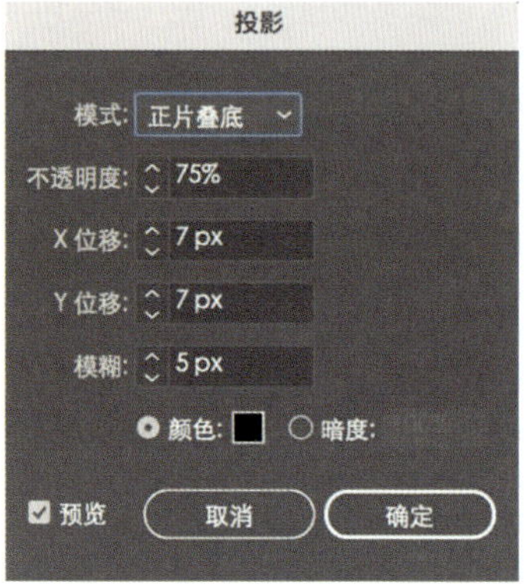

图10-2-42 投影效果设置

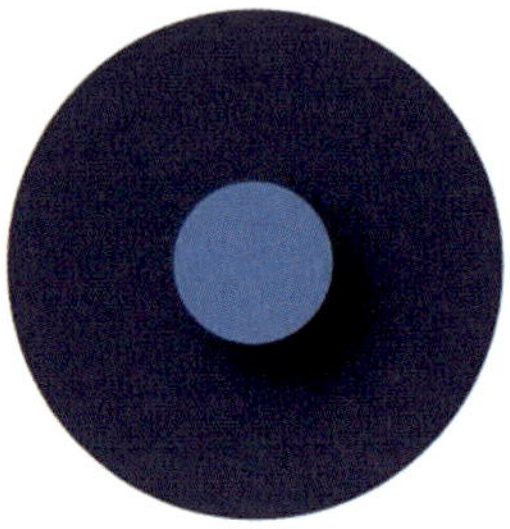

图10-2-43 CD图形投影

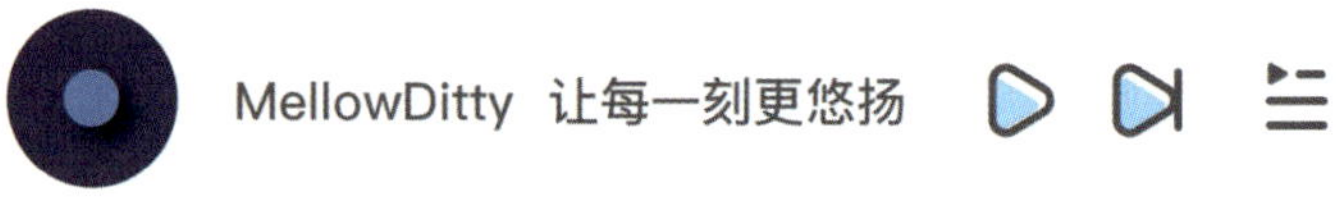

图10-2-44 音乐播放框

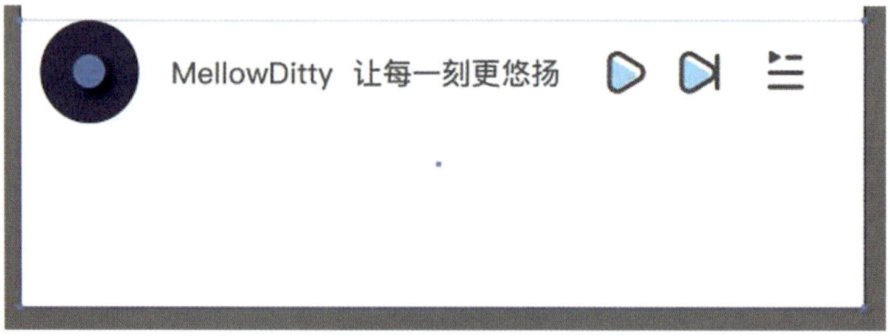

图10-2-45 白色矩形

图10-2-46 底部Tab栏

框、banner图、金刚区、瓷片区（专属推荐）、音乐播放框以及底部Tab栏这些界面组件进行精心组合。通过细致调整每个组件的位置和布局，确保它们在视觉上的一致性和便捷性。

10.2.5　任务拓展

使用所学工具临摹音乐App首页界面。

（1）任务效果图（图10-2-48）：

图10-2-47　音乐App首页

图10-2-48　音乐App首页界面作业练习效果图

（2）绘制关键步骤：

- 新建画布，设置宽度为750px，高度为1624px，颜色模式为RGB，光栅效果为72ppi；
- 使用“矩形工具”组绘制界面的低保真原型图；
- 利用“文字工具”输入登录界面所需的文本，如歌手名称、歌曲名称等，并设置合适的字体、颜色和字号；
- 选择“钢笔工具”“椭圆工具”“渐变工具”等绘制登录界面所需的图标，并放置在合适位置；
- 点击“文件”菜单，选择“置入”功能，将所需的图标素材及图片添加到界面中。

参考文献

[1] 郑建楠. Illustrator CC教程[M]. 重庆：重庆大学出版社，2021.

[2] 张华威，周展锋. 平面设计制作标准教程：Photoshop CC+Illustrator CC（微课版）[M]. 北京：人民邮电出版社，2021.

[3] 赖灿伟. 海报设计原理与实例解析（图形+字体+色彩+版式）[M]. 北京：人民邮电出版社，2022.

[4] 高彦彬，曹天彦，刁颖. 版式设计[M]. 重庆：重庆大学出版社，2023.

[5] 芦影. 平面的意蕴：平面设计艺术[M]. 北京：中国人民大学出版社，2016.

[6] 玄颖双，徐志伟，查小雨. 包装设计项目式教程（微课版）[M]. 北京：人民邮电出版社，2022.

[7] 毕淼. 书籍设计[M]. 北京：中国纺织出版社，2021.

[8] 黄岩. UI设计与制作[M]. 上海：上海人民美术出版社，2023.